《通风与空调工程施工质量验收规范》
GB 50243—2016 实施指南

本书编委会 编

中国建筑工业出版社

图书在版编目(CIP)数据

《通风与空调工程施工质量验收规范》GB 50243—
2016 实施指南/《〈通风与空调工程施工质量验收规
范〉GB 50243—2016 实施指南》编委会编. —北京：
中国建筑工业出版社，2017.8（2023.5重印）
ISBN 978-7-112-21062-6

Ⅰ.①通… Ⅱ.①通… Ⅲ.①通风设备-建筑安装工
程-工程验收-建筑规范-中国-指南②空气调节设备-建筑安
装工程-工程验收-建筑规范-中国-指南 Ⅳ.①TU83-65

中国版本图书馆 CIP 数据核字(2017)第 184870 号

责任编辑：张文胜　张　磊
责任校对：焦　乐　关　健

《通风与空调工程施工质量验收规范》GB 50243—2016 实施指南
本书编委会　编

*

中国建筑工业出版社出版、发行(北京海淀三里河路9号)
各地新华书店、建筑书店经销
北京红光制版公司制版
建工社（河北）印刷有限公司印刷

*

开本：787×1092 毫米　1/16　印张：16　字数：399 千字
2017 年 8 月第一版　2023 年 5 月第五次印刷
定价：**49.00** 元
ISBN 978-7-112-21062-6
(30717)

本书编委会

顾　问：张耀良

主　编：陈晓文

副主编：张宁波

委　员：刘传聚　寿炜炜　何伟斌　李红霞　胡春林

　　　　黄　海　龙　军　王志伟　汤　毅　卢佳华

前　　言

由上海市安装工程集团有限公司主编并会同有关单位修订的国家标准《通风与空调工程施工质量验收规范》GB 50243—2016（以下简称《规范》），已经中华人民共和国住房和城乡建设部第 1335 号公告宣布自 2017 年 7 月 1 日起实施。为使《规范》得以正确实施，主编单位上海市安装工程集团有限公司会同《规范》主要参编单位，共同编写了《〈通风与空调工程施工质量验收规范〉GB 50243—2016 实施指南》。

本书以《规范》为基础，以满足通风与空调工程实际需求为目的，结合全国各地典型通风与空调工程施工质量验收的实践经验，力求通俗易懂，最大限度地方便广大从事通风与空调工程施工和管理的人员更好地理解和应用《规范》，促进工程管理和质量水平的提高。

本书主要内容包括：通风与空调工程技术发展、《规范》修订简介、条文释义、质量验收记录用表填写示例、工程施工质量验收中抽样检验方法的演变、通风与空调工程施工新技术应用案例等内容。为了方便读者查阅和运用《规范》，本书采用和《规范》正文一样的逐条分解阐述，这更便于读者深入了解《规范》条文内容。同时，本书专设章节对《规范》附录 A 工程质量验收记录用表给出了用表说明及填写示例，并对工程施工质量验收中抽样检验方法的演变进行了阐述，给出了《规范》附录 B 抽样检验的使用说明。

本书可供通风与空调工程施工、监理、设计及工程运行维护管理工程师和质量验收工程师参考使用，也可作为通风与空调工程施工作业人员岗前培训选用教材，是通风与空调工程从业人员正确理解和具体执行《通风与空调工程施工质量验收规范》GB 50243—2016 的理想配套用书。

由于本书编写时间仓促及编写人员水平有限，难免存在疏漏和不足之处，热切希望广大读者对本书提出宝贵意见。

本书编委会
2017 年 7 月

目　　录

第 1 章　通风与空调工程技术发展

近一二十年来，随着科学技术的不断进步与经济水平的持续提高，通风与空调专业工程技术在建筑中的应用日益广泛，这也促进了通风与空调系统及其施工技术的快速发展。一批通风与空调新技术涌现并得到进一步提升与广泛应用，包括置换通风、变风量空调系统、冷辐射空调系统、洁净空调技术等，以及通风与空调施工的工厂化预制、绿色施工、模块化施工、超高层建筑通风与空调施工技术等。本章将对以上通风与空调系统及其施工技术的发展进行简要叙述。

1.1　通风与空调技术

1.1.1　置换通风

1.1.1.1　置换通风定义及原理

置换通风是一种借助空气热浮力作用的气流组织方式，经过热湿处理的新鲜冷空气以低风速、尽可能大的温差送入房间下部，在送风及室内热源形成的上升气流的共同作用下，形成类似于层流态的向上的主导气流，而后将热浊的污染空气从房间顶部排风口排出。通常，以送风口尺寸为特征长度的送风气流的阿基米德数 Ar 应大于 3。

置换通风主要受房间内存在的热浮升力而非送风动量控制，其特征是房间内部一定高度处会形成热力分层，置换通风原理及热力分层情况示意图如图 1-1 所示。

在热力分层界面上，由房间顶部向下返回的热空气量等于送风量，回返空气量为零[1]。稳定状态下，该热力分层界面将室内空气在流态上分成两个区域，即下部单向流动清洁区和上部紊流混合区。这两个区域内空气的温度场和含尘浓度场特性

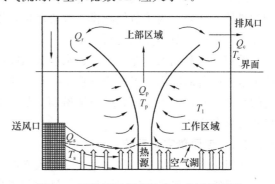

图 1-1　置换通风原理及热力分层示意图

差异较大，下部单向流动区存在明显的垂直温度梯度和浓度梯度，上部紊流混合区的温度场和浓度场则比较均匀，接近排风的温度和污染最大浓度。

1.1.1.2　置换通风优势分析

理论上讲，只要保证分层高度在室内人员活动区以上，由于送风速度极小且送风紊流度低，即可保证人员活动区大部分区域风速低于 0.15m/s，而不会产生吹风感；新鲜清洁空气直接送入人员活动区，先经过人体，可保证人处于相对清洁的空气环境中，从而有效

地提高人员活动区的空气品质。

置换通风具有以下突出优点：

（1）为了在人员活动区获得同样的温度，置换通风系统所需的送风温度高于混合通风，这就为利用低品位能源并在一年中更长时间里利用自然通风冷却提供了可能，有关资料表明，置换通风与混合通风相比，可节约 20%～50%的费用；

（2）置换通风的排风浓度和温度高于人员活动区，通风效率高于混合通风，能更好地改善室内空气品质；

（3）此外，置换通风还具有噪声小、空间特性与建筑设计兼容性好、适应性广等优点。

当然，置换通风也存在不足之处，主要是送风温度较高，因而需注意湿度的控制。

1.1.1.3　置换通风发展趋势

目前，置换通风正越来越广泛地应用于演播厅、办公楼、酒店、医院病房、图书馆等建筑。置换通风技术进一步的发展趋势主要考虑解决如下两个问题：（1）在人员活动区减少和消除热力分层对人的影响；（2）减少空气输送量以降低空调机组及风管、风口的初投资，减少风机能耗，节省风管占用的建筑面积。

为解决置换通风送风量大、送风温差小的问题，可结合诱导通风的原理，考虑提高一次风送风温差，在送至室内之前或在人员活动区通过新型空气诱导器将一次风与室内空气混合，以提高送风温度。同时采用强化传热技术，使室内空气在人员活动区迅速分布均匀，减少温度梯度。

1.1.2　节能通风空调系统

社会在发展，人们对生活品质的要求越来越高，而往往又会出现很多新的问题。通风与空调对改善工作条件及人居环境发挥了重大作用，然而也造成了能源供应紧张。通风空调的科技工作者，为了节能减排，改善环境，发挥聪明才智，改变提取（转化）能源的思维方式，来达到节约能源的目的。

近年来，利用太阳能、地能、水能和风能的制冷技术逐步成熟与发展，冰蓄冷、水蓄冷技术也已普遍应用。多联机（热泵）空调系统、变风量空调系统和变风量末端装置等节能的空调方式，已占了很大的市场份额。节能通风空调系统在工程实际中的应用得到了长足的发展和进步。

1.1.2.1　变风量空调系统

变风量空调系统是一种通过改变进入空调区域的送风量来适应区域内负荷变化的全空气空调系统。变风量空调系统具有区域空气温度可控制，空气过滤等级高，空气品质好，部分负荷时风机可变频调速节能运行，可变新风比，利用低温新风冷却节能等优点。

我国公用建筑的舒适性空调起始于 20 世纪 80 年代，且多为风机盘管加独立新风系统。20 世纪 90 年代中期以来，随着人们对室内空气品质（IAQ）的逐步重视，变风量空调系统开始应用于一些高级办公建筑，与该系统相关的技术也在不断地被消化吸收和发展，变风量空调技术正在加速推广和普及。变风量空调系统运行成功与否，取决于空调系统设计是否合理、变风量末端装置的性能优劣以及控制系统的整定和调试。因此，对施工单位在空调和自控专业的深化设计、施工、调试方面提出更高的技术要求。

1.1.2.2 冰蓄冷与低温送风空调系统

冰蓄冷空调系统在我国逐步得到应用，从早期仅在体育场馆使用，目前已陆续应用在各公共场所。

冰蓄冷空调系统是通过制冰方式，以相变潜热贮存冷量，并在需要时融冰释放出冷量的空调系统，该系统具有平衡电网峰谷负荷，减少制冷主机容量，空调冷水温度可降到4℃或更低，可实现大温差、低温送风空调，节省水、风输送系统的投资和能耗。低温送风系统为送风温度低于10℃的空调系统，在相同的空调负荷下，采用低温送风技术可以加大送风温差，从而减少送风量和送风管道的截面面积，达到节能和减少金属用量的目的。由于空调送风温度低，系统风管、水管表面，包括送风口处存在易产生凝结水的隐患，对施工的要求相对更高。

1.1.2.3 冷辐射空调系统

冷辐射空调系统既可以是顶面吊装冷辐射板的形式，也可以是地面（墙面）铺装冷辐射板（毛细管网栅）的形式，其采用温湿度独立控制系统，由独立新风系统送风来满足通风换气要求并承担室内全部潜热负荷，冷辐射板承担室内的显热负荷。这就使得室内在保证良好空气品质的同时，具有高舒适性和节能性。

采用冷辐射空调系统的空调房间的舒适温度，通常可以比传统空调高1~2℃，这样可以降低空调冷负荷，节省能源；由于冷辐射系统为自然对流和辐射传热，没有循环风机，可以节省大量的风机能耗；另外温湿度独立控制系统使用空调冷水的品位高低分明，为设计先进、节能的制冷系统、大温差空调冷水系统和空调冷水梯级利用系统创造了条件。

由于冷辐射板采用的换热盘管直径较小，安装时需要处理好以下施工难点：

（1）防止冷辐射板表面结露；

（2）防止盘管（毛细管）堵塞（异物堵塞、气堵）；

（3）防止对冷辐射板（毛细管网栅）原有传热结构的破坏。

1.1.3 洁净空调

1.1.3.1 洁净空调应用与洁净度等级

洁净空调是指为了使洁净室内保持所需的温度、湿度、风速、压力和洁净度等参数，向室内不断送入一定量经过处理的空气，使其空气状态参数通过物理变化符合一定指标的空调净化方式。

随着科学技术的不断发展，现代工业产品的生产和现代化科学实验活动对室内空气洁净度的要求越来越高，特别是微电子、医疗、化工产品生产、生物技术、药品生产、食品加工、日用化学品等行业都要求有微型化、精密化、高纯度、高质量和高可靠性的室内空气环境。洁净空调技术已成为现代工业生产、医疗和科学实验活动不可或缺的基础条件，是保证产品质量和环境安全的重要手段，正越来越广泛地应用于社会生产各个行业。

ISO 14644-1 标准给出了以空气中悬浮粒子浓度为划分依据的洁净室及洁净区的洁净度等级标准，见表1-1。我国国家标准《洁净厂房设计规范》GB 50073 关于洁净室及洁净区的洁净度等级划分方法与 ISO 14644-1 标准一致。

洁净室及洁净区空气中悬浮粒子洁净度等级   表 1-1

ISO 分级序数（N）	大于或等于表中粒径的最大浓度限值（pc/m³）					
	0.1μm	0.2μm	0.3μm	0.5μm	1μm	5μm
ISO Class 1	10	2				
ISO Class 2	100	24	10	4		
ISO Class 3	1000	237	102	35	8	
ISO Class 4	10000	2370	1020	352	83	
ISO Class 5	100000	23700	10200	3520	832	29
ISO Class 6	1000000	237000	102000	35200	8320	293
ISO Class 7				352000	83200	2930
ISO Class 8				3520000	832000	29300
ISO Class 9				35200000	8320000	293000

1.1.3.2 洁净空调与普通空调的区别

洁净空调与普通空调的区别主要表现在以下几个方面：

（1）主要参数控制

普通空调侧重温度、湿度、新风量和噪声控制，而洁净空调则侧重控制室内空气的洁净度、风速和换气次数。在对温、湿度有要求的房间，温、湿度也是主要控制参数。对于生物洁净室，含菌量和压差均是主要控制参数。

（2）空气过滤手段

普通空调一般仅进行粗效、中效两级过滤处理，而洁净空调往往要求粗、中、高效三级过滤。同时，为了消除室内排风对大气环境的影响，洁净空调需根据不同情况在排风系统增设排风过滤处理措施。

（3）室内压力要求

普通空调一般对室内压力要求不严。而洁净空调为了避免外界污染空气的渗入或内部污染物的逸出或不同洁净室（区）不同物质的相互影响，往往对不同洁净室（区）的压差要求不同。

（4）避免外界污染

为了避免被外界污染，洁净空调系统材料和设备的选择、加工工艺、加工安装环境、设备部件的储存环境等，均有特殊要求。

（5）气密性要求

虽然普通空调对系统的气密性、渗气量有一定要求，但洁净空调的要求比普通空调高得多，其检测手段、各工序的标准均有严格措施及测试规定。

（6）对土建及其他工种的要求

普通空调房间对建筑布局、热工等有一定要求，但选材要求不是很严格。而洁净空调对建筑质量的评价除一般建筑的外观等要求外，还对防尘、防渗漏有严格要求。在施工工序安排及搭接上要求严格，以避免产生裂缝造成渗漏。洁净空调系统对其他工种的配合要求也很严格，主要集中在防渗漏，避免外部污染空气渗入洁净室及防止积尘对洁净室的污染。

1.1.3.3 洁净空调实现措施

空气净化的原理一方面是输送入洁净空气对室内污染空气进行稀释，另一方面是迅速排出室内高浓度的污染空气。为保证洁净室所要求的空气洁净度，需采取多方面的综合措施[2]，一般包括以下几个方面：

（1）控制室内污染源以减少污染发生量

这主要涉及产生污染的设备的设置与管理，以及进入洁净室的人与物的净化。应采用不产生污染物质或产生污染物质少的工艺设备，或采取必要的隔离和负压措施防止生产工艺产生的污染物质向周围扩散，以及减少人员及物料带入室内的污染物质。

（2）有效阻止污染物侵入/逸出

这是洁净室控制污染的最有效措施，主要涉及空气净化处理的方法及室内的压力控制等。空调系统一般通过不同层次过滤将洁净空气送入室内，并在高换气次数下减排室内污染空气，通过这种动态平衡维持室内所需的洁净度水平。一般来讲，洁净度级别越高，所需的换气次数越大。此外，洁净室通过压差的措施，只允许室内洁净空气向外逸出而防止室外或邻室空气污染物通过门窗或缝隙、孔洞渗入造成污染。

（3）迅速有效排出室内已发生的污染

这主要涉及室内的气流组织，也是实现洁净室功能的关键。合理的气流组织使室内气流沿一定方向流动，防止形成死角及造成二次污染。不同的气流组织直接影响施工的难易程度及工程造价。一般而言，洁净度级别高于 5 级的洁净室气流组织均采用单向流，其中一般以垂直单向流效果最好，特殊工艺情况下采用水平单向流。洁净度级别为 6 级以下的洁净室则主要采用非单向流的气流组织。

（4）流速控制

洁净室内空气的流动要有一定速度才能防止其他因素（如热流）的扰乱，但又不能太大，其流速需满足生产工艺要求。

（5）系统气密性

不仅空调系统本身要求气密性好，同时也要求洁净室建筑围护结构、各专业管线穿越围护结构处也应封堵严密，以防止渗漏。

（6）建筑措施

这主要涉及建筑物周围环境的设计、建筑构造、材料选择、平面布局、气密性措施等。例如，采用产尘少、不易滋生微生物的室内装修材料及家具；高洁净度区域不予室外直接相连等。

1.2 通风与空调施工技术

1.2.1 绿色施工

绿色施工是指工程建设中，在保证质量、安全等基本要求的前提下，通过科学管理和技术进步，最大限度地节约资源并减少对环境产生负面影响的施工活动，实现"四节一环保"（节能、节地、节水、节材和环境保护）。

通风与空调工程的绿色施工主要从管理、技术两方面开展，主要体现在以下几个方面：

1. 风管的工厂化预制

风管及其部件采用工厂化预制，相比传统工艺，可节约更多的材料成本，提高风管加工质量和施工工效，有利于缩短工期，降低施工现场的噪声污染，创造文明整洁的施工现场。

2. 施工现场的临时排风和除尘

易产生粉尘、有毒有害气体的施工作业现场，设置临时排风、除尘或净化装置，可保护施工过程中施工人员的健康并改善施工作业环境，有效抑制加工现场粉尘、有毒有害气体等的扩散。

3. 施工现场的降噪

主要措施包括：

（1）风管支吊架切割和安装的施工密集区域进行临时封闭；

（2）在对房间不产生破坏的前提下，将加工区域布置在有吸声效果的房间内（如未安装设备的机房中）；

（3）施工中尽量选用低噪声设备和工艺代替高噪声设备与加工工艺，有效降低施工现场的噪声污染，抑制对毗邻区域的噪声干扰。

4. 施工现场的有害气体挥发控制

施工现场风管支吊架制作和风管保温棉贴附过程中，严格控制防锈涂料及胶粘剂的用量，同时尽量选择和采用环保型材料。施工中在涂料涂抹完成一定时间后再进行下一道工序，防止有害挥发物（主要为 VOC 类物质）过量释放污染建筑环境。

1.2.2　工厂化预制与装配化施工

为提高施工效率和工程质量，通风与空调工程的施工，正朝着工厂化预制与现场装配化施工的方向发展，将工程施工分为预制和装配两个阶段[3]。其中风管施工的工厂化预制和装配化技术已发展到相当成熟的水平，管道工程也正逐步发展并不断运用之。

通风与空调工程的工厂化预制与装配化施工主要体现在以下几个方面：

1. 预制加工

在图纸深化的基础上采用 BIM 或专用软件绘制风管与管道预制加工图，确定预制件下料尺寸、连接部件、半成品组成等，标注材料与部件名称、规格、型号、尺寸，并统一编号。

风管采用计算机控制的自动流水线或单机设备进行剪切下料、折方、咬口、合缝等加工，工艺先进，自动化程度高，生产效率高，劳动强度低，产品质量稳定。

管道采用切割机、电动套丝机、坡口机、滚槽机、焊机、试压泵、检测台等设备，对管段进行切割下料、套丝、滚槽、焊接、试压、涂装等加工。根据工程规模、预制工艺、加工设备配备情况，合理选择预制场地、确定场地面积，将场地布置为原材料区、切割下料区、套丝加工区、沟槽加工区、坡口区、组对焊接区、试压区、涂装区、检验区、成品区等。

2. 质量控制

预制件加工完毕后，按质量标准、图纸要求对预制件进行质量检验，主要内容为加工精度、材料选用、连接质量、焊缝检测、试压结果等。质量检验合格的在预制件上粘贴统一编号或二维码标识。

3. 运输配送

按施工现场配送计划，将经质量检验合格的预制件装箱运送至现场，并办理预制件交接手续。交接手续主要是核对预制件编号、数量，采用二维码可大大提高工作效率，减少差错。

4. 现场装配

施工现场按施工图纸核对预制件编号后，在规定部位装配预制件，大大减少现场的工作量和施工对现场环境的影响。

综合来说，通风与空调工程的工厂化预制与装配化施工较传统的现场手工制作安装具有以下优势：

（1）采用流水化作业、标准化生产，自动控制风管材料的裁剪尺寸与空调管段的加工，可做到"量体取材"，避免和减少现场材料的浪费，降低风管与水管制作的误差，故可节约材料、降低成本并提高制作质量；

（2）将风管与水管的制作搬离施工现场，可节省施工用地，同时可提前预制并提高构件制造的生产效率，有利于节省工期；

（3）减少施工现场高空和交叉作业的时间，减少安全事故发生的几率。

1.2.3 机电 BIM 技术

BIM——Building Information Modeling，即建筑信息模型，它是创建并利用数字化模型对建设项目进行设计、建造和运营全生命周期进行管理和优化的过程、方法和技术。

在大型机电安装工程中，利用 BIM 技术的可视性、协调性、模拟性、优化性和可出图性，可有效解决管线交叉矛盾，优化空间布局，提高施工质量和效益。

通风与空调工程作为建筑机电工程的重要组成部分，机电 BIM 技术在工程实际中的应用场景和优势与其在通风与空调工程中的综合运用密不可分，也不大可能脱离"机电工程"这个背景概念而单独将 BIM 技术在通风与空调工程中的应用阐述清楚。因此，对于 BIM 技术在通风与空调工程施工技术中的应用，将综合在 BIM 技术在大型机电安装工程中的应用场景和优势中来描述。BIM 技术在大型机电安装工程中的应用场景和优势主要体现在下述几个方面：

1. 虚拟建造及演示

在深化设计的基础上，通过建立各相关机电构件的三维信息模型，可在项目施工前完成对项目整体的虚拟建造演示，直观地反映施工效果，使项目机电专业与各相关专业和管理方的沟通、协调、决策都在可视化状态下进行。

2. 管线综合平衡

利用 BIM 软件对各专业管线进行碰撞检查，可不断调整管线的空间布局，以达到最合理的综合排布效果。机电安装前发现碰撞点，可很好地避免施工后才发现管线碰撞，从而造成返工浪费人工、材料和工期的情况。

3. 三维可视化交底及指导施工

利用 BIM 相应软件，可展现整个楼层最终完成的机电管线整体效果，展示机电管线及设备的空间关系及支吊架形式，利用三维模型直接导出带有准确、清晰标注的平面图、剖面图来直接用于施工，针对管道及设备布置复杂的地方，更可采用三维图纸或视频向班组交底，指导现场施工，如图 1-2 所示。

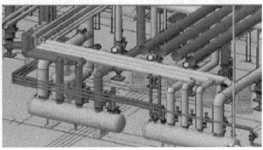

图 1-2　机电安装工程 BIM 管线综合平衡及三维可视化指导施工效果图

4. 智能算量及决策支持

应用 BIM 技术，使用算量软件，可用电算化操作替代手算，从电子图纸直接快速计算出实物量，提高施工管理效率。模型可把某个区域或系统的量测算出来，数据的准确性、及时性、可回溯性，为进度计划、材料采购计划提供数据支持，使决策更有效、更准确。

5. 数据共享提升企业精细化管理

采用基于互联网的 BIM 技术，可将完成模型后的工程量上传至 MC 系统，各个条线的施工员、预算员、材料员可及时准确地调取服务器端工程数据，数据粒度达到构件级，从而更有效地审核施工班组的要料计划。同时，这些数据与项目上的 PMS 形成共享，直接为其提供最基础的项目数据，使得公司管理部门与项目部的信息对称，可及时、准确地下达指令，减少沟通成本，实现项目精细化管理。

6. 绿色建造技术支撑

BIM 技术的引入，可在诸多方面为绿色建造提供技术支撑，例如：1）利用 BIM 技术的管线综合技术可自动检查分析碰撞，甚至是软碰撞情况，提供碰撞报告，从根本上杜绝因碰撞引发的资源浪费、能耗和工期损失；2）利用 BIM 技术的数据共享可使各管理条线获得数据的能力大为提升，为限额领料（特别是材料损耗和成本控制）提供技术支撑，有效减少人、材、机等资源的浪费；3）利用 BIM 技术的协同管理，可使项目协同能力提高，加快工期推进，降低因协同困难产生的工期延误而导致的巨大资源消耗和浪费。

7. 参数化信息模型水力计算

BIM 机电参数化信息模型计算可快速校核出原有设备余压能否满足机电工程管线综合后实际管路的要求。并且，通过 BIM 机电参数化信息模型提供的复杂水力平衡计算功能，可自动检测并报出不平衡的支路和部件，通过对系统管路和阀部件的二次选择和调整，使整个系统达到水力平衡。同时，提供各管路和部件的技术数据（如阀门开度和压降值），实现 BIM 平台上机电参数信息的动态显示，用以指导机电施工过程中阀门的订货、安装后的系统调试、与运行状态数据的对比分析和能耗统计等。

8. 智能机电运维平台

综合 BIM 技术的机电设备运维平台是一套基于物联网技术的远程信息管理系统,是机电系统设备运行管理、能耗监测和信息化管理的综合系统。通过 BIM 机电运维平台,可实现对机电系统的自动巡检管理,同步显示三维 BIM 模型,实现自动巡检点的三维空间定位。检查设备运行状态时,可同步显示设备实时参数、BIM 模型额定参数,进行两个参数的同步比对。发现不正常运行状态或故障时,可根据运维平台的故障处理模式,按系统分析迅速确定可能原因和故障点(如泄漏点溯源分析和定位),及时处理机电系统运行过程中的故障并实现故障远程保护。

综上可知,有效综合发挥机电 BIM 技术在大型机电安装工程中的应用场景及优势,有助于通风与空调技术的绿色化和智能化发展,更可有效提高项目管理水平和质量效益,改进传统的生产与管理模式,大幅度提高包括通风与空调工程在内的大型机电安装工程的集成化程度,对于企业的技术创新、管理创新和转型发展具有重要意义。

1.2.4　超高层建筑通风与空调施工技术

近些年来,我国已建和在建的超高层建筑数量大幅上升,对通风与空调系统的施工技术带来了新的挑战。

1.2.4.1　狭窄竖井风管连接

由于超高层建筑成本高昂,为了保证建筑楼面的可使用面积最大化,留给机电竖井占用的面积越来越小,特别是风管竖井,基本不考虑预留安装空间,使得在超高层建筑狭窄竖井内的风管施工安装高度高,安装操作空间小,施工难度大,安全系数低。施工单位必须创新风管新型连接工艺,确保在狭窄竖井内风管连接紧密,严密性好。

1.2.4.2　设备层空调设备减振降噪

超高层建筑为避免管道系统承压过高,需要根据压力进行垂直分区设置,在中间层设有多个设备层。这些设备层设备运行产生的振动和噪声对该设备层上下几层影响巨大,特别是空调冷水机组、水泵等设备。此外,超高层建筑对室内环境的声学要求非常高,设计与施工单位必须对整个机电系统(特别是空调系统)的噪声及振动做出详细分析,综合运用设备选型、减振、隔声、消声、吸声五大处理技术,依照振动及噪声控制原理,采取最先进的技术手段,提出相应解决方案,精心施工,将振动和噪声降至最低。

1.2.4.3　幕墙翅片供暖

大面积大空间玻璃幕墙在超高层建筑中的广泛使用,对超高层建筑的供暖和节能提出了很多难题和更高要求。幕墙翅片散热系统安装在幕墙框架上,体积小、外形美观,能有效且隐蔽地在幕墙玻璃窗处创造一个热空气“屏风”以隔绝冷风,从而解决超高层建筑玻璃幕墙周围空气流动热损失带来的冷风问题。

幕墙翅片散热系统由安装于幕墙内侧钢梁上的翅片式散热器本体、配套金属软管、电动阀门、闸阀、特制支架等主配件组成。其系统原理为:能源中心产生的蒸汽通过管道输送至各建筑分区的设备层,各设备层设置汽-水热交换器制备幕墙翅片散热器供暖用的热水。每个分区的幕墙翅片散热器处于一个压力分区内,各压力分区内部形成独立的闭式热循环系统,其热水循环泵变流量运行以节省运行能耗。散热器热水供暖系统立管设波纹膨胀节等以释放热膨胀量,沿幕墙内侧钢梁安装的翅片式散热器水平管道设不锈钢金属软接以释放热膨胀量。

　　超高层建筑幕墙翅片供暖系统在实际应用中，存在现场高空作业量大、系统主配件安装误差控制要求高、系统调试难度大等难点。为尽可能提高安装精度并减少现场高空作业及动火的安全隐患，达到系统均衡散热和消雾的效果，应着重做好翅片等主配件安装支架的预留和预安装工作，通过创新安装工艺和方法，做好系统安装各环节的误差控制及各区的温度、压力、水流量等的调试工作。

1.2.5　模块化施工

1.2.5.1　集成式制冷机房

　　1. 集成式制冷机房概述

　　集成式制冷机房是一种针对中央空调系统的机房节能方案，通过优化设计和三维仿真，以节能控制系统为核心，将压缩机组、换热器组、水力模块和电气控制系统在工厂集成装配成一个整体，进行设备最优选型匹配，在工厂预制、模块运输、现场拼装的系统级产品，有大小不同的制冷量可供选择，可提供配有全天候围护结构的室外安装型及室内安装型，是制冷机房建设新的解决方案。

　　集成式制冷机房通过优化设计使中央空调系统达到最优运行状态，以保证制冷机房的高效节能；通过工厂整体预装和调试确保制冷机房的最佳整体性能和质量；通过节能控制系统的关联控制实现冷水机组、冷水水泵、冷却水泵和冷却塔的协同运行，从而降低整个空调系统的能耗。

　　集成式制冷机房与传统制冷机房相比，其年均运行效率可提高 30%～50%，占地面积可节省 1/3，建设周期可大大缩短，并且运输维修方便、使用寿命延长，可大幅度降低中央空调系统的运行费用和维护难度。集成式制冷机房的示意图和实物图如图 1-3 所示。

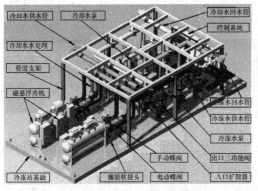

图 1-3　集成式制冷机房示意图及实物图

　　2. 集成式制冷机房性能优势

　　与传统制冷机房相比较，不难发现，集成式制冷机房的性能优势主要体现在以下几方面：

　　（1）高效节能

　　集成式制冷机房基于智能变频控制技术，通过优化设备选型和管道阻力，在设备选型和匹配时对系统整体运行效率进行综合考虑，使包括冷水机组、冷水水泵、冷却水泵和冷却塔风机在内的基于全年运行的制冷机房效率可达 0.6kW/Rt（或 COP 可达 7.0 及以上），年运行效率可较传统制冷机房提高 30％以上，更加高效节能。

（2）节省投资

集成式制冷机房通过采用优化组合的空间设计和精细结构设计使机房各模块结构紧凑，可有效节省材料费用和占地面积（每冷吨制冷量占地面积小于 $0.1m^2$），通过工厂预制和现场快速安装缩短建设周期，从而大幅度节省建设成本。

（3）建设周期短

集成式制冷机房是工厂预制式系统解决方案，经过工厂预制和水力平衡调试及压力测试，设备及管道各衔接部分在厂内已预制完成，通过模块化集成，机房各模块便于拆卸、吊装及运输，现场无管道施工可快速完成安装并节省调试时间，从而有效缩短建设周期。

（4）维护方便

集成式制冷机房系统经过三维布局和空间优化，充分考虑设备的安装与维护，在使用过程中，可基于网络通信协议和云服务平台，通过互联网实时远程监控机房系统各模块的运行数据并实施远程控制，方便地进行机房系统维护。

3. 集成式制冷机房核心技术

与传统制冷机房相比较，集成式制冷机房主要有两大核心技术，即系统集成技术与关联预测控制技术。

（1）系统集成技术

集成式制冷机房可在其自身集成工艺中应用系统集成技术，通过承载结构力学分析和仿真校核，将冷冻站各种设备模块化划分并集成安装到设计好的高精度钢结构平台上后，进行系统水压试验、系统清洗及系统测试。根据现场情况及产品特点，将工厂预制的集成式制冷机房进行模块化分割及运输，现场进行模块化拼装。系统集成所要达到的目标是系统的整体性能最优。

（2）关联预测控制技术

关联预测控制技术可对集成式制冷机房系统进行整体能耗优化，并通过对中央空调水系统末端负荷数据的建模仿真计算，预测出下一时段中央空调系统的冷量需求，对机房制冷系统进行主动控制，从而实现冷冻站系统的高效稳定运行。

4. 集成式制冷机房与传统制冷机房的对比分析

集成式制冷机房与传统制冷机房的主要对比分析如表 1-2 所示。

集成式制冷机房与传统制冷机房对比表　　　　　　　　　　　　表 1-2

内容	集成式制冷机房	传统制冷机房
节能效果	系统节能 30％～50％，随系统设计和实际负荷变化	系统节能 10％～30％，随外界气候及系统设计变化
控制参数	对设备和系统效率及参数进行监控，分析系统运行的整体性能，实现最优控制	温度、流量、压力、设备能耗负荷、系统 COP、系统曲线等运行参数
控制算法	系统级关联预测控制	系统设备 PID 单点控制
受控范围	关联控制，冷水机组、循环水泵、冷却塔，具有主动、前馈特性，在控制系统中嵌入设备性能曲线，最大限度发挥设备和系统的运行效率	冷水机组、循环水泵、冷却塔、管路系统中的电动阀门，受控设备单体控制，系统设备间相互制约

内容	集成式制冷机房	传统制冷机房
安全性	完备的单机保护及系统整体保护	各设备单机保护
产品形式	系统三维仿真、工厂预制集成，模块化整体拼装	设备分离、现场安装
占地面积	较小，节省机房面积	较大
现场施工	较短，1～2周	较长，1～2个月

综上可知，随着绿色环保施工理念的不断推行，制冷机房安装技术的要求日益严格，传统制冷机房的安装技术已难以达到高效集成制冷机房的安装质量要求。预制式集成制冷站技术可有效缩短制冷机房施工工期，降低施工成本，提高制冷机房施工质量。

1.2.5.2 机制金属内保温风管

1. 机制金属内保温风管概述

机制金属内保温风管是一种采用内衬保温形式的节能、降噪型风管，风管外壳采用金属薄钢板经机械压制成模，由复合涂层包裹的玻璃纤维保温内衬与镀锌钢板风管之间的保温钉固定经自动化加工生产线一次加工成型，内衬保温材料的复合涂层具有抗脱落、防霉变、抑菌和防火等功能，因而能用作空调、通风及防排烟系统风管。机制金属内保温风管的成品图如图1-4所示。

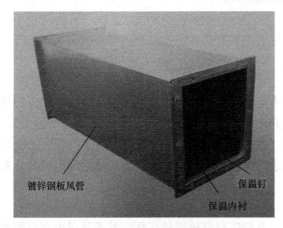

镀锌钢板风管　　　　保温钉
保温内衬

图1-4 机制金属内保温风管成品图

与传统金属外保温风管的加工制作工艺相比，机制金属内保温风管保温内衬与金属风管可在工厂车间全自动生产线一同加工，配合装角机和合缝机的使用，可确保保温内衬与金属风管结合的紧密性，有助于在工厂受控环境下保证风管的加工质量并节省生产和施工周期。

2. 机制金属内保温风管性能特点

与传统外保温金属风管的制作与安装工艺相比，机制金属内保温风管的性能特点优势明显，主要体现在以下几个方面：

（1）在线密封

机制金属内保温风管通过采用先进的在线联合口内涂装密封胶的技术，来保证风管的气密性以降低漏风量，确保空调风系统的气密性要求和节能指标。

（2）有效保温

机制金属内保温风管的玻璃纤维内衬保温材料使用玻璃纤维浸润热硬化树脂制作而成，纤维表面经处理后形成一层树脂涂层或毡面为玻璃纤维提供稳定性支持且达到一定防火性能，并可根据热阻值要求选择不同厚度的保温材料，做到保温材料厚度可控。

（3）机械化固定保温钉

通过自动线打钉机使专用保温焊钉将保温内衬与金属风管钉接，牢固的焊点可有效防止内保温层从金属风管脱落，长期保证风管良好的保温性能。

（4）可靠的保温防护

由于保温层内置，采用镀锌钢板制作的机制金属内保温风管可有效减少工厂制作、搬运和现场运输引起的损坏，保证保温层的完整性。另外，机制金属内保温风管承压能力强，可在满足设计压力要求的同时最大限度地保护内衬保温层的完整性和有效性。

（5）吸声降噪

与传统施工方式不同，机制金属内保温风管将消声保温材料贴附在风管内壁，可在减少风管壁冷热损失的同时有效吸收风管系统噪声，既满足风管保温的要求，又可大幅度降低风系统噪声对室内环境的影响，提高室内声学环境的质量。

3. 机制金属内保温风管绿色施工体现

与传统外保温金属风管的制作与安装工艺相比较，机制金属内保温风管更符合绿色环保施工的要求，主要表现在以下两方面：

（1）安装简便快捷

机制金属内保温风管由工厂一次加工成型，无施工现场二次保温工序，可节省施工现场二次保温工时。施工人员只需按照设计图纸，完成风管的吊装、连接和紧固即可，施工安装简便快捷。整个安装过程受人员操作的影响较小，耗时短，施工现场无污染，可明显缩短通风空调系统的施工周期，满足日趋紧张的施工工期要求。

（2）节省安装空间

机制金属内保温风管不必预留风管保温施工空间，可贴梁、贴壁或贴顶安装，系统经过优化设计可不需安装消声器，从而更有效地利用建筑空间。

第2章 《通风与空调工程施工质量验收规范》修订简介

2.1 《通风与空调工程施工质量验收规范》修订背景与意义

根据住房和城乡建设部《关于印发〈2012年工程建设标准规范制订修订计划〉的通知》（建标〔2012〕5号）的要求，规范编制组经广泛调查研究，认真总结实践经验，参考有关国际标准和国外先进标准，并在广泛征求意见的基础上，编制了《通风与空调工程施工质量验收规范》GB 50243—2016[4]（以下简称《规范》）。《规范》是对《通风与空调工程施工质量验收规范》GB 50243—2002[5]（以下简称原规范）进行的全面修订。

原规范颁布执行已有十余年之久，已不能满足当前通风与空调工程建设与施工的需要。理由如下：其一，原规范标龄15年，根据国家对工程建设标准管理的规定，标准施行5年及以上时应进行认证复审或予修订。其二，自原规范执行十多年来建筑空调工程有众多新材料、新设备、新技术与新工艺得到开发与应用，如多联机组、蓄能技术、地源热泵等。尤其是室内空气品质、环境保护、低碳、节能等方面新工程技术的推广使用，使原规范无法全面覆盖，需要通过考证予以增补。

根据住房和城乡建设部对本专业规范进行工程施工与工程验收实施两项分离的试点要求，《规范》的修订属于全面的修订。修订以强化通风与空调工程施工的质量验收，保障工程质量，以推广工程的低碳、节能、减排技术为宗旨，规范工程施工质量验收的程序、方法、技术标准和测试，实现将合格工程交付业主使用的目标。

2.2 《通风与空调工程施工质量验收规范》主要内容与特点

2.2.1 主要内容

《规范》作为指导全国各地区的通风与空调工程质量验收工作的通用性标准，适用于工业与民用建筑通风与空调工程施工质量的验收；并对行业标准和地方标准起到指导作用，给制定企业标准留有余地；大型企业集团均应制定本企业标准，并可在某些方面严于国家标准，为企业的市场竞争提供机会。

《规范》条文规定了工程施工质量验收标准，体现"强化验收"和"统一性、规范性、操作性、针对性"原则,在原规范基础上补充完善检验手段。

遵照"验评分离"原则,工程施工质量仅设"合格"和"不合格"。"合格"要求是对施工质量的最低要求,合格验收标准保持全国较高的水平。

《规范》的主要技术内容是:1. 总则;2. 术语;3. 基本规定;4. 风管及配件;5. 风管部件;6. 风管系统安装;7. 风机与空气处理设备安装;8. 空调用冷(热)源及辅助设备安装;9. 空调水系统管道与设备安装;10. 防腐与绝热;11. 系统调试;12. 竣工验收。

2.2.2 特点

《规范》结合通风与空调工程施工质量验收特点,对子分部与分项工程的划分正确合理、层次分明,并与《建筑工程施工质量验收统一标准》GB 50300[6]相协调。

《规范》规定了抽样检验程序、调整了风管系统压力类别划分和金属风管板材厚度、提高了风管系统严密性验收指标,技术内容全面、先进,可操作性强,具有技术创新性。符合我国通风与空调工程施工质量的实际情况和发展需求。

《规范》将一些节能、减排的新技术纳入,可以促进节能技术的推广应用,提高通风与空调工程的内在质量,发挥更大的社会效益。

《规范》首次采用声称质量水平的评定程序,该标准为《计数抽样检验程序 第11部分:小总体声称质量水平的评定程序》GB/T 2828.11,符合数理统计的基本原理,具有可操作性。由于新标准在建筑工程施工质量验收中首次采用,会有一个相对的适应期,还需要通过实践来证明和完善。

2.3 本次修订的主要条文内容

2.3.1 对原验收子分部工程划分进行了调整和补充

作为建筑工程中通风与空调分部工程,原来划分为七个子分部工程,在验收操作过程中有缺项,如制冷与空调水系统的子分部工程包含的内容太多,很难按系统功能进行验收,因此进行了细化和补充。在建设工程中子分部工程应该是一个与其他功能分部有联系又体现独立功能,无论施工质量验收,还是系统运行等均可单独进行验证的工程系统。按此原则对建筑工程通风与空调分部工程施工质量验收的子分部工程进行了重新划分和补充,共计为20个子分部,涉及风系统9个,水系统6个,制冷系统4,自控系统1个。本次子分部工程划分,分项工程的构成均已与新国标《建筑工程施工质量验收统一标准》GB 50300[6]进行了沟通。

由于新国标《建筑工程施工质量验收统一标准》GB50300[6]已经颁布,故对检验验收批等表式进行了改动和完善。

2.3.2 对有关分部工程分项工程施工质量验收探索采用新抽样检验方法

《规范》对分项工程施工质量验收能否摆脱老的、不完全符合科学逻辑的抽检方法,如规定5%、10%、20%、不少于5个等的经验抽样方法进行了探讨。为此,修编组对国标《计数抽样检验程序》GB/T 2828 系列标准进行了深入的学习、研究和借鉴。《计数抽样检验程序 第 10 部分：GB/T 2828 计数抽样检验系列标准导则》GB/T 2828.10 中明确说明《计数抽样检验程序 第 4 部分：声称质量水平的评定程序》GB/T 2828.4[7]的程序是为了在正规的、系统的评审或审核中所需做的抽样检验而开发出来的，适用于对较大总体的抽样检验，《计数抽样检验程序 第 11 部分：小总体声称质量水平的评定程序》GB/T 2828.11[8]适用于对小总体的抽样检验评定。通过学习，结合通风与空调工程施工质量验收的特性，决定采纳《计数抽样检验程序 第 11 部分：小总体声称质量水平的评定程序》GB/T 2828.11[8]来规范通风与空调工程施工的质量验收，使之符合科学、先进的数理统计原理，保证验收的质量水平。将此标准引入到《规范》的质量验收之中，实现科学化的验收。

另外，对《建筑工程施工质量验收统一标准》GB 50300[6]推荐的方法，进行了斟酌，它们主要依据《计数抽样检验程序 第 1 部分：按接收质量限（AQL）检索的逐排检验抽样计划》GB/T 2828.1 并考虑更广的适用范围。因为通风与空调工程与标准的特性有差异，故选择采用《计数抽样检验程序 第 11 部分：小总体声称质量水平的评定程序》GB/T 2828.11[8]。在建筑通风与空调工程施工质量抽样检验采用数理统计的方法是第一次，是一个重大突破，具有创新性。

2.3.3 对有关风管类别的划分进行了调整

首先，风管类别的划分。原规范定为低、中、高三个等级，且只规定了正压的限值，见表 2-1，即原规范表 4.1.5 风管系统类别划分。根据工程执行的情况和国家节能、减排方针的深入，提高通风管道的严密性能，严格控制漏风量可以有较大的节能效果。因此，本次修编对风管类别进行了局部的调整，将原低压风管划分为微压与低压两类，并强调了低压风管的严密性检查不再允许采用漏光法进行检验判断风管严密性能合格的依据，强化了低压风管严密性的控制力度。

其次，风管类别。本次修编补充了负压的规定，比原规范更细化，容易操作，详见表 2-2，即《规范》风管类别表 4.1.5。对于各类风管的负压和高压风管的最高压也作出了限定，也就是不再开口，使《规范》对风管类别规定更加严密。

三是有关风管强度试验。原规范统一规定在 1.5 倍工作压力下，接缝处无开裂为合格，相对比较粗陋。《规范》对上述风管强度试验作出修改，有了更明确的规定。风管强度试验应在试验压力下，5min 及以上无破坏性损伤为合格。试验压力对于低压系统风管为 1.5 倍工作压力；中压系统风管为 1.2 倍工作压力，且不低于 750Pa；高压系统风管为 1.2 倍工作压力。对于高压风管运行的波动压力控制在 20%，认为较合理。调整前后风管类别划分的比较详见表 2-1 和表 2-2。

原规范表 4.1.5 风管系统类别划分   表 2-1

系统类别	系统工作压力 P（Pa）	密封要求
低压系统	$P \leqslant 500$	接缝和接管连接处严密
中压系统	$500 < P \leqslant 1500$	接缝和接管连接处增加密封措施
高压系统	$P > 1500$	所有的拼接缝和接管连接处，均应采取密封措施

《规范》表 4.1.5　风管类别　　　　　　　　　　　　　　　表 2-2

类别	风管系统工作压力 P (Pa)		密封要求
	管内正压	管内负压	
微压	$P \leqslant 125$	$-125 \leqslant P$	接缝及接管连接处严密
低压	$125 < P \leqslant 500$	$-500 \leqslant P < -125$	接缝及接管连接处应严密，密封面宜设在风管的正压侧
中压	$500 < P \leqslant 1500$	$-1000 \leqslant P < -500$	接缝及接管连接处增加密封措施
高压	$1500 < P \leqslant 2500$	$-2000 \leqslant P < -1000$	所有的拼接缝及接管连接处，均应采取密封措施

2.3.4　对有关钢板风管板材厚度进行了部分调整

对于金属风管板材的厚度，根据工程施工钢板风管所发生的实际状况，结合风管类别和形状对原规范的钢板厚度进行了调整，主要是对高压风管与除尘风管。如原规范[5]规定圆形风管不分高、中、低压类别风管，为一个厚度，显然不太合理；如在工程中发现高压风管强度不足，变形过大损坏等。因此，将金属风管板材厚度的条文进行适当的调整，按高、中、低微压和除尘四类分别作出规定，是合理的。高压风管厚度主要参照美国 SM-ACNA 标准中长度 1320～1840mm 和日本国土交通省大臣官房厅营缮部监修的机械设备工程通用说明书（2001 版）第二篇空气调节设备施工第 14 节风管及部件等的内容，结合原标准而确定的。除尘风管厚度参照现行国家机械行业标准进行了调整。

对于经过调整后钢板风管的最小厚度规定，进行了风管强度适用性的测试与验证，试验结果表明，可以满足工程风管强度的要求。

调整前后钢板风管板材厚度情况详见表 2-3～表 2-6。

原规范表 4.2.1-1　钢板风管板材厚度（mm）　　　　　　　　表 2-3

类别 风管直径 D 或长边尺寸 b	圆形风管	矩形风管		除尘系统风管
		中、低压系统	高压系统	
$D\ (b) \leqslant 320$	0.5	0.5	0.75	1.5
$320 < D\ (b) \leqslant 450$	0.6	0.6	0.75	1.5
$450 < D\ (b) \leqslant 630$	0.75	0.6	0.75	2.0
$630 < D\ (b) \leqslant 1000$	0.75	0.75	1.0	2.0
$1000 < D\ (b) \leqslant 1250$	1.0	1.0	1.0	2.0
$1250 < D\ (b) \leqslant 2000$	1.2	1.0	1.2	按设计
$2000 < D\ (b) \leqslant 4000$	按设计	1.2	按设计	

原规范表 4.2.1-2 高、中、低压系统不锈钢板风管板材厚度（mm）　　表 2-4

风管直径或长边尺寸 b	不锈钢板厚度
$b \leqslant 500$	0.50
$500 < b \leqslant 1120$	0.75
$1120 < b \leqslant 2000$	1.0
$2000 < b \leqslant 4000$	1.2

《规范》表 4.2.3-1　钢板风管板材厚度（mm）　　　　　　表 2-5

类别 风管直径或 长边尺寸 b（mm）	板材厚度				
	微压、低压 系统风管	中压系统风管		高压系统风管	除尘系统风管
		圆形	矩形		
$b \leqslant 320$	0.5	0.5	0.5	0.75	2.0
$320 < b \leqslant 450$	0.5	0.6	0.6	0.75	2.0
$450 < b \leqslant 630$	0.6	0.75	0.75	1.0	3.0
$630 < b \leqslant 1000$	0.75	0.75	0.75	1.0	4.0
$1000 < b \leqslant 1500$	1.0	1.0	1.0	1.2	5.0
$1500 < b \leqslant 2000$	1.0	1.2	1.2	1.5	按设计要求
$2000 < b \leqslant 4000$	1.2	按设计要求	1.2	按设计要求	按设计要求

《规范》表 4.2.3-2　不锈钢板风管板材厚度（mm）　　　　　　表 2-6

风管直径或长边尺寸 b	微压、低压、中压	高压
$b \leqslant 450$	0.5	0.75
$450 < b \leqslant 1120$	0.75	1.0
$1120 < b \leqslant 2000$	1.0	1.2
$2000 < b \leqslant 4000$	1.2	按设计要求

2.3.5　对金属矩形薄钢板法兰风管工程使用口径的边长进行了限制

金属矩形薄钢板法兰风管使用流水线加工作业，符合现代建筑施工速度的要求。矩形风管薄钢板法兰风管的法兰高度，可以为 20～50mm 不等，以适应不同边长的风管。但是，国内的施工企业与风管加工生产单位往往仅采纳一个薄钢板法兰高度（33～35mm 中的一个），统包全部边长口径的风管。对于小口径矩形风管是强度有余；中间的适当；大口径不足。因此，根据国内的客观状况和工程经验，《规范》作出规定，金属矩形薄钢板法兰风管应用于舒适性空调系统最大边长为 1500mm，采取措施后为 2000mm；洁净空调为 1000mm，采取措施后可适当放宽，相对合理，可以保证漏风量的达标。

2.3.6　对硬聚氯乙烯风管使用于中压风管的厚度进行了调整

根据《规范》征求意见稿的反馈意见，对硬聚氯乙烯风管使用于中压风管的厚度进行了调整，调整情况详见表 2-7～表 2-10。

原规范表 4.2.2-1　中、低压系统硬聚氯乙烯圆形风管板材厚度（mm）　　表 2-7

风管直径 D	板材厚度
$D \leqslant 320$	3.0
$320 < D \leqslant 630$	4.0
$630 < D \leqslant 1000$	5.0
$1000 < D \leqslant 2000$	6.0

原规范表 4.2.2-2　中、低压系统硬聚氯乙烯矩形风管板材厚度（mm）　　表 2-8

风管长边尺寸 b	板材厚度
$b \leqslant 320$	3.0
$320 < b \leqslant 500$	4.0
$500 < b \leqslant 800$	5.0
$800 < b \leqslant 1250$	6.0
$1250 < b \leqslant 2000$	8.0

《规范》表 4.2.4-1　硬聚氯乙烯圆形风管板材厚度（mm）　　表 2-9

风管直径 D	板材厚度	
	微压、低压	中压
$D \leqslant 320$	3.0	4.0
$320 < D \leqslant 800$	4.0	6.0
$800 < D \leqslant 1200$	5.0	8.0
$1200 < D \leqslant 2000$	6.0	10.0
$D > 2000$	按设计要求	

《规范》表 4.2.4-2　硬聚氯乙烯矩形风管板材厚度（mm）　　表 2-10

风管长边尺寸 b	板材厚度	
	微压、低压	中压
$b \leqslant 320$	3.0	4.0
$320 < b \leqslant 500$	4.0	5.0
$500 < b \leqslant 800$	5.0	6.0
$800 < b \leqslant 1250$	6.0	8.0
$1250 < b \leqslant 2000$	8.0	10.0

2.3.7　对复合材料等风管的适用验收范围进行了调整

在通风与空调工程中根据系统特性，使用不同材料性能的风管，起到各司其强的作用。不同特性的材料风管应在其适用的舞台上使用，过度扩大其适用范围并不可取。如铝箔玻璃纤维板风管用于中压风管，为保持一定的形状采用型材框架与支撑加固方法，显得牵强；如用于负压更困难，因此，《规范》将其验收的范围限制在低压风管系统。对于双面铝箔复合材料风管，《规范》将其验收的范围限制在中压风管系统。《规范》编制组人员一致认为空调系统风管口径相对较大，常年使用时需要经受开机、停机、系统压力波动的影响。当在高压的系统中使用时，应对其安全、耐用的可靠性能需要进行测试与验证后，再作结论。

2.3.8　对风管系统使用的消声器加强了验收规定

建筑空调系统噪声的控制是一个非常现实的问题，当在工程验收时发现噪声超标会显得很被动。如究其原因是设计、施工还是消声器的质量问题，在现场很难作出结论。因此，《规范》就消声器的质量验收作了规定：除应在现场对消声器的结构、材质、片距等内容进行验收外,新增加了对外购产品消声器查阅性能测试报告的规定。这个规定将是规范风管消声器生产,保证工程质量的一个有效措施。按照国家标准《声学消声器测量方法》GB/T 4760 中有关消声器现场测试方法,也可实施完成插入损失的测试。

2.3.9　增加了几种系统的质量验收项目

土壤源热泵、地表水源热泵换热系统和多联机组空调系统在建筑空调中已经应用多年,一直未归入空调质量验收规范之中。本次修编对上述施工项目内容进行了补充。至于地表水的利用包括江、河、湖水,海水和生活污水等,工程施工还应涉及相应防污染、防腐蚀,以保持热交换能力的设备,《规范》暂时还未编入。

2.3.10　增加了空调工程蓄能系统的质量验收内容

空调工程蓄能(水、冰)系统的内容在原规范中很少涉及,本次修订进行了补充。空调蓄能系统的利用是空调技术发展的一个方面,以蓄冷为主,本次修编加入此内容以完善。

2.3.11　对多台水泵出口支管接入总管的形式作了调整

对于空调水系统,多台水泵出口支管接入总管常采用 T 形连接的形式,《规范》修编组通过深入的讨论,总结工程实践中得到的经验,作出否定的规定,要求采用以顺水流斜向插入的形式。将此规定吸纳入《规范》中,将对改善水泵安全运行和提高效率有较大的作用。但是,也会给设计、施工造成困难。工程施工是一个一次性的过程,应该服从于系统长期安全和节能运行的要求。

2.3.12　补充和完善了一些项目的验收要求

对在工程中已经应用并积累了经验,但在原规范中还没有或无明确验收要求的项目进行了补充和完善。如太阳能制冷设备、织物布风管、蓄能空调系统、地板送风、辐射(顶棚与地板)空调系统等。

2.3.13　对风系统风量调试的允许偏差进行了调整

风系统总风量调试的允许偏差范围由原来的 $\pm 10\%$ 调整为 $-5\% \sim +10\%$,将新风风量调试的允许偏差调整为 $0 \sim +10\%$;单向流洁净系统总风量调试的允许偏差由原来的 $0 \sim 20\%$,调整为 $0 \sim +10\%$ 。这些指标的改动是一个进步,更适用于系统的实际情况。

2.3.14　删除了部分章节内容

根据审查会议的决定,本次修订时删除了原规范的第 13 章(综合效能的测定与调整)。

2.4　本次修订成熟度与水平评价

此次修订工作是根据住房和城乡建设部《关于印发〈2012 年工程建设标准规范制订

修订计划〉的通知》(建标〔2012〕5 号) 的要求，《规范》编制组经广泛调查研究，认真总结实践经验，参考有关国际标准和国外先进标准，并在全国广泛征求意见的基础上，完成《规范》的修订。

《规范》修订本着"就高不就低"的原则，与国内相关规范协调一致，保持较高水准。

2014 年 4 月 11 日，住房和城乡建设部建筑环境与节能标准化技术委员会组织召开《规范》送审稿审查会议，审查委员会对《规范》给予了很高评价，认为：《规范》总体质量水平达到国际先进水平。

2.5 本次修订参考的主要规范标准

本次修订所参考的主要标准规范包括：

(1)《建筑设计防火规范》GB 50016；

(2)《立式圆筒形钢制焊接储罐施工规范》GB 50128；

(3)《钢结构工程施工质量验收规范》GB 50205；

(4)《现场设备、工业管道焊接工程施工规范》GB 50236；

(5)《建筑给水排水及采暖工程施工质量验收规范》GB 50242；

(6)《制冷设备、空气分离设备安装工程施工及验收规范》GB 50274；

(7)《风机、压缩机、泵安装工程施工及验收规范》GB 50275；

(8)《建筑工程施工质量验收统一标准》GB 50300；

(9)《建筑节能工程施工质量验收规范》GB 50411；

(10)《现场设备、工业管道焊接工程施工质量验收规范》GB 50683；

(11)《民用建筑太阳能空调工程技术规范》GB 50787；

(12)《工业阀门 标志》GB/T 12220；

(13)《建筑通风和排烟系统用防火阀门》GB 15930；

(14)《用安装在圆形截面管道中的差压装置测量满管流体流量》系列标准 GB/T 2624；

(15)《采暖通风与空气调节设备噪声声功率级的测定 工程法》GB/T 9068；

(16)《声称质量水平复检与复验的评定程序》GB/T 16306；

(17)《一般公差 未注公差的线性和角度尺寸的公差》GB/T 1804；

(18)《组合式空调机组》GB/T 14294；

(19)《洁净室及相关受控环境 第 1 部分：空气洁净度等级》GB/T 25915.1。

第3章 规 范 条 文 释 义

本章章节安排按照《通风与空调工程施工质量验收规范》GB 50243—2016[4] 的编排顺序确定。

本章条文释义中,《通风与空调工程施工质量验收规范》GB 50243—2016统一用《规范》指代。

3.1 总 则

1.0.1 为加强建筑工程质量管理,统一通风与空调工程施工质量的验收,确保工程质量,制定本规范。

【1.0.1 释义】

本条文是编制《规范》的宗旨和原则,以统一通风与空调工程的验收方法、程序和原则,达到确保工程质量的目的。《规范》适用于施工质量的验收,设计和使用中的质量问题不属于《规范》的范畴。

1.0.2 本规范适用于工业与民用建筑通风与空调工程施工质量的验收。

【1.0.2 释义】

本条文明确了《规范》适用的对象。

1.0.3 本规范应与现行国家标准《建筑工程施工质量验收统一标准》GB 50300 配合使用。

【1.0.3 释义】

本条文说明了《规范》与现行国家标准《建筑工程施工质量验收统一标准》GB 50300[6] 的隶属关系,强调了在施工质量验收时,还应执行 GB 50300 的规定。

1.0.4 通风与空调工程中采用的工程技术文件、承包合同等,对工程施工质量的要求不得低于本规范的规定。

【1.0.4 释义】

本条文规定了通风与空调工程施工质量验收的依据是《规范》,且为最低标准,必须采纳。为保证工程的使用功能和整体质量水平,满足建筑工程安全、节能的要求,强调工程中采用的技术文件、承包合同等主要技术指标不得低于《规范》的规定。

1.0.5 通风与空调工程施工质量的验收除应符合本规范的规定外,尚应符合国家现行有关标准的规定。

【1.0.5 释义】

通风与空调工程施工质量的验收，涉及较多的工程技术和设备，《规范》不可能包括全部的施工质量验收内容。为满足和完善工程的验收标准，规定除应执行《规范》的规定外，尚应符合国家现行有关标准、规范的规定。

3.2　术　　语

2.0.1　通风工程　ventilation works
送风、排风、防排烟、除尘和气力输送系统工程的总称。

2.0.2　空调工程　airconditioning works
舒适性空调、恒温恒湿空调和洁净室空气净化及空气调节系统工程的总称。

2.0.3　风管　duct
采用金属、非金属薄板或其他材料制作而成，用于空气流通的管道。

2.0.4　非金属风管　nonmetallic duct
采用硬聚氯乙烯、玻璃钢等非金属材料制成的风管。

2.0.5　复合材料风管　foil-insulant composite duct
采用不燃材料面层，复合难燃级及以上绝热材料制成的风管。

2.0.6　防火风管　refractory duct
采用不燃和耐火绝热材料组合制成，能满足一定耐火极限时间的风管。

2.0.7　风管配件　duct fittings
风管系统中的弯管、三通、四通、异形管、导流叶片和法兰等构件。

2.0.8　风管部件　duct accessory
风管系统中的各类风口、阀门、风罩、风帽、消声器、空气过滤器、检查门和测定孔等功能件。

2.0.9　风道　air channel
采用混凝土、砖等建筑材料砌筑而成，用于空气流通的通道。

2.0.10　住宅厨房卫生间排风道　ventilating ducts for kitchen and bathroom
用于排除住宅内厨房灶具产生的烟气、卫生间产生的污浊气体的通道。

2.0.11 风管系统工作压力 design working pressure
系统总风管处最大的设计工作压力。

2.0.12 漏风量 air leakage rate
风管系统中，在某一静压下通过风管本体结构及其接口，单位时间内泄出或渗入的空气体积量。

2.0.13 系统风管允许漏风量 duct system permissible leakage rate
按风管系统类别所规定的平均单位表面积、单位时间内最大允许漏风量。

2.0.14 漏风率 duct system leakage ratio
风管系统、空调设备、除尘器等，在工作压力下空气渗入或泄漏量与其额定风量的百分比。

2.0.15 防晃支架 jiggle protection support
防止风管或管道晃动位移的支、吊架或管架。

2.0.16 强度试验 strength test
在规定的压力和保压时间内，对管路、容器、阀门等进行耐压能力的测定与检验。

2.0.17 严密性试验 leakage test
在规定的压力和保压时间内，对管路、容器、阀门等进行抗渗漏性能的测定与检验。

2.0.18 吸收式制冷设备 absorption refriger ation device
以热力驱动，氨-水或水-溴化锂为制冷工质对的制冷设备。

2.0.19 空气洁净度等级 air cleanliness class
以单位体积空气中，某粒径粒子的数量来划分的洁净程度标准。

2.0.20 风机过滤器机组 fan filter unit
由风机箱和高效过滤器等组成的用于洁净空间的单元式送风机组。

2.0.21 空态 as-built
洁净室的设施已经建成，所有动力接通并运行，但无生产设备、材料及作业人员。

2.0.22 静态 at-rest
洁净室的设施已经建成，生产设备已经安装，并按业主及供应商同意的方式运行，但无生产人员。

2.0.23 动态 operation

洁净室的设施以规定的方式运行，有规定的人员数量在场，生产设备按业主及供应商双方商定的状态下进行工作。

2.0.24 声称质量水平 declared quality level

检验批总体中不合格品数的上限值。

【条文释义】

本章中给出的 24 个术语，是《规范》有关章节中所引用的。

在编写本章术语时，参考了《供暖通风与空气调节术语标准》GB/T 50155、《通风与空调工程施工规范》GB 50738[9]、《洁净室施工及验收规范》GB 50591[10]等国家标准中的相关术语。

《规范》的术语是从本规范的角度赋予其涵义的，主要说明术语所指工程内容的含义。

同时，对中文术语还给出了相应的推荐性英文术语，该英文术语不一定是国际上的标准术语，仅供参考。

3.3 基 本 规 定

3.0.1 通风与空调工程施工质量的验收，除应符合本规范的规定外，尚应按批准的设计文件、合同约定的内容执行。

【3.0.1 释义】

本条文对通风与空调工程施工质量验收的依据作出了规定：一是被批准的设计文件，二是合同约定的内容。

按被批准的设计文件、施工图纸进行工程的施工，是工程质量验收最基本的条件。施工单位的职责是将设计意图转化成为现实，满足其相应建筑的功能需求，故施工单位无权任意修改设计图纸。

目前，建筑通风与空调工程的施工，都签有相应的合同，它是签约双方必须遵守的具有法律效应的文件。其中涉及的技术条款，也是工程施工质量验收的依据之一。

3.0.2 工程修改应有设计单位的设计变更通知书或技术核定签证。当施工企业承担通风与空调工程施工图深化设计时，应得到工程设计单位的核定签证。

【3.0.2 释义】

随着我国建筑市场的进一步发展和进步，同时与国际市场的正常接轨，部分施工企业已具备施工图深化设计的能力，有利于解决工程施工中管线碰撞、排布不合理等问题。但是，为了保证工程质量，规定该深化设计图必须得到工程设计单位的认可，并纳入工程施工图的管理范畴。

3.0.3 通风与空调工程所使用的主要原材料、成品、半成品和设备的材质、规格及性能应符合设计文件和国家现行标准的规定，不得采用国家明令禁止使用或淘汰的材料与设备。主要原材料、成品、半成品和设备的进场验收应符合下列规定：

1 进场质量验收，应经监理工程师或建设单位相关责任人确认，并应形成相应的书面记录；

2 进口材料与设备，应提供有效的商检合格证明、中文质量证明等文件。

【3.0.3 释义】

通风与空调工程所使用的主要原材料、成品、半成品和设备的质量，将直接影响到工程的整体质量。所以，《规范》对其作出规定，所采购的必须为符合国家强制性标准的产品，且在其进入施工现场时，必须进行实物到货验收。验收一般应由供货商、监理或业主、施工单位的代表共同参加，验收必须得到监理工程师的认可，并形成书面文件。进口材料与设备除应遵守国家的法规外，强调必须提供商检合格的证明、中文质量证明等文件。

3.0.4 通风与空调工程采用的新技术、新工艺、新材料与新设备，均应有通过专项技术鉴定验收合格的证明文件。

【3.0.4 释义】

为了保证工程的施工质量，对在工程中采用的新技术、新工艺、新材料、新设备，《规范》持慎重的态度，强调必须具有通过专项技术鉴定或产品合格验收的证明文件。专项技术的鉴定应具有权威性。

3.0.5 通风与空调工程的施工应按规定的程序进行，并应与土建及其他专业工种相互配合；与通风与空调系统有关的土建工程施工完毕后，应由建设（或总承包）、监理、设计及施工单位共同会检。会检的组织宜由建设、监理或总承包单位负责。

【3.0.5 释义】

本条文规定了通风与空调工程应按正确的、规定的施工程序进行，并与土建及其他专业工种的施工相互配合。通过对上道工程的质量交接验收，共同保证工程质量，以避免质量隐患或不必要的重复劳动。"质量交接会检"是施工过程中的重要环节，是对上道工序质量认可以及分清责任的有效手段，符合建设工程质量管理的基本原则和我国建设工程的实际情况，应予以加强。条文明确规定了组织会检的责任者，有利于执行。

3.0.6 通风与空调工程中的隐蔽工程，在隐蔽前应经监理或建设单位验收及认可签证，必要时应留下影像资料。

【3.0.6 释义】

本条文是对通风与空调工程中隐蔽工程施工质量验收的规定，采用影像资料是一个较为直观的见证资料，对于隐蔽工程尤其重要。而且随着手机拍照功能的普及，当前留下影像资料毫无难度。

3.0.7 通风与空调分部工程施工质量的验收，应根据工程的实际情况按表 3.0.7 所列的子分部工程及所包含的分项工程分别进行。分部工程合格验收的前提条件为工程所属子分部工程的验收应全数合格。当通风与空调工程作为单位工程或子单位工程独立验收时，其分部工程应上升为单位工程或子单位工程，子分部工程应上升为分部工程，分项工程的划分仍应按表 3.0.7 的规定执行。工程质量验收记录应符合本规范附录 A 的规定。

表 3.0.7　通风与空调分部工程的子分部工程与分项工程划分

序号	子分部工程	分项工程
1	送风系统	风管与配件制作，部件制作，风管系统安装，风机与空气处理设备安装，风管与设备防腐，旋流风口、岗位送风口、织物（布）风管安装，系统调试
2	排风系统	风管与配件制作，部件制作，风管系统安装，风机与空气处理设备安装，风管与设备防腐，吸风罩及其他空气处理设备安装，厨房、卫生间排风系统安装，系统调试
3	防、排烟系统	风管与配件制作，部件制作，风管系统安装，风机与空气处理设备安装，风管与设备防腐，排烟风阀（口）、常闭正压风口、防火风管安装，系统调试
4	除尘系统	风管与配件制作，部件制作，风管系统安装，风机与空气处理设备安装，风管与设备防腐，除尘器与排污设备安装，吸尘罩安装，高温风管绝热，系统调试
5	舒适性空调风系统	风管与配件制作，部件制作，风管系统安装，风机与组合式空调机组安装，消声器、静电除尘器、换热器、紫外线灭菌器等设备安装，风机盘管、变风量与定风量送风装置、射流喷口等末端设备安装，风管与设备绝热，系统调试
6	恒温恒湿空调风系统	风管与配件制作，部件制作，风管系统安装，风机与组合式空调机组安装，电加热器、加湿器等设备安装，精密空调机组安装，风管与设备绝热，系统调试
7	净化空调风系统	风管与配件制作，部件制作，风管系统安装，风机与净化空调机组安装，消声器、换热器等设备安装，中、高效过滤器及风机过滤器机组等末端设备安装，风管与设备绝热，洁净度测试，系统调试
8	地下人防通风系统	风管与配件制作，部件制作，风管系统安装，风机与空气处理设备安装，过滤吸收器、防爆波活门、防爆超压排气活门等专用设备安装，风管与设备防腐，系统调试
9	真空吸尘系统	风管与配件制作，部件制作，风管系统安装，管道快速接口安装，风机与滤尘设备安装，风管与设备防腐，系统压力试验及调试
10	空调（冷、热）水系统	管道系统及部件安装，水泵及附属设备安装，管道冲洗与管内防腐，板式热交换器、辐射板及辐射供热、供冷地埋管安装，热泵机组安装，管道、设备防腐与绝热，系统压力试验及调试
11	冷却水系统	管道系统及部件安装，水泵及附属设备安装，管道冲洗与管内防腐，冷却塔与水处理设备安装，防冻伴热设备安装，管道、设备防腐与绝热，系统压力试验及调试
12	冷凝水系统	管道系统及部件安装，水泵及附属设备安装，管道、设备防腐与绝热，管道冲洗，系统灌水渗漏及排放试验
13	土壤源热泵换热系统	管道系统及部件安装，水泵及附属设备安装，管道冲洗，埋地换热系统与管网安装，管道、设备防腐与绝热，系统压力试验及调试
14	水源热泵换热系统	管道系统及部件安装，水泵及附属设备安装，管道冲洗，地表水源换热管及管网安装，除垢设备安装，管道、设备防腐与绝热，系统压力试验及调试
15	蓄能（水、冰）系统	管道系统及部件安装，水泵及附属设备安装，管道冲洗与管内防腐，蓄水罐与蓄冰槽、罐安装，管道、设备防腐与绝热，系统压力试验及调试

续表 3.0.7

序号	子分部工程	分项工程
16	压缩式制冷(热)设备系统	制冷机组及附属设备安装,制冷剂管道及部件安装,制冷剂灌注,管道、设备防腐与绝热,系统压力试验及调试
17	吸收式制冷设备系统	制冷机组及附属设备安装,系统真空试验,溴化锂溶液加灌,蒸汽管道系统安装,燃气或燃油设备安装,管道、设备防腐与绝热,系统压力试验及调试
18	多联机(热泵)空调系统	室外机组安装,室内机组安装,制冷剂管路连接及控制开关安装,风管安装,冷凝水管道安装,制冷剂灌注,系统压力试验及调试
19	太阳能供暖空调系统	太阳能集热器安装,其他辅助能源、换热设备安装,蓄能水箱、管道及配件安装,低温热水地板辐射采暖系统安装,管道及设备防腐与绝热,系统压力试验及调试
20	设备自控系统	温度、压力与流量传感器安装,执行机构安装调试,防排烟系统功能测试,自动控制及系统智能控制软件调试

注：1 风管系统的末端设备包括：风机盘管机组、诱导器、变(定)风量末端、排烟风阀(口)与地板送风单元、中效过滤器、高效过滤器、风机过滤器机组；其他设备包括：消声器、静电除尘器、加热器、加湿器、紫外线灭菌设备和排风热回收器等。

2 水系统末端设备包括：辐射板盘管、风机盘管机组和空调箱内盘管和板式热交换器等。

3 设备自控系统包括：各类温度、压力与流量等传感器、执行机构、自控与智能系统设备及软件等。

【3.0.7 释义】

通风与空调工程是整个建筑工程中的一个分部工程。《规范》根据通风与空调工程中各系统功能特性不同,按其相对专业技术性能和独立功能划分为20个子分部工程,以便于工程施工质量的监督和验收。对于每个建筑工程包含的子分部的内容与数量会有所不同,通风与空调分部工程验收合格的前提条件,是该工程中所包含的子分部工程应全数合格。

当通风与空调工程以独立的单项工程形式进行施工承包时,则本条文规定的通风与空调分部工程上升为单位工程,子分部工程上升为分部工程,分项工程验收的内容不变。

3.0.8 通风与空调工程子分部工程施工质量的验收,应根据工程实际情况按本规范表3.0.7所列的分项工程进行。子分部工程合格验收应在所属分项工程的验收全数合格后进行。

【3.0.8 释义】

在《规范》表3.0.7中对每个子分部工程已列举出相应的分项工程,子分部工程的验收应按此规定执行。本条文规定了子分部工程合格验收的前提条件是工程所包含的分项工程的验收全数合格。但是,需要注意的是不同建筑的通风与空调分部工程的各子分部工程所涉及的分项工程,其具体构成和数量会有所不同。应根据工程的特性,进行针对性的删选与增减。

3.0.9 通风与空调工程分项工程施工质量的验收,应按分项工程对应的本规范具体条文的规定执行。各个分项工程应根据施工工程的实际情况,可采用一次或多次验收,检验验收批的批次、样本数量可根据工程的实物数量与分布情况而定,并应覆盖整个分项工程。

当分项工程中包含多种材质、施工工艺的风管或管道时，检验验收批宜按不同材质进行分列。

【3.0.9 释义】

通风与空调分部工程由多个子分部工程组成，且每个子分部工程所包含的分项工程的内容及数量也有所不同，因此，对工程质量的验收作出明确规定，按分项工程对应的具体条文执行。以风管为例，对于各种材料、各个子分部工程中风管质量验收相类同分项的规定，如风管的耐压能力、加工及连接质量规定、严密性能、清洁要求等，只能列在具体的条文之中，要求执行时斟酌，不能搞错。分项工程质量验收时，还应根据工程量的大小、施工工期的长短，以及作业区域、验收批所涉及子分部工程的不同，可采用一次验收或多次验收的方法。同时，还强调检验验收批应包含整个分项工程，不应漏项。例如，通风与空调工程的风管系统安装是一个分项工程，但是，它可以分属于多个子分部工程，如送风、排风、空调、防排烟、除尘等系统工程等。同时，它还存在采用不同材料如金属、非金属或复合材料等的可能，因此，在分项工程质量验收时必须按照《规范》对应的分项内容，一一对照执行。

3.0.10 检验批质量验收抽样应符合下列规定：

1 检验批质量验收应执行本规范附录 B 的规定执行。产品合格率大于或等于 95％的抽样评定方案，应定为第 I 抽样方案（以下简称 I 方案），主要适用于主控项目；产品合格率大于或等于 85％的抽样评定方案，应定为第 II 抽样方案（以下简称 II 方案），主要适用于一般项目；

2 当检索出抽样检验评价方案所需的产品样本量 n 超过检验批的产品数量 N 时，应对该检验批总体中所有的产品进行检验；

3 强制性条款的检验，应采用全数检验方案。

【3.0.10 释义】

本条文规定了检验批质量验收抽样的基本原则。

条文分别规定了强制性条款的检验、主控项目检验、一般项目检验的抽样检验方案。

《规范》采用的抽样检验方法，是将计数抽样检验程序的国家标准应用于通风与空调工程施工质量验收的尝试和实践。

为了方便工程的应用，《规范》对抽样方案进行了简化，确定了主控项目的产品合格率大于或等于 95％，一般项目的产品合格率大于或等于 85％的核查原则。

检验时的抽样的数量 n，应根据该检验批的产品数量 N 和容许的检验批总体中不合格品数的上限值（DQL），对主控项目与一般项目的验收，分别按《规范》表 B.1 或表 B.2 确定。

检验批总体中不合格品数的上限值（DQL），根据该检验批的产品数量 N 和规定的产品合格率（95％或 85％）确定。

例如，某主控项目的某检验批的产品数量 $N＝45$，则检验批总体中不合格品数的上限值（声称的不合格品数）DQL＝45×（1－0.95）＝2（取整）。

又如，某一般项目的某检验批的产品数量 $N＝20$，则检验批总体中不合格品数的上限值（声称的不合格品数）DQL＝20×（1－0.85）＝3。

由于抽样的随机性，以抽样为基础的任何评定，判定结果会有内在的不确定性。仅当该次 n 个受检验样品中不合格品数大于 1 个时，表明实际质量水平劣于 95%（或 85%）时，才判定核查总体不合格。

3.0.11 分项工程检验批验收合格质量应符合下列规定：

1 当受检方通过自检，检验批的质量已达到合同和本规范的要求，并具有相应的质量合格的施工验收记录时，可进行工程施工质量检验批质量的验收；

2 采用全数检验方案检验时，主控项目的质量检验结果应全数合格；一般项目的质量检验结果，计数合格率不应小于 85%，且不得有严重缺陷；

3 采用抽样方案检验时，且检验批检验结果合格时，批质量验收应予以通过；当抽样检验批检验结果不符合合格要求时，受检方可申请复验或复检；

4 质量验收中被检出的不合格品，均应进行修复或更换为合格品。

【3.0.11 释义】

本条文规定了分项工程检验批验收合格质量必须满足的要求。

《规范》此次修订时采用的抽样检验，属于验证性验收抽样检验，是对施工方自检的抽样程序及其声称的产品质量的审核。执行《规范》规定的计数抽样检验程序的前提条件是施工企业已进行了施工质量的自检且达到《规范》（或合同）的要求。

采用全数检验方案检验时，主控项目的检验批质量检验结果应全数合格；一般项目的检验批质量检验结果，计数合格率不应小于 85%，且不得有严重缺陷。

采用抽样方案检验时，且检验批检验结果合格时，批质量验收应予以通过；当抽样检验批检验结果不符合合格要求时，受检方可申请复验或复检。

复验应对原样品进行再次测试，复验结果应作为该样品质量特性的最终结果。

复检应在原检验批总体中再次抽取样本进行检验，决定该检验批是否合格。复检样本不应包括初次检验样本中的产品。

复检抽样方案应符合现行国家标准《声称质量水平复检与复验的评定程序》GB/T 16306 的规定。

复检结论应为最终结论。

质量验收中被检出的不合格品，均应进行修复或更换为合格品。

3.0.12 通风与空调工程施工质量的保修期限，应自竣工验收合格日起计算 2 个供暖期、供冷期。在保修期内发生施工质量问题的，施工企业应履行保修职责。

【3.0.12 释义】

本条文根据《建设工程质量管理条例》，规定通风与空调工程的保修期限为两个采暖期和供冷期。此段时间内，在工程使用过程中如发现一些问题，应是正常的。问题可能是由于设备、材料、施工等质量原因，也可能是业主或设计原因造成的。因此，应对产生的问题进行调查分析，找出原因，分清责任，然后进行整改，并由责任方承担经济损失。在保修期内发生施工质量问题的，应由施工企业履行保修职责。

3.0.13 净化空调系统洁净室（区）的洁净度等级应符合设计要求，空气中悬浮粒子的最大允许浓度限值，应符合本规范表 D.4.6-1 的规定。洁净室（区）洁净度等级的检测，应按本规范第 D.4 节的规定执行。

【3.0.13 释义】

本条文规定了净化空调系统洁净室（区）洁净度等级的划分、系统检测，应符合附录 D 规定。附录 D 的主要测试内容与规定应与现行国家标准《洁净室及相关受控环境》系列标准 GB/T 25915 和《洁净室及相关受控环境生物污染控制》系列标准 GB/T 25916 相一致。

3.4 风管与配件

3.4.1 一般规定

4.1.1 风管质量的验收应按材料、加工工艺、系统类别的不同分别进行，并应包括风管的材质、规格、强度、严密性能与成品观感质量等项内容。

【4.1.1 释义】

本条文规定了风管产成品质量验收的要求，一是要按风管的材料类别，如金属、非金属与复合材料；二是按风管类别，如高压、中压、低压，还是微压（此次提出微压风管的概念，是参考美国相关标准中低于 250Pa 的风管不需要进行风管漏风量检验而制定的。根据国内工程风管施工的实际状况，适当调整了微压风管工作压力范围为低于 125Pa）；三是要按风管属于哪个子分部工程的特性要求进行验收，如舒适性空调、净化室空调、除尘系统等综合要求进行统一验收和评判。

风管验收的依据是《规范》的规定和已经批准的设计图纸。一般情况下，风管的质量验收可以直接引用《规范》。但当工程设计根据具体项目的需求，认为风管施工质量标准需要高于《规范》的规定时，可以提出更严格的要求。此时，施工单位应按较高的标准进行施工安装，监理应按相应标准进行检验和验收。

4.1.2 风管制作所用的板材、型材以及其他主要材料进场时应进行验收，质量应符合设计要求及国家现行标准的有关规定，并应提供出厂检验合格证明。工程中所选用的成品风管，应提供产品合格证书或进行强度和严密性的现场复验。

【4.1.2 释义】

对风管制作原材料所用的板材、型材以及其他主要材料进场时的验收，对保证风管成品质量尤为重要，特别是复合材料的验收应该按照设计要求及本规范的有关规定进行原材料的验收，非金属材料和复合材料在满足规格尺寸、材料特性基础上重点查验原材料的燃烧性能检测报告和对人体无害的卫生检测报告是否符合设计要求的等级并具备有关部门出具的有效的相应的检测验证资料。

目前，风管的加工趋向产品化、工厂化生产，值得提倡，有利于风管产品质量的控制。作为产品（成品）风管应提供相应的产品合格证书或强度和严密性合格的检测验证资料，或进行现场复检。非金属成品风管的外包装、产品说明书及合格证书应明示涉及有关安全性能的指标。

4.1.3 金属风管规格应以外径或外边长为准，非金属风管和风道规格应以内径或内边长为准。圆形风管规格宜符合表 4.1.3-1 的规定，矩形风管规格宜符合表 4.1.3-2 的规定。圆形风管应优先采用基本系列，非规则椭圆型风管应参照矩型风管，并应以平面边长及短径径长为准。

表 4.1.3-1　圆形风管规格

风管直径 D（mm）			
基本系列	辅助系列	基本系列	辅助系列
100	80	500	480
	90	560	530
120	110	630	600
140	130	700	670
160	150	800	750
180	170	900	850
200	190	1000	950
220	210	1120	1060
250	240	1250	1180
280	260	1400	1320
320	300	1600	1500
360	340	1800	1700
400	380	2000	1900
450	420	—	—

表 4.1.3-2　矩形风管规格

风管边长（mm）				
120	320	800	2000	4000
160	400	1000	2500	—
200	500	1250	3000	—
250	630	1600	3500	—

【4.1.3 释义】
　　本条文规定了金属风管的规格尺寸以外径或外边长为准；非金属风管和建筑风道以内径或内边长为准。金属风管板材的厚度较薄，以外径或外边长为准对风管的截面积影响很小，且可与风管法兰以内径或内边长为准相匹配。非金属风管和建筑风道的壁厚较厚，以内径或内边长为准可以正确控制风道的内截面面积，确保送风截面尺寸。
　　条文对圆形风管规定了基本和辅助两个系列。一般送、排风及空调系统应采用基本系列。除尘与气力输送系统的风管，管内流速高，管径对系统的阻力损失影响较大，在优先采用基本系列的前提下，可以采用辅助系列。《规范》强调采用基本系列的目的是在满足工程使用需要的前提下，实行工程的标准化施工。

对于矩形风管的口径尺寸，从工程施工的情况来看，规格数量繁多，不便于明确规定。因此，本条文采用规定边长规格，按需要组合的表达方法，根据风管的阻力特性，推荐矩形风管的长短边的组合比不宜大于 4：1。

4.1.4 风管系统按其工作压力应划分为微压、低压、中压与高压四个类别，并应采用相应类别的风管。风管类别应按表 4.1.4 的规定进行划分。

表 4.1.4 风管类别

类别	风管系统工作压力 P（Pa）		密封要求
	管内正压	管内负压	
微压	$P \leqslant 125$	$P \geqslant -125$	接缝及接管连接处应严密
低压	$125 < P \leqslant 500$	$-500 \leqslant P < -125$	接缝及接管连接处应严密，密封面宜设在风管的正压侧
中压	$500 < P \leqslant 1500$	$-1000 \leqslant P < -500$	接缝及接管连接处应加设密封措施
高压	$1500 < P \leqslant 2500$	$-2000 \leqslant P < -1000$	所有的拼接缝及接管连接处，均应采取密封措施

【4.1.4 释义】

本条文对通风与空调工程中的风管，按系统工作压力划分为微压、低压、中压、高压四个类别，详见《规范》表 4.1.4。

微压风管是参考国外先进国家标准中低于 250Pa 的风管不需要进行风管漏风量检验而制定的。根据国内工程中风管施工的实际状况，适当调整了工作压力范围。

风管类别的划分原规范为低压、中压和高压三个等级，且只规定了正压的限值，根据工程实际执行情况和国家节能减排方针，提高通风管道的严密性，严格控制漏风量可以有较大的节能效果。因此《规范》对风管压力的级别进行了细化和调整，并强调了低压风管的严密性检查，不再允许采用漏光法作为判定风管严密性能合格的依据，强化了低压风管严密性的控制力度。

风管承压可分为风管内正压与负压两种状态，原规范仅以正压进行划分。鉴于当时的情况，用正压代替负压进行漏风量的检测以判定风管结构强度及严密性能尚可用。如今，应该回归原状，负压风管终究不同于正压风管。因此，《规范》进行了调整和完善，如增加了负压的规定，对高压类风管的最高压力进行了限制。如今的分类规定与国外主要国家的标准相一致。对不同压力类别风管的密封部位和要求进行了规定，以供在实际工程中选用。

4.1.5 镀锌钢板及含有各类复合保护层的钢板应采用咬口连接或铆接，不得采用焊接连接。

【4.1.5 释义】

《规范》规定镀锌钢板及含有各类复合保护层的钢板，在正常情况下不得采用破坏保护层的熔焊焊接连接方法，应采用咬口连接或铆接连接方法。镀锌钢板及含有各类复合保护层的钢板，优良的防腐蚀性能主要依靠这层保护薄膜。如果采用电焊或气焊熔焊焊接的连接方法，由于高温不仅使焊缝处的镀锌层被烧蚀，而且会造成大于数倍以上焊缝周边板面保护层的破坏。被破坏了保护层后的复合钢板，可能由于发生电化学的作用，会使其焊缝范围处腐蚀的速度成倍增长。

4.1.6 风管的密封应以板材连接的密封为主，也可采用密封胶嵌缝与其他方法。密封胶的性能应符合使用环境的要求，密封面宜设在风管的正压侧。

【4.1.6 释义】

本条文强调风管密封的要点是板材连接质量的控制，然后才是应用密封胶封堵，密封胶的性能应符合使用环境的要求和板材的特性，复合材料风管专用胶粘剂要按照说明进行配置，应及时使用，发现胶粘剂变稠和硬化，应禁止使用。《规范》表 4.1.4，对不同压力类别风管的密封部位和要求进行了规定，以供在实际工程中选用。

4.1.7 净化空调系统风管的材质应符合下列规定：

1 应按工程设计要求选用。当设计无要求时，宜采用镀锌钢板，且镀锌层厚度不应小于 $100g/m^2$；

2 当生产工艺或环境条件要求采用非金属风管时，应采用不燃材料或难燃材料，且表面应光滑、平整、不产尘、不易霉变。

【4.1.7 释义】

净化空调系统的风管材质不同于普通风管，要求材质应为不产尘、表面光滑、不易锈蚀，有一定的耐压强度，易机械化成型，且经济性好，一般宜采用热镀锌钢板，镀锌量应满足设计要求或不小于 $100g/m^2$。

当生产工艺或环境条件要求采用非金属风管时，如空调机等运转设备的进出口的宜采用减振软接，材质一般为不燃材料或难燃材料，且表面应光滑、平整、不产尘、不易霉变的柔性材质。

3.4.2 主控项目

4.2.1 风管加工质量应通过工艺性的检测或验证，强度和严密性要求应符合下列规定：

1 风管在试验压力保持 5min 及以上时，接缝处应无开裂，整体结构应无永久性的变形及损伤。试验压力应符合下列规定：

1）低压风管应为 1.5 倍的工作压力；

2）中压风管应为 1.2 倍的工作压力，且不低于 750Pa；

3）高压风管应为 1.2 倍的工作压力。

2 矩形金属风管的严密性检验，在工作压力下的风管允许漏风量应符合表 4.2.1 的规定；

表 4.2.1　风管允许漏风量

风管类别	允许漏风量[$m^3/(h \cdot m^2)$]
低压风管	$Q_l \leqslant 0.1056P^{0.65}$
中压风管	$Q_m \leqslant 0.0352P^{0.65}$
高压风管	$Q_h \leqslant 0.0117P^{0.65}$

注：1　Q_l—低压风管允许漏风量；Q_m—中压风管允许漏风量；Q_h—高压风管允许漏风量；

　　2　P—系统风管工作压力（Pa）。

3 低压、中压圆形金属与复合材料风管，以及采用非法兰形式的非金属风管的允许漏风量，应为矩形金属风管规定值的 50%；

4 砖、混凝土风道的允许漏风量不应大于矩形金属低压风管规定值的 1.5 倍；

5 排烟、除尘、低温送风及变风量空调系统风管的严密性，应符合中压风管的规定；N1~N5 级净化空调系统风管的严密性，应符合高压风管的规定；

6 风管系统工作压力绝对值不大于 125Pa 的微压风管，在外观和制造工艺检验合格的基础上，不应进行漏风量的验证测试；

7 输送剧毒类化学气体及病毒的实验室通风与空调风管的严密性能，应符合设计要求；

8 风管或系统风管强度与漏风量测试，应符合本规范附录 C 的规定。

【4.2.1 释义】

　　风管的强度和严密性能，是风管加工和产成品质量的重要指标之一，理应达到。因此对不同类别风管的强度试验和允许漏风量做出了详细规定。

　　风管强度的检测主要是检验风管的耐压能力，以保证系统风管的安全运行。本条文依据国内工程风管的施工检验，结合国外标准的规定，提出了各类风管强度验收合格的具体规定。即低压风管在 1.5 倍工作压力，中压为 1.2 倍工作压力且不低于 750Pa 的压力；高压风管为 1.2 倍工作压力下，至少保持 5min 及以上时间，风管的咬口或其他连接处没有张口、开裂等永久性的损伤为合格。采用正压，还是采用负压进行强度试验，应根据系统风管的运行工况来决定。在实际工程施工中，经商议也可以采用正压代替负压试验的方法。

　　根据原规范多年实施的经验，对原低压风管采用漏光法判定漏风量指标的规定进行了修改，即不再允许以漏光来决定漏风量的达标与否。本条文将原条文的低压风管划分为两个等级，即 125Pa 及以下的微压风管，以目测检验工艺质量为主，不进行严密性能的测试；125Pa 以上的风管按规定进行严密性的测试，其漏风量不应大于该类别风管的规定。风管系统由于结构的原因，少量漏风是正常的，也可以说是不可避免的。但是过量的漏风，则会影响整个系统功能的实现和能源的大量浪费。因此，本条文根据风管的类别，与不同性能系统及风道的允许漏风量做出了明确的规定。作这样规定的理由有三：一是漏风量测试仪器已经得到解决，采用测试方法有可能；二是漏光法的判定方法与实际漏风量很难作出较为正确的结论；三是随着国家加强环境保护，大力推行节能、减排的方针深入，通风与空调设备工程作为建筑能耗的大户，严格控制风管的漏风，提高能源的利用率具有较大的实际意义。从工程量的角度来分析，低压风管可占整个风管数量的 50% 左右，因此，提高对低压风管漏风量的控制可以极大推进空调通风系统节能减排。

　　允许漏风量是指在系统工作压力条件下，系统风管的单位表面积、在单位时间内允许空气泄漏的最大数量。这个规定对于风管严密性能的检验是比较科学的，它与国际上的通用标准一致。条文还根据不同材料风管的连接特征，规定了相应的指标值，更有利于质量的监督和应用。这也与相应的国外标准相似。

　　风管允许漏风量按照《规范》表 4.2.1 执行。

　　目前使用的漏风量测试装置主要由风机、节流器、测压仪表、标准孔板或喷口、整流栅、连接软管等构成，每一台标准的测试装置都有一个特定的数学关系式来表示或已经绘制出完整的图表，因而在测试之前一定要详细的阅读设备使用说明书，了解操作要领及需要使用哪些仪表、用哪些仪表测试出哪些数据，按照关系式的要求代入即可计算出漏风量或通过图表查取要获得的数据。

洁净室对净化空调系统风管的严密性要求较高，为保证风量和风压，减少风管漏风量的损耗，洁净室洁净级别越高，对风管严密性要求越高。

4.2.2 防火风管的本体、框架与固定材料、密封垫料等必须为不燃材料，防火风管的耐火极限时间应符合系统防火设计的规定。

【4.2.2 释义】

本条文为强制性条文，必须严格执行。

根据《规范》的术语解释，防火风管是指采用不燃、耐火材料制成，能满足一定耐火极限的风管，见图 3-1。它强调的是风管能抵抗建筑物局部起火，在一定时限内仍能维持正常功能，也就是抗火灾的能力。建筑物内某些系统或部位的风管需要具有一定的防火性能，也是多年来通过建筑物发生火灾后的惨痛事实得来的经验教训。防火风管主要应用于建筑物内与救生、安全保障有关的排烟、正压送风、避难区域空调送风等系统。根据不同的应用场合，其耐火极限可分为 0.5h、1h、2h 等。本强制性条文执行的技术依据为设计图纸和本条文规定的内容，技术要点是防火风管的耐火极限必须满足工程设计的规定，且不得小于 30min。

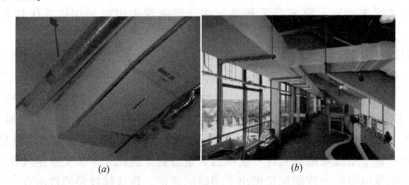

图 3-1　防火风管及配件采用不燃材料制作

(a) 防火风管工程实例 1；(b) 防火风管工程实例 2

（1）实施

为了保证工程施工的防火风管能符合设计规定的防火性能，真正起到安全保障作用，施工前必须对防火风管材料的耐火性能进行严格的检查和核对，其依据是材料质量保证书和试验报告，同时对材料外观质量进行目测检查，相符后再加工制作。其二是要求风管施工的质量均应满足设计图纸和《规范》的规定。要求风管板材与风管框架的连接应平整、牢固，板与板之间缝隙的密封填料应完整和严密。

（2）检查

对防火风管质量监督、验收的最关键点是防火风管的不燃材质和防火性能必须符合设计和本条文的规定。

4.2.3 金属风管的制作应符合下列规定：

1 金属风管的材料品种、规格、性能与厚度，应符合设计要求。当风管厚度设计无要求时，应按本规范执行。钢板风管板材厚度应符合表4.2.3-1的规定。镀锌钢板的镀锌层厚度应符合设计或合同的规定，当设计无规定时，不应采用低于80g/m²板材；不锈钢板风管板材厚度应符合表4.2.3-2的规定；铝板风管板材厚度应符合表4.2.3-3的规定；

表 4. 2. 3-1　钢板风管板材厚度

类别 风管直径或长边尺寸 b（mm）	板材厚度（mm）				
	微压、低压系统风管	中压系统风管		高压系统风管	除尘系统风管
		圆形	矩形		
$b{\leqslant}320$	0.5	0.5	0.5	0.75	2.0
$320{<}b{\leqslant}450$	0.5	0.6	0.6	0.75	2.0
$450{<}b{\leqslant}630$	0.6	0.75	0.75	1.0	3.0
$630{<}b{\leqslant}1000$	0.75	0.75	0.75	1.0	4.0
$1000{<}b{\leqslant}1500$	1.0	1.0	1.0	1.2	5.0
$1500{<}b{\leqslant}2000$	1.0	1.2	1.2	1.5	按设计要求
$2000{<}b{\leqslant}4000$	1.2	按设计要求	1.2	按设计要求	按设计要求

注：1　螺旋风管的钢板厚度可按圆形风管减少10%~15%。
　　2　排烟系统风管钢板厚度可按高压系统。
　　3　不适用于地下人防与防火隔墙的预埋管。

表 4. 2. 3-2　不锈钢板风管板材厚度

风管直径或长边尺寸 b（mm）	微压、低压、中压（mm）	高压（mm）
$b{\leqslant}450$	0.5	0.75
$450{<}b{\leqslant}1120$	0.75	1.0
$1120{<}b{\leqslant}2000$	1.0	1.2
$2000{<}b{\leqslant}4000$	1.2	按设计要求

表 4. 2. 3-3　铝板风管板材厚度

风管直径或长边尺寸 b（mm）	微压、低压、中压（mm）
$b{\leqslant}320$	1.0
$320{<}b{\leqslant}630$	1.5
$630{<}b{\leqslant}2000$	2.0
$2000{<}b{\leqslant}4000$	按设计要求

2 金属风管的连接应符合下列规定：

1）风管板材拼接的接缝应错开，不得有十字形拼接缝；

2）金属圆形风管法兰及螺栓规格应符合表4.2.3-4的规定，金属矩形风管法兰及螺栓规格应符合表4.2.3-5的规定。微压、低压与中压系统风管法兰的螺栓及铆钉孔的孔距不得大于150mm；高压系统风管不得大于100mm。矩形风管法兰的四角部位应设有螺孔；

3) 用于中压及以下压力系统风管的薄钢板法兰矩形风管的法兰高度，应大于或/等于相同金属法兰风管的法兰高度。薄钢板法兰矩形风管不得用于高压风管。

表 4.2.3-4　金属圆形风管法兰及螺栓规格

风管直径 D（mm）	法兰材料规格（mm）		螺栓规格
	扁钢	角钢	
D≤140	20×4	—	M6
140＜D≤280	25×4	—	M6
280＜D≤630	—	25×3	M6
630＜D≤1250	—	30×4	M8
1250＜D≤2000	—	40×4	M8

表 4.2.3-5　金属矩形风管法兰及螺栓规格

风管长边尺寸 b（mm）	法兰角钢规格（mm）	螺栓规格
b≤630	25×3	M6
630＜b≤1500	30×3	M8
1500＜b≤2500	40×4	M8
2500＜b≤4000	50×5	M10

3　金属风管的加固应符合下列规定：

1) 直咬缝圆形风管直径大于或等于 800mm，且管段长度大于 1250mm 或总表面积大于 4m² 时，均应采取加固措施。用于高压系统的螺旋风管，直径大于 2000mm 时应采取加固措施；

2) 矩形风管的边长大于 630mm，或矩形保温风管边长大于 800mm，管段长度大于 1250mm；或低压风管单边平面面积大于 1.2m²，中、高压风管大于 1.0m²，均应有加固措施；

3) 非规则椭圆形风管的加固，应按第 2 款的规定执行。

【4.2.3 释义】

本条文是对金属风管制作的用材、连接和加固等基本要求作出的规定。对于金属风管板材的厚度，根据工程实际情况，结合风管类别和形状对原规范进行了适当调整，主要是针对高压和除尘风管进行适当调整，按照高、中、低、微压和除尘四类分别进行规定。风管板材的选用厚度见《规范》表 4.2.3-1～表 4.2.3-3。

通风与空调工程中镀锌钢板风管应用广泛，但是原规范对其镀锌层的厚度没有作出规定，为此，本条文规定，当设计无规定时，宜采用双面镀锌层不低于 80g/m² 的板材。

本条文规定薄钢板法兰风管的法兰高度，应大于或等于金属法兰风管的法兰高度，主要是强调它的适用范围和薄钢板法兰风管的连接刚度，以保证工程质量。规范明确提出：薄钢板法兰矩形风管不得用于高压风管。

本条文规定风管板材拼接的接缝应错开，不得有十字形拼接缝，主要为从加工工艺上减少漏风点，提高风管连接质量和密封性。

对于圆形风管和矩形风管的法兰和螺栓以及按照风管压力等级对栓孔距离进行了详细

规定。微压、低压与中压系统风管法兰的螺栓及铆钉孔的孔距不得大于150mm；高压系统风管不得大于100mm。矩形风管法兰的四角部位应设有螺孔。

金属风管加固为了便于在工程实际中应用沿用原规范的规定，直咬缝圆形风管直径大于或等于800mm，且管段长度大于1250mm或总表面积大于4m²时，均应采取加固措施。用于高压系统的螺旋风管，直径大于2000mm时应采取加固措施。矩形风管的边长大于630mm，或矩形保温风管边长大于800mm，管段长度大于1250mm；或低压风管单边平面面积大于1.2m²，中、高压风管大于1.0m²，均应有加固措施。非规则椭圆形风管的加固按照矩形风管执行，工程中采用的具体加固形式可按照4.3.1条执行。

4.2.4 非金属风管的制作应符合下列规定：

1 非金属风管的材料品种、规格、性能与厚度等应符合设计要求。当设计无厚度规定时，应按本规范执行。高压系统非金属风管应按设计要求；

2 硬聚氯乙烯风管的制作应符合下列规定：

1）硬聚氯乙烯圆形风管板材厚度应符合表4.2.4-1的规定，硬聚氯乙烯矩形风管板材厚度应符合表4.2.4-2的规定；

2）硬聚氯乙烯圆形风管法兰规格应符合表4.2.4-3的规定，硬聚氯乙烯矩形风管法兰规格应符合表4.2.4-4的规定。法兰螺孔的间距不得大于120mm。矩形风管法兰的四角处，应设有螺孔；

3）当风管的直径或边长大于500mm时，风管与法兰的连接处应设加强板，且间距不得大于450mm。

表4.2.4-1　硬聚氯乙烯圆形风管板材厚度

风管直径 D（mm）	板材厚度（mm）	
	微压、低压	中压
D≤320	3.0	4.0
320<D≤800	4.0	6.0
800<D≤1200	5.0	8.0
1200<D≤2000	6.0	10.0
D>2000	按设计要求	

表4.2.4-2　硬聚氯乙烯矩形风管板材厚度

风管长边尺寸 b（mm）	板材厚度（mm）	
	微压、低压	中压
b≤320	3.0	4.0
320<b≤500	4.0	5.0
500<b≤800	5.0	6.0
800<b≤1250	6.0	8.0
1250<b≤2000	8.0	10.0

表4.2.4-3 硬聚氯乙烯圆形风管法兰规格

风管直径 D（mm）	材料规格（宽×厚）（mm）	连接螺栓
D≤180	35×6	M6
180<D≤400	35×8	M8
400<D≤500	35×10	M8
500<D≤800	40×10	M10
800<D≤1400	40×12	M10
1400<D≤1600	50×15	M10
1600<D≤2000	60×15	M10
D>2000	按设计要求	

表4.2.4-4 硬聚氯乙烯矩形风管法兰规格

风管边长 b（mm）	材料规格（宽×厚）（mm）	连接螺栓
b≤160	35×6	M6
160<b≤400	35×8	M8
400<b≤500	35×10	M8
500<b≤800	40×10	M10
800<b≤1250	45×12	M10
1250<b≤1600	50×15	M10
1600<b≤2000	60×18	M10
b>2000	按设计要求	

3 玻璃钢风管的制作应符合下列规定：

1）微压、低压及中压系统有机玻璃钢风管板材的厚度应符合表4.2.4-5的规定。无机玻璃钢（氯氧镁水泥）风管板材的厚度应符合表4.2.4-6的规定，风管玻璃纤维布厚度与层数应符合表4.2.4-7的规定，且不得采用高碱玻璃纤维布。风管表面不得出现泛卤及严重泛霜；

2）玻璃钢风管法兰的规格应符合表4.2.4-8的规定，螺栓孔的间距不得大于120mm。矩形风管法兰的四角处，应设有螺孔；

3）当采用套管连接时，套管厚度不得小于风管板材厚度；

4）玻璃钢风管的加固应为本体材料或防腐性能相同的材料，加固件应与风管成为整体。

表4.2.4-5 微压、低压、中压有机玻璃钢风管板材厚度

圆形风管直径 D 或矩形风管长边尺寸 b（mm）	壁厚（mm）
D（b）≤200	2.5
200<D（b）≤400	3.2
400<D（b）≤630	4.0
630<D（b）≤1000	4.8
1000<D（b）≤2000	6.2

表 4.2.4-6 微压、低压、中压无机玻璃钢风管板材厚度

圆形风管直径 D 或矩形风管长边尺寸 b (mm)	壁厚 (mm)
D (b) ≤300	2.5～3.5
300＜D (b) ≤500	3.5～4.5
500＜D (b) ≤1000	4.5～5.5
1000＜D (b) ≤1500	5.5～6.5
1500＜D (b) ≤2000	6.5～7.5
D (b) ＞2000	7.5～8.5

表 4.2.4-7 微压、低压、中压系统无机玻璃钢风管玻璃纤维布厚度与层数

圆形风管直径 D 或矩形风管长边 b (mm)	风管管体玻璃纤维布厚度		风管法兰玻璃纤维布厚度	
	0.3 (mm)	0.4 (mm)	0.3 (mm)	0.4 (mm)
	玻璃布层数			
D (b) ≤300	5	4	8	7
300＜D (b) ≤500	7	5	10	8
500＜D (b) ≤1000	8	6	13	9
1000＜D (b) ≤1500	9	7	14	10
1500＜D (b) ≤2000	12	8	16	14
D (b) ＞2000	14	9	20	16

表 4.2.4-8 玻璃钢风管法兰规格

风管直径 D 或风管边长 b (mm)	材料规格（宽×厚）(mm)	连接螺栓
D (b) ≤400	30×4	M8
400＜D (b) ≤1000	40×6	M8
1000＜D (b) ≤2000	50×8	M10

4 砖、混凝土建筑风道的伸缩缝，应符合设计要求，不应有渗水和漏风；

5 织物布风管在工程中使用时，应具有相应符合国家现行标准的规定，并应符合卫生与消防的要求。

【4.2.4 释义】

本条文是对非金属风管制作的用材、连接方法、法兰规格和加固等基本要求作出的规定。同时，也对非金属风管产成品的验收作出规定。

根据风管材质不同，非金属风管种类不少，本条文主要针对硬聚氯乙烯风管、有机玻璃钢风管、无机玻璃钢风管、建筑风道、织物布风管五类非金属风管制作规定了主控项目的验收标准。

第1款，规定非金属风管制作用材质量验收要点是非金属风管的材料品种、性能与厚度，并应符合设计要求。

目前，除建筑风道外，非金属风管的加工已经产品化，对工程外购的非金属成品风管的进场质量验收，同样适用本条，必须提供相应的产品合格证书证明非金属风管的材料品种、规格、性能与厚度符合设计要求。如图 3-2 所示。

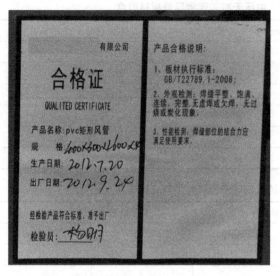

图 3-2　成品硬聚氯乙烯风管产品合格证

风管板材的厚度,以满足功能的需要为前提,过厚或过薄都不利于工程的使用。本条文从保证工程风管质量的角度出发,对硬聚氯乙烯风管、有机玻璃钢风管的最低厚度进行了规定;而对无机玻璃钢风管考虑手工操作,则是规定了一个厚度范围。因此,当设计无厚度规定时,应按《规范》执行。

另外,《规范》只对微压、低压、中压非金属风管的制作进行规定,不建议应用于高压系统,因此,如果工程中有采用非金属风管应用于高压系统,其对风管制作的验收,包括风管的材料品种、规格、性能与厚度均必须符合设计要求。

第 2 款,规定硬聚氯乙烯风管制作的板材厚度和法兰规格。

在通风与空调工程中,硬聚氯乙烯板常用作有腐蚀性介质的通风管道,制作时一般采用热风焊接工艺。

(1) 硬聚氯乙烯风管制作的板材厚度与原规范[5]相比,适度提高了中压风管的板材厚度。

(2) 硬质聚氯乙烯的抗拉强度低于钢材,对风管上的法兰,除了能承受风管重量外,还要承受螺栓的拉力。为了增强法兰的机械强度和防止法兰变形,对直径或边长大于 500mm 的风管与法兰的连接处,均匀焊接三角支撑加强板,三角支撑加强板间距一般为 300~400mm,最大间距不得大于 450mm。见图 3-3。

第 3 款,规定玻璃钢风管制作的板材厚度(包括无机玻璃钢风管玻璃纤维布厚度与层数)、法兰规格和风管加固材料。

玻璃钢风管按材质不同分为有机玻璃钢风管和无机玻璃钢风管,其制作工艺基本相同,见图 3-4。

图 3-3　硬质聚氯乙烯风管与法兰的连接处均匀焊接三角支撑加强板且法兰螺孔的间距不大于 120mm

(1) 有机玻璃钢风管是以玻璃纤维及其制品为增强材料,以各种不同树脂为胶粘剂,经过成型工艺制作而成复合材料的通风管道。

(2) 国内目前通用的无机玻璃钢风管是指以中碱或无碱玻璃布为增强材料,改性氯氧镁水泥(或镁质硫铝酸盐水泥、镁质硫酸盐水泥)为无机胶凝材料制成的通风管道。

1) 由于目前国内工程应用的无机玻璃钢风管均主要是玻璃纤维氯氧镁水泥风管,故

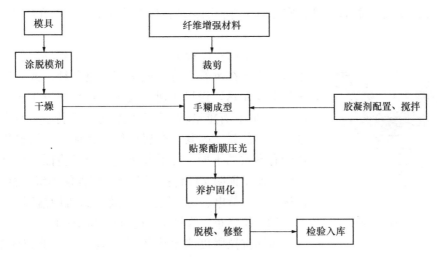

图 3-4　玻璃钢风管手糊成型法制作工艺流程

《规范》仅规定了无机玻璃钢（氯氧镁水泥）风管板材的厚度。对于以镁质硫铝酸盐水泥/或镁质硫酸盐水泥为无机胶凝材料制成的无机玻璃钢风管，由于工程应用较少，且应用时间较短，《规范》未纳入，工程中若应用此类风管，其板材厚度（包括无机玻璃钢风管玻璃纤维布厚度与层数）须符合设计要求。

2）无机玻璃钢风管质量控制的要点是本体的材料质量（包括强度和耐腐蚀性）与加工的外观质量，以胶结材料和玻璃纤维的性能、层数和两者的结合质量为关键。在实际的工程中，应注意防止使用玻纤布层数不足，涂层过厚的风管。那样的风管既加重了风管的重量，又不能提高风管的强度和质量。故条文规定无机玻璃钢风管的厚度，为一个合理的区间范围。

3）高碱玻璃纤维在我国是由明令淘汰的陶土坩埚拉丝工艺生产的，虽有低成本和耐酸的特性，但它却不耐水，在潮湿的条件下会析碱，受碱侵蚀而失去强度，因此不耐贮存。采用高碱玻璃纤维布制作的属劣质产品，由于受碱侵蚀而失去强度，风管在三、五年间风管开裂的现象时有发生。采用中碱玻璃纤维布的无机玻璃钢通风管道，由于抗碱性能的影响，随着时间的推移，强度具有一定的衰减性，但实际设计风管壁厚时已考虑到这一因素，不会影响正常的使用寿命。故规定不得采用高碱玻璃纤维布。

4）无机玻璃钢风管大多为玻璃纤维增强氯氧镁水泥材料风道，由于氯氧镁水泥制品中存在由于配方不当或养护制度不当，成型工艺不当，产生过剩的和残余的 $MgCl_2$。如发生泛卤或严重泛霜，则表明胶结材料不符合风管使用性能的要求，不得应用于工程之中。用肉眼观察和用手指抹风管管体表面有白色盐析现象称为泛霜。用肉眼观察管体表面，若出现水珠或潮湿现象称为返卤。见图 3-5。

第 4 款，规定砖、混凝土建筑风道的伸缩缝处不应有渗水和漏风现象。

图 3-5　无机玻璃钢风管泛霜返卤

第5款，规定织物布风管材质性能应符合国家现行标准的规定，并应符合卫生与消防的要求。

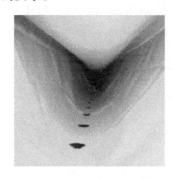

图3-6 织物布风管

（1）织物布风管是一种新型的、比较特殊的风管材料，通常是直接在风管上打孔或采用网格条缝，或者直接依靠风管自身渗透，送风风速也很小，几乎接近于微送风，见图3-6。它具有重量轻、施工操作方便等特点，具有较大的推广应用前景。因其与金属风管、其他非金属或复合材料风管有本质的不同，应引起重视。为了验证织物材料的符合性，质量证明文件包括不限于燃烧性能等级、抗拉强度、渗透率、抗静电、防霉抗菌、洁净与纤维脱落等。

（2）织物布风管材质性能具体要求如下：

布面抗拉强度满足中压风管运行压力下布面不懈缝、接缝不撕裂，撕裂强度满足《纺织品织物撕破性能 第1部分：冲击摆锤法撕破强力的测定》GB/T 3917.1的规定。

健康安全性能达到现行国家标准《国家纺织产品基本安全技术规范》GB 18401规定的指标。

在200Pa测试压力下渗透率符合现行国家标准《纺织品 织物透气性的测定》GB/T 5453规定的10～400mm/s的要求。

风管的抗静电性能应符合现行国家标准《纺织品 静电性能的评定 第4部分：电阻率》GB/T 12703.4的相关规定。

抗凝露性能应符合现行行业标准《非金属及复合风管》JG/T 258的相关规定。

布面厚度不应小于0.23mm，材料密度在90～300g/m²之间，其制作形式应采用符合设计要求的产品形式及规格。

4.2.5 复合材料风管的覆面材料必须为不燃材料，内层的绝热材料应为不燃或难燃、且对人体无害的材料。

【4.2.5释义】

本条文为强制性条文，必须严格执行。

根据《规范》的术语解释，复合材料风管是指采用不燃材料面层复合绝热材料板制成的风管。目前常用复合材料风管的板材，一般由外表面为金属薄板或其他不燃面层、内侧为绝热层的材料构成，见图3-7。为了保障复合材料风管在房屋建筑工程中的安全使用，《规范》规定其覆面材料必须为不燃材料，内层的绝热材料应为不燃或难燃、且对人体无害的材料。该规定与民用建筑防火、建筑装修等国家标准对建筑物内部装修材料使用有关的规定与要求相一致。

图3-7 复合材料风管（以双面镀锌钢板，玻璃棉风管为例）

用于复合材料风管成型的粘接材料，也强调应采用环保阻燃型。

【实施与检查控制】

（1）实施

为了保证工程施工的复合材料风管能符合建筑防火和本条文的规定，施工前必须对复合材料风管的耐火性能进行严格的检查和核对，其依据主要是产品的合格证书、质量保证书和绝热材料不燃或难燃性能试验报告等。

对于内层采用不燃绝热材料的复合材料风管，可根据产品合格证书，一次验收通过。

对于内层采用难燃绝热材料的复合材料风管，为了防止可燃及易燃的绝热材料混淆其中，造成对工程安全使用功能的危害，还应在现场对板材中的绝热材料进行点燃试验的抽检。如在抽检样本中发现有去掉火源后，绝热材料仍自燃不熄或数秒内不熄灭的，则应对其难燃性能提出质疑，并停止使用。然后，取样送有资质的验证单位进行检验，合格后才允许使用。

（2）检查

复合材料风管材料性能质量监督、验收的最关键点是风管的材质，其难燃性能必须符合设计的规定。

【示例】复合材料风管如图 3-7 所示。

4.2.6 复合材料风管的制作应符合下列规定：

1 复合风管的材料品种、规格、性能与厚度等，应符合设计要求。复合板材的内外覆面层粘贴应牢固，表面平整无破损，内部绝热材料不得外露；

2 铝箔复合材料风管的连接、组合应符合下列规定：

1）采用直接粘结连接的风管，边长不应大于 500mm；采用专用连接件连接的风管，金属专用连接件的厚度不应小于 1.2mm，塑料专用连接件的厚度不应小于 1.5mm；

2）风管内的转角连接缝，应采取密封措施；

3）铝箔玻璃纤维复合风管采用压敏铝箔胶带连接时，胶带应粘接在铝箔面上，接缝两边的宽度均应大于 20mm。不得采用铝箔胶带直接与玻璃纤维断面相粘结的方法；

4）当采用法兰连接时，法兰与风管板材的连接应可靠，绝热层不应外露，不得采用降低板材强度和绝热性能的连接方法。中压风管边长大于 1500mm 时，风管法兰应为金属材料。

3 夹芯彩钢板复合材料风管，应符合现行国家标准《建筑设计防火规范》GB 50016 的有关规定。当用于排烟系统时，内壁金属板的厚度应符合表 4.2.3-1 的规定。

【4.2.6 释义】

本条文规定了复合材料风管制作的主控项目的验收标准。

第 1 款，规定复合材料风管制作用的板材材质、性能与厚度以及制作成型后的截面尺寸要符合设计要求。

（1）材质包括（不燃材料）面层、绝热材料板，具体构成见表 3-1。

复合材料风管材质分类表　　　　表 3-1

名称	材质种类	板材构成
复合材料风管	酚醛（或聚氨酯）板复合材料	（1）酚醛（或聚氨酯）板、双面铝箔 （2）单面彩钢（或镀锌钢板）、酚醛（或聚氨酯）板、铝箔 （3）双面彩钢（或镀锌钢板）、酚醛（或聚氨酯）板

续表

名称	材质种类	板材构成
复合材料风管	玻璃纤维板复合材料	(1) 玻璃纤维板、铝箔（或玻璃纤维布） (2) 单面彩钢（或镀锌钢板）、玻璃纤维板、铝箔（或玻璃纤维布） (3) 双面彩钢（或镀锌钢板）、玻璃纤维板
	机制玻镁复合材料	镁水泥、玻璃纤维布及植物纤维，或中间层隔热材料

（2）当设计要求不详时，可参照以下规定：

1）复合材料的铝箔表层材质应符合现行国家标准《铝及铝合金箔》GB/T 3198 的规定，厚度不应小于 0.06mm。当铝箔层复合有增强材料时应符合现行行业标准《矿物棉绝热制品用复合贴面材料》JC/T 2028 的规定，其厚度不应小于 0.012mm。镀锌板面层材质应符合现行国家标准《连续热镀锌钢板及钢带》GB/T 2518，其厚度均应大于或等于 0.2mm。当钢板面层复合有增强纤维材料时，其重量应大于或等于 16g/m²。

2）彩钢板复合材料风管的彩钢板材应符合现行国家标准《彩色涂层钢板及钢带》GB/T 12754 的规定，表面不得有裂纹及明显氧化层、起皮和涂层脱落等缺陷，且加工时不得损坏涂层，被损坏的部分应涂防腐漆料。

3）复合材料风管板材的技术参数应符合表 3-2 的规定。

复合材料风管板材的技术参数　　　　　　　　　　　　　　表 3-2

名称	密度（kg/m³）	板材厚度（mm）	燃烧性能	（弯曲、拉伸）强度或吸水率、导热系数
酚醛复合板风管	隔热材料密度大于或等于 60；整体表观密度大于或等于 130	≥20	B1 级	弯曲强度： 双铝面层大于或等于 1.05MPa； 彩钢板面层大于或等于 1.30MPa； 吸水率：浸水大于或等于 4d，小于或等于 3.4%； 导热系数：0.023W/(m·k)/25℃
聚氨酯复合板风管	≥45	≥20		弯曲强度： 双铝面层大于或等于 1.05MPa、彩钢面层大于或等于 1.30MPa
玻璃纤维板复合材料风管	≥70	≥25		——

（3）复合板材的内外覆面层和内部绝热材料粘贴应牢固，是保证复合材料的基本条件之一。内、外表层粘接牢固超出一定面积的板材缺陷（大于 6‰），不仅影响风管使用寿命，而且有时还会降低其隔热效果。

（4）由于复合板材的内外覆面层比较薄，强度较低，特别是铝箔复合材料风管，极容易在运输、制作、存放过程中因成品保护措施不力造成表面破损，内部绝热材料外露。若出现破损必须进行修补，破损面积较大时须更换。

第 2 款，规定铝箔复合材料风管制作中连接、组合的要求。

铝箔复合材料风管一般包括双面铝箔聚氨酯复合板风管、双面铝箔酚醛复合板风管、铝箔玻璃纤维复合材料风管。

（1）铝箔复合材料风管常用连接方式有 45°直接粘接、（槽形、工形）插接连接、外套角钢法兰、C形插接法兰、"h"连接法兰等方式。其中风管采用直接粘接连接的强度最低但施工最简便，为保证风管的连接强度，故规定直接粘结连接的风管，边长不应大于500mm，见图3-8。

在选用PVC及铝合金专用连接件连接风管时，应特别注意连接件壁的厚度，因为市场均以每米长度销售，为追求最大利润，个别PVC及铝合金连接件壁的厚度不够，严重影响风管连接处的强度。为此，特别规定了专用连接件壁的厚度。

图 3-8 边长不大于500mm 的复合
风管可采用直接粘结连接

（2）为满足风管系统耐压及严密性要求，复合材料风管采用胶粘剂组合成的4条内交角缝，需用密封胶作密封处理，见图3-9。外角铝箔断开缝用铝箔胶带封闭，可增强风管严密性，防止隔热层外露。

图 3-9 复合风管内的转角连接缝应采取密封措施

（3）压敏胶带：采用压敏胶粘剂制作的压敏胶粘带，无需借助于溶剂或加热，只需施加轻度指压，即能与被粘物粘合牢固。由于使用方便，揭开后一般又不影响被粘物表面，因此用途十分广泛。

压敏铝箔胶带用于风管外表面局部粘贴，起连接和加强作用。除去妨碍粘着的表面污物及疏松层，增加粘贴表面积，是保证粘结质量的基本条件之一，同时防止使用的胶带不能满足管壁密封的强度和风管使用年限，因此要求铝箔玻璃纤维复合风管采用压敏铝箔胶带连接时，胶带应粘接在铝箔面上（保证粘结强度），接缝两边的宽度均应大于20mm（保证最小粘贴表面积，从而保证一定的粘结强度）。不得采用铝箔胶带直接与玻璃纤维断面相粘结的方法（玻璃纤维断面属疏松层，铝箔胶带直接与玻璃纤维断面相粘结，其粘结强度将大大下降，不能满足风管使用年限）。

图 3-10 复合风管法兰与
风管板材的连接可靠且绝热层不外露

（4）规定铝箔复合材料风管板材与法兰连接原则，即连接应可靠，绝热层不应外露，不得采用降低板材强度和绝热性能的连接方法，见图3-10。

中压风管边长大于 1500mm 时，采用 PVC 法兰会因其法兰强度不够而造成风管连接处变形或漏风量增大，所以规定须用铝合金等金属法兰，并应注意在金属法兰处的隔热措施。

第 3 款，常用的夹芯彩钢板厚度一般较薄，不适用于排烟系统风管的要求，故条文特作出了规定，其内壁的厚度应符合排烟风管的要求。

4.2.7 净化空调系统风管的制作应符合下列规定：

1 风管内表面应平整、光滑，管内不得设有加固框或加固筋；

2 风管不得有横向拼接缝。矩形风管底边宽度小于或等于 900mm 时，底面不得有拼接缝；大于 900mm 且小于或等于 1800mm 时，底面拼接缝不得多于 1 条；大于 1800mm 且小于或等于 2700mm 时，底面拼接缝不得多于 2 条；

3 风管所用的螺栓、螺母、垫圈和铆钉的材料应与管材性能相适应，不应产生电化学腐蚀；

4 当空气洁净度等级为 N1～N5 级时，风管法兰的螺栓及铆钉孔的间距不应大于 80mm；当空气洁净度等级为 N6～N9 级时，不应大于 120mm。不得采用抽芯铆钉；

5 矩形风管不得使用 S 形插条及直角型插条连接。边长大于 1000mm 的净化空调系统风管，无相应的加固措施，不得使用薄钢板法兰弹簧夹连接；

6 空气洁净度等级为 N1～N5 级净化空调系统的风管，不得采用按扣式咬口连接；

7 风管制作完毕后，应清洗。清洗剂不应对人体、管材和产品等产生危害。

【4.2.7 释义】

净化空调系统风管的制作标准高于普通空调系统的风管：

第 1 款，为保证净化风管内表面不积尘，不得采用内部加固框或加强筋，宜采用外部加固措施，另内部加固框会缩小风管通风有效面积，增加风管的阻力。

第 2 款，为减少内部积尘，净化风管内部不得有横向拼接缝，镀锌板材的宽度尺寸常规为 1000mm 或 1250mm，所以净化风管宜采用镀锌卷板，一方面可以减少损耗，另外可以制作大尺寸规格的风管，若采用平板时要尽可能减少拼接缝。

第 3 款，净化风管采用热镀锌板时，其连接或加固使用的螺栓、螺母、垫圈和铆钉的材料应为热镀锌材质，若净化风管采用 SUS 板材质，其连接或加固使用的螺栓、螺母、垫圈和铆钉的材料应为相同的 SUS 材质。

第 4 款，空调系统洁净级别越高，对风管的严密性要求越高，在实际工程风管漏风量检测中发现，风管的连接法兰的螺栓处、铆钉眼处、风管成型的拼接缝易出现漏风，除了所有拼接缝、铆钉眼、螺栓连接处涂布密封胶外，螺栓和铆钉的间距也十分重要，实际工程经验中，为易于操作和保证严密性，当空气洁净度等级为 N6～N9 级时，一般螺栓和铆钉眼的间距为 100mm，当空气洁净度等级为 N1～N5 级时，风管法兰的螺栓及铆钉孔的间距不大于 80mm；铆钉不得用抽芯铆钉代替。

第 5 款，在风管的制作中由于薄钢板法兰弹簧夹连接风管的机械化程度高、效率高、工期快、经济性较好，得到了广泛的推广运用，但其强度和严密性比角钢法兰风管差，所以边长大于 1000mm 的净化空调系统风管，应采用角钢法兰连接。若采用薄钢板法兰弹簧夹连接风管，必须有相应的加固措施，且同时满足漏风量检测要求。

第6款，风管机械化成型咬口目前主要有联合角咬口和按扣式咬口两种方式，联合角咬口方式的严密性比按扣式强，按扣式方式在风管成型拼接时工人操作时较省力，空气洁净度等级为N1~N5级净化空调系统的风管，须采用联合角咬口的方式连接。

第7款，净化风管在制作完成后必须进行清洗，清洗所用的清洁剂须为中性清洁剂，对人员、管材、环境没有污染。风管清洗完毕以后，须用白色洁净布进行擦拭检查，合格后再用塑料薄膜封口。

3.4.3 一般项目

4.3.1 金属风管的制作应符合下列规定：

1 金属法兰连接风管的制作应符合下列规定：

1）风管与配件的咬口缝应紧密、宽度应一致、折角应平直、圆弧应均匀，且两端面应平行。风管不应有明显的扭曲与翘角，表面应平整，凹凸不应大于10mm；

2）当风管的外径或外边长小于或等于300mm时，其允许偏差不应大于2mm；当风管的外径或外边长大于300mm时，不应大于3mm。管口平面度的允许偏差不应大于2mm；矩形风管两条对角线长度之差不应大于3mm，圆形法兰任意两直径之差不应大于3mm；

3）焊接风管的焊缝应饱满、平整，不应有凸瘤、穿透的夹渣和气孔、裂缝等其他缺陷。风管目测应平整，不应有凹凸大于10mm的形变；

4）风管法兰的焊缝应熔合良好、饱满，无假焊和孔洞。法兰外径或外边长及平面度的允许偏差不应大于2mm。同一批量加工的相同规格法兰的螺孔排列应一致，并应具有互换性；

5）风管与法兰采用铆接连接时，铆接应牢固，不应有脱铆和漏铆现象；翻边应平整、紧贴法兰，宽度应一致，且不应小于6mm；咬缝及矩形风管的四角处不应有开裂与孔洞；

6）风管与法兰采用焊接连接时，焊缝应低于法兰的端面。除尘系统风管宜采用内侧满焊，外侧间断焊形式。当风管与法兰采用点焊固定连接时，焊点应融合良好，间距不应大于100mm；法兰与风管应紧贴，不应有穿透的缝隙与孔洞；

7）镀锌钢板风管表面不得有10%以上的白花、锌层粉化等镀锌层严重损坏的现象；

8）当不锈钢板或铝板风管的法兰采用碳素钢材时，材料规格应符合本规范第4.2.3条的规定，并应根据设计要求进行防腐处理；铆钉材料应与风管材质相同，不应产生电化学腐蚀。

2 金属无法兰连接风管的制作应符合下列规定：

1）圆形风管无法兰连接形式应符合表4.3.1-1的规定。矩形风管无法兰连接形式应符合表4.3.1-2的规定；

2）矩形薄钢板法兰风管的接口及附件，尺寸应准确，形状应规则，接口应严密；风管薄钢板法兰的折边应平直，弯曲度不应大于5‰。弹性插条或弹簧夹应与薄钢板法兰折边宽度相匹配，弹簧夹的厚度应大于或等于1mm，且不应低于风管本体厚度。角件与风管薄钢板法兰四角接口的固定应稳固紧贴，端面应平整，相连处的连续通缝不应大于2mm；角件的厚度不应小于1mm及风管本体厚度。薄钢板法兰弹簧夹连接风管，边长不宜大于1500mm。当对法兰采取相应的加固措施时，风管边长不得大于2000mm；

3）矩形风管采用C形、S形插条连接时，风管长边尺寸不应大于630mm。插条与风管翻边的宽度应匹配一致，允许偏差不应大于2mm。连接应平整严密，四角端部固定折边长度不应小于20mm；

4）矩形风管采用立咬口、包边立咬口连接时，立筋的高度应大于或等于同规格风管的角钢法兰高度。同一规格风管的立咬口、包边立咬口的高度应一致，折角应倾角有棱线、弯曲度允许偏差为5‰。咬口连接铆钉的间距不应大于150mm，间隔应均匀；立咬口四角连接处补角连接件的铆固应紧密，接缝应平整，且不应有孔洞；

5）圆形风管芯管连接应符合表4.3.1-3的规定；

6）非规则椭圆风管可采用法兰与无法兰连接形式，质量要求应符合相应连接形式的规定。

表4.3.1-1 圆形风管无法兰连接形式

无法兰连接形式		附件板厚 (mm)	接口要求	使用范围
承插连接			插入深度≥30mm，有密封要求	直径＜700mm微压、低压风管
带加强筋承插			插入深度≥20mm，有密封要求	微压、低压、中压风管
角钢加固承插			插入深度≥20mm，有密封要求	微压、低压、中压风管
芯管连接		≥管板厚	插入深度≥20mm，有密封要求	微压、低压、中压风管
立筋抱箍连接		≥管板厚	板边与楞筋匹配一致，紧固严密	微压、低压、中压风管
抱箍连接		≥管板厚	对口尽量靠近不重叠，抱箍应居中，宽度≥100mm	直径＜700mm微压、低压风管
内胀芯管连接	固定耳（焊接）风管 铆钉 橡胶密封圈 φ5实心 V形密封槽 口宽7mm 110	≥管板厚	橡胶密封垫固定应牢固	大口径螺旋风管

3.4 风管与配件

表 4.3.1-2 矩形风管无法兰连接形式

无法兰连接形式		附件板厚（mm）	使用范围
S形插条		≥0.7	微压、低压风管，单独使用连接处必须有固定措施
C形插条		≥0.7	微压、低压、中压风管
立咬口		≥0.7	微压、低压、中压风管
包边立咬口		≥0.7	微压、低压、中压风管
薄钢板法兰插条		≥1.0	微压、低压、中压风管
薄钢板法兰弹簧夹		≥1.0	微压、低压、中压风管
直角型平插条		≥0.7	微压、低压风管

表 4.3.1-3 圆形风管芯管连接

风管直径 D（mm）	芯管长度 l（mm）	自攻螺丝或抽芯铆钉数量（个）	直径允许偏差（mm）	
			圆管	芯管
120	120	3×2	−1～0	−3～−4
300	160	4×2		
400	200	4×2	−2～0	−4～−5
700	200	6×2		
900	200	8×2		
1000	200	8×2		
1120	200	10×2		
1250	200	10×2		
1400	200	12×2		

注：大口径圆形风管宜采用内胀式芯管连接。

51

3 金属风管的加固应符合下列规定：

1）风管的加固可采用角钢加固、立咬口加固、楞筋加固、扁钢内支撑、螺杆内支撑和钢管内支撑等多种形式（图 4.3.1）；

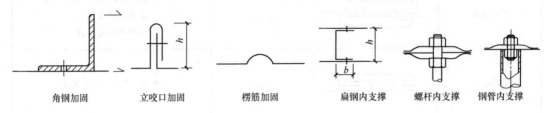

角钢加固　　　立咬口加固　　　　楞筋加固　　　　扁钢内支撑　　螺杆内支撑　钢管内支撑

图 4.3.1　金属风管的加固形式

2）楞筋（线）的排列应规则，间隔应均匀，最大间距应为 300mm，板面应平整，凹凸变形（不平度）不应大于 10mm；

3）角钢或采用钢板折成加固筋的高度应小于或等于风管的法兰高度，加固排列应整齐均匀。与风管的铆接应牢固，最大间隔不应大于 220mm；各条加箍筋的相交处，或加箍筋与法兰相交处宜连接固定；

4）管内支撑与风管的固定应牢固，穿管壁处应采取密封措施。各支撑点之间或支撑点与风管的边沿或法兰间的距离应均匀，且不应大于 950mm；

5）中压、高压系统风管管段长度大于 1250mm 时，应采取加固框补强措施。高压系统风管的单咬口缝，还应采取防止咬口缝胀裂的加固或补强措施。

【4.3.1 释义】

本条文是对金属风管制作质量验收的基本规定，包括金属法兰连接风管和金属无法兰连接风管两种形式，应予以分别遵照执行。并对金属风管的加固形式和要求作了规定。

根据多年来采用弹簧夹连接的矩形薄钢板法兰风管，在工程中使用的实际情况，作出了较明确的规定：即风管边长不宜大于 1500mm；弹簧夹的厚度不应低于 1.0mm，且不低于风管板材厚度。当采取相应的加固措施后，如在薄矩形薄钢板法兰翻边的近处加支撑与风管法兰四角部位采取斜 45°内支撑加固等方法提高法兰部位的强度后，风管使用边长可延伸到 2000mm。薄钢板法兰风管不得用于高压风管。

风管及板材的连接，随着自动缀缝焊接设备技术的进步，可以代替常规的焊接与铆接工艺。

大口径螺旋风管由于在重力作用下会产生较大的形变，使用一般的芯管连接方法比较困难，故建议采用内胀芯管连接。内胀芯管的初始口径小于螺旋风管，容易置于风管内，然后将芯管及顶推螺杆调整至与两端风管平行，成一直线，然后胀紧并固定。由于镀锌钢板制作的内胀芯管焊接固定耳和衬板后，可再次镀锌或做深度防锈处理。因此，可与镀锌钢板和不锈钢螺旋风管配套使用。

风管加固的主要目的是提高它的相对强度和控制其表面的平整度。在工程实际的应用中，应根据需加固的规格、形状和风管类别，选取有效的方法。在加固的方法中除楞筋的强度较低外，其他可以通用或结合应用。对于中、高压风管为提高四角咬缝的安全，特规定长度大于 1250mm 时要有加固框进行补偿。

风管的加固是风管制作工艺的重要组成部分，《通风管道技术规程》JGJ 141[11] 参照英国 DW/142《薄板金属风管施工规范》和美国 SMACNA 标准中金属风管连接和加固的有关规定，结合我国风管制作实践，对目前常用的风管连接和加固形式，按不同材料和结构分别进行材料截面模数的计算，根据计算结果提出了矩形风管的连接和横向加固的"刚度等级"概念，规定了角钢法兰横向连接的刚度等级 F1～F6、薄钢板法兰横向连接的刚度等级 Fb1～Fb4、金属风管横向加固的刚度等级 G1～G6、点加固的刚度等级 J1、纵向加固的刚度等级 Z2，供风管制作者在确定加固方式时选择使用。

4.3.2 非金属风管的制作除应符合本规范第 4.3.1 条第 1 款的规定外，尚应符合下列规定：

  1 硬聚氯乙烯风管的制作应符合下列规定：

  1）风管两端面应平行，不应有扭曲，外径或外边长的允许偏差不应大于 2mm。表面应平整，圆弧应均匀，凹凸不应大于 5mm；

  2）焊缝形式及适用范围应符合表 4.3.2-1 的规定；

表 4.3.2-1 硬聚氯乙烯板焊缝形式及适用范围

焊缝形式	图示	焊缝高度 (mm)	板材厚度 (mm)	坡口角度 α (°)	适用范围
V 形对接焊缝	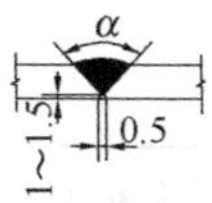	2～3	3～5	70～90	单面焊的风管
X 形对接焊缝	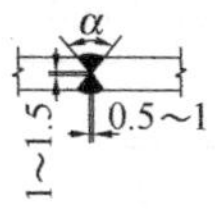	2～3	≥5	70～90	风管法兰及厚板的拼接
搭接焊缝	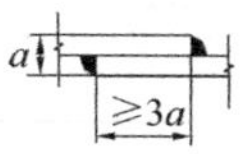	≥最小板厚	3～10	—	风管或配件的加固
角焊缝 （无坡口）		2～3	6～18	—	
	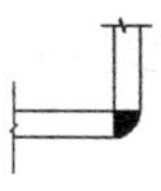	≥最小板厚	≥3	—	风管配件的角焊
V 形单面角焊缝	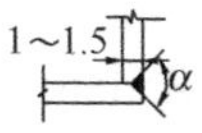	2～3	3～8	70～90	风管角部焊接
V 形双面角焊缝	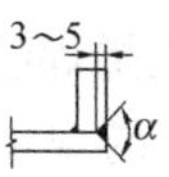	2～3	6～15	70～90	厚壁风管角部焊接

3）焊缝应饱满，排列应整齐，不应有焦黄断裂现象；

4）矩形风管的四角可采用煾角或焊接连接。当采用煾角连接时，纵向焊缝距煾角处宜大于 80mm。

2 有机玻璃钢风管的制作应符合下列规定：

1）风管两端面应平行，内表面应平整光滑、无气泡，外表面应整齐，厚度应均匀，且边缘处不应有毛刺及分层现象；

2）法兰与风管的连接应牢固，内角交界处应采用圆弧过渡。管口与风管轴线成直角，平面度的允许偏差不应大于 3mm；螺孔的排列应均匀，至管口的距离应一致，允许偏差不应大于 2mm；

3）风管的外径或外边长尺寸的允许偏差不应大于 3mm，圆形风管的任意正交两直径之差不应大于 5mm，矩形风管的两对角线之差不应大于 5mm；

4）矩形玻璃钢风管的边长大于 900mm，且管段长度大于 1250mm 时，应采取加固措施。加固筋的分布应均匀整齐。

3 无机玻璃钢风管的制作除应符合本条第 2 款的规定外，尚应符合下列规定：

1）风管表面应光洁，不应有多处目测到的泛霜和分层现象；

2）风管的外形尺寸应符合表 4.3.2-2 的规定；

3）风管法兰制作应符合本条第 2 款第 2）项的规定。

表 4.3.2-2　无机玻璃钢风管外形尺寸

直径 D 或大边长 b（mm）	矩形风管表面不平度（mm）	矩形风管管口对角线之差（mm）	法兰平面的不平度（mm）	圆形风管两直径之差（mm）
D (b) ≤300	≤3	≤3	≤2	≤3
300<D (b) ≤500	≤3	≤4	≤2	≤3
500<D (b) ≤1000	≤4	≤5	≤2	≤4
1000<D (b) ≤1500	≤4	≤6	≤3	≤5
1500<D (b) ≤2000	≤5	≤7	≤3	≤5

4 砖、混凝土建筑风道内径或内边长的允许偏差不应大于 20mm，两对角线之差不应大于 30mm；内表面的水泥砂浆涂抹应平整，且不应有贯穿性的裂缝及孔洞。

【4.3.2 释义】

本条文是对非金属风管制作质量的基本规定，其中包括有机玻璃钢、无机玻璃钢、硬聚氯乙烯风管和建筑风道应分别遵照执行。

第 1 款，规定硬聚氯乙烯风管的制作质量检验的一般项目。

（1）硬聚氯乙烯风管制作后外观质量要求

风管两端面应平行，不应有扭曲；外径或外边长的允许偏差不应大于 2mm；表面应平整，（四角煾角成型）圆弧应均匀，凹凸不应大于 5mm。

（2）硬聚氯乙烯风管的焊接工艺要求

硬聚氯乙烯风管的制作是采用焊接工艺完成的，硬质聚氯乙烯焊缝形式宜采用对接焊接、搭接焊接、填角或对角焊接。焊接前，应按规范表 4.3.2-1 的规定进行坡口加工，并应清理焊接部位的油污、灰尘等杂质。

焊接硬聚氯乙烯塑料时，为了使板材间有很好的结合，并具有较高的焊接强度，下料后的板材应按板材的厚度及焊缝的形式进行坡口，坡口的角度和尺寸均匀一致。可用锉刀、木工刨床或普通木工刨进行坡口，也可用砂轮机或坡口机进行坡口，见图3-11。

（3）硬聚氯乙烯塑料焊缝质量要求

硬聚氯乙烯板材的焊接是采用经过加热的无水、无油的压缩空气（热风焊）将焊接区域的母材和焊条加热至焊接温度，使焊条与母材在熔融状态下粘合在一起的焊接方法，见图3-12。

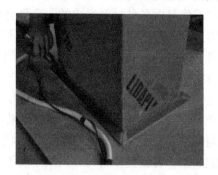

图3-11　用砂轮机进行坡口　　　　图3-12　硬聚氯乙烯风管法兰现场手工焊接

在焊接过程中，如果温度过高，容易产生焊条和母材的焦化现象，使塑料产生分解，降低焊缝强度，耐腐蚀性能也会下降；温度过低时，塑料粘合不好，接头达不到规定的强度，焊接时焊枪加热温度以210℃±20℃为宜。当出现塑料烧焦或焊缝凹凸不平的现象时，应立即停止，并用切刀削除缺陷后重新施焊。

焊接完成后，焊缝质量应符合下列要求：焊缝不得出现焦黄、断裂等缺陷，焊缝应饱满，焊条排列应整齐，见图3-13。

（4）硬质聚氯乙烯矩形风管的四角成型方式

图3-13　硬聚氯乙烯风管焊缝饱满

硬质聚氯乙烯矩形风管的四角可采用煨角或焊接连接成型方式，见图3-14和图3-15。当采用煨角成型方式时，即在矩形风管的四角采用加热折方成型，若板材纵向焊缝刚好位于四角处，加热折方成型将降低板材强度，因此要求板材纵向焊缝距四角处宜大于80mm。

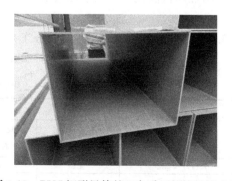

图3-14　PVC矩形风管的四角采用煨角连接成型　　　图3-15　PVC矩形风管的四角采用焊接连接成型

风管折方可采用普通的折方机和管式电加热器配合进行，电热丝的选用功率应能保证板表面被加热到150～180℃的温度。折方时，把画线部位置于两根管式电加热器中间并加热，变软后，迅速抽出，放在折方机上折成90°角，待加热部位冷却后，取出成型后的板材。

第2款，规定有机玻璃钢风管的制作质量检验的一般项目。

（1）有机玻璃钢风管的成型过程也就是有机玻璃钢风管质量的形成过程。有机玻璃钢风管可以看作是由各种材料组成的一个复合结构，而这种结构受到工艺过程中的各种因素制约。因此，手糊成型看起来方法简单，不需过多的设备和工具，但手糊成型恰恰是工艺要求严格、需要熟练的操作技术，并不是简单的工艺方法。

在有机玻璃钢风管制作过程中，若工艺质量控制不严，容易出现外表现凹凸不平、内表面粗糙、厚度不均、边缘处有毛刺及分层现象等质量问题。如制作时，对模具表面上的尘埃、微粒、油迹没有清理、清洗干净，将直接影响到有机玻璃钢风管的外观质量。

糊制时，没有用力沿布的经向和纬向顺一个方向赶气泡，或从中间向两头赶气泡，使布层不能贴紧，含胶量不均匀，出现厚度不均及分层现象。

（2）为保证有机玻璃钢风管的刚度，控制风管变形，矩形风管的边长大于900mm，且管段长度大于1250mm时，应采取加固措施。加固措施一般采用埋入加固筋的方式。加固筋应在铺层达到70%以上时再埋入，分布应均匀整齐，这样不致影响表层质量。埋入件要去油洗净，为防止位移，应稍加固定。

第3款，规定无机玻璃钢风管的制作质量检验的一般项目。

由于无机玻璃钢风管制作工艺与有机玻璃钢风管基本相同，其区别是用氯化镁、菱苦土（氯氧镁）等代替有机玻璃钢的树脂胶粘剂。故规定无机玻璃钢风管的制作应符合有机玻璃钢风管制作的规定。同时，考虑无机玻璃钢风管制作的特点，还规定：风管外观质量不应有多处目测到的泛霜和分层现象，及风管外形尺寸和风管法兰制作。

注意：与原规范[5]相比，表4.3.2-2删去了直径D或大边长b大于2000mm的无机玻璃钢风管外形尺寸的规定。

第4款，规定砖、混凝土建筑风道质量检验的一般项目。

（1）砖、混凝土建筑风道内表面的水泥砂浆涂抹应平整，可降低风道内表面的粗糙度，从而减小风道风阻，减小风机不必要能耗，有利于建筑节能。

（2）砖、混凝土建筑风道若有贯穿性的裂缝及孔洞，会造成风道密封性不严，漏风现象，增加风机能耗，不利于建筑节能。

4.3.3 复合材料风管的制作应符合下列规定：

1 复合材料风管及法兰的允许偏差应符合表4.3.3-1的规定；

表4.3.3-1 复合材料风管及法兰允许偏差

风管长边尺寸b或直径D（mm）	允许偏差（mm）				
	边长或直径偏差	矩形风管表面平面度	矩形风管端口对角线之差	法兰或端口平面度	圆形法兰任意正交两直径之差
b（D）≤320	±2	≤3	≤3	≤2	≤3
320<b（D）≤2000	±3	≤5	≤4	≤4	≤5

2 双面铝箔复合绝热材料风管的制作应符合下列规定：

1) 风管的折角应平直，两端面应平行，允许偏差应符合本条第 1 款的规定；

2) 板材的拼接应平整，凹凸不大于 5mm；无明显变形、起泡和铝箔破损；

3) 风管长边尺寸大于 1600mm 时，板材拼接应采用 H 形 PVC 或铝合金加固条；

4) 边长大于 320mm 的矩形风管采用插接连接时，四角处应粘贴直角垫片，插接连接件与风管粘接应牢固，插接连接件应互相垂直，插接连接件间隙不应大于 2mm；

5) 风管采用法兰连接时，风管与法兰的连接应牢固；

6) 矩形弯管的圆弧面采用机械压弯成型制作时，轧压深度不宜超过 5mm。圆弧面成型后，应对轧压处的铝箔划痕密封处理；

7) 聚氨酯铝箔复合材料风管或酚醛铝箔复合材料风管，内支撑加固的镀锌螺杆直径不应小于 8mm，穿管壁处应进行密封处理。聚氨酯（酚醛）铝箔复合材料风管内支撑加固的设置应符合表 4.3.3-2 的规定。

表 4.3.3-2 聚氨酯（酚醛）铝箔复合材料风管内支撑加固的设置

类　别		系统工作压力 (Pa)			
		≤300	301～500	501～750	751～1000
		横向加固点数			
风管内边长 b (mm)	410<b≤600	—	—	—	1
	600<b≤800	—	1	1	1
	800<b≤1200	1	1	1	1
	1200<b≤1500	1	1	1	2
	1500<b≤2000	2	2	2	2
纵向加固间距 (mm)					
聚氨酯复合风管		≤1000	≤800	≤600	
酚醛复合风管		≤800		≤600	

3 铝箔玻璃纤维复合材料风管除应符合本条第 1 款的规定外，尚应符合下列规定：

1) 风管的离心玻璃纤维板材应干燥平整，板外表面的铝箔隔气保护层与内芯玻璃纤维材料应粘合牢固，内表面应有防纤维脱落的保护层，且不得释放有害物质；

2) 风管采用承插阶梯接口形式连接时，承口应在风管外侧，插口应在风管内侧，承、插口均应整齐，插入深度应大于或等于风管板材厚度。插接口处预留的覆面层材料厚度应等同于板材厚度，接缝处的粘接应严密牢固；

3) 风管采用外套角钢法兰连接时，角钢法兰规格可为同尺寸金属风管的法兰规格或小一档规格。槽形连接件应采用厚度不小于 1mm 的镀锌钢板。角钢外套法兰与槽形连接件的连接，应采用不小于 M6 的镀锌螺栓（图 4.3.3），螺栓间距不应大于 120mm。法兰与板材间及螺栓孔的周边应涂胶密封；

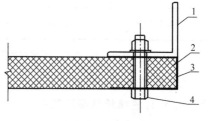

图 4.3.3　玻璃纤维复合风管
角钢连接示意

1—角钢外法兰；2—槽形连接件；
3—风管；4—M6 镀锌螺栓

4) 铝箔玻璃纤维复合风管内支撑加固的镀锌螺

杆直径不应小于 6mm，穿管壁处应采取密封处理。正压风管长边尺寸大于或等于 1000mm 时，应增设外加固框。外加固框架应与内支撑的镀锌螺杆相固定。负压风管的加固框应设在风管的内侧，在工作压力下其支撑的镀锌螺杆不得有弯曲变形。风管内支撑的加固应符合表 4.3.3-3 的规定。

表 4.3.3-3 玻璃纤维复合风管内支撑加固

类别		系统工作压力（Pa）		
		≤100	101~250	251~500
		内支撑横向加固点数		
风管边长 b（mm）	400<b≤500	—	—	1
	500<b≤600	—	1	1
	600<b≤800	1	1	1
	800<b≤1000	1	1	2
	1000<b≤1200	1	2	2
	1200<b≤1400	2	2	3
	1400<b≤1600	2	3	3
	1600<b≤1800	2	3	4
	1800<b≤2000	3	3	4
金属加固框纵向间距（mm）		≤600		≤400

4 机制玻璃纤维增强氯氧镁水泥复合板风管除应符合本条第 1 款的规定外，尚应符合下列规定：

1）矩形弯管的曲率半径和分节数应符合表 4.3.3-4 的规定；

表 4.3.3-4 矩形弯管的曲率半径和分节数

弯管边长 b（mm）	曲率半径 R	弯管角度和最少分节数							
		90°		60°		45°		30°	
		中节	端节	中节	端节	中节	端节	中节	端节
b≤600	≥1.5b	2	2	1	2	1	2	—	2
600<b≤1200	(1.0~1.5)b	2	2	2	2	1	2	1	2
1200<b≤2000	1.0b	3	2	2	2	1	2	1	2

注：当 b 与曲率半径为大值时，弯管的中节数可参照圆形风管弯管的规定，适度增加。

2）风管板材采用对接粘接时，在对接缝的两面应分别粘贴 3 层及以上，宽度不应小于 50mm 的玻璃纤维布增强；

3）胶粘剂应与产品相匹配，且不应散发有毒有害气体；

4）风管内加固用的镀锌支撑螺杆直径不应小于 10mm，穿管壁处应进行密封。风管内支撑横向加固应符合表 4.3.3-5 的规定，纵向间距不应大于 1250mm。当负压系统风管的内支撑高度大于 800mm 时，支撑杆应采用镀锌钢管。

表 4.3.3-5　风管内支撑横向加固数量

风管长边尺寸 b (mm)	系统设计工作压力 P (Pa)			
	P≤500		500<P≤1000	
	复合板厚度 (mm)		复合板厚度 (mm)	
	18～24	25～45	18～24	25～45
1250≤b<1600	1	—	1	
1600≤b<2000	1	1	2	1

【4.3.3 释义】

复合材料风管大都是以产品供应的形式，应用于工程。随着近年复合材料风管在工程中的应用日趋成熟，为便于工程施工质量的控制，本次规范修订对工程上应用较多的双面铝箔复合绝热材料板风管、铝箔复合玻璃纤维绝热板风管与玻璃纤维氯氧镁水泥板复合绝热材料板风管的质量作出了详细规定。在实际工程应用中，除应符合本条文的规定外，还应符合相应产品标准条款的规定，如遇两者有差异时，取其标准高者执行。

第 1 款，规定复合材料风管及法兰的允许偏差。

参考总结行业标准《通风管道技术规程》JGJ 141[11] 有关复合材料风管的制作质量的规定，《规范》表 4.3.3-1 对复合材料风管及法兰的允许偏差作出规定，检查项目包括边长或直径偏差、矩形风管表面平面度、矩形风管端口对角线之差、法兰或端口平面度、圆形法兰任意正交两直径之差。

复合材料风管及法兰的允许偏差检验方法：

（1）矩形风管边长或圆形风管直径的测量

应采用精度为 1mm 的钢卷尺或钢直尺来测量。在风管两端口长（短）边长各测量 2 次，取其测量数值的算术平均值分别为该风管的长（短）边边长。

圆形风管测量两端口周长或两端口任意正交的两直径，取测量数值的算术平均值为该风管的直径。

（2）矩形风管表面及法兰不平度的测量

在风管外表面的对角线处放置 2m 长板尺，用塞尺测量管外表面与尺之间间隙的最大值，作为该风管表面不平度，表面不平度小于 10mm；在风管法兰外立表面顶端处放置 2m 长板尺，用塞尺在法兰两端测量法兰外立面与尺之间间隙的最大值，作为该风管法兰不平度。

（3）风管管口及法兰不平度的测量

矩形长边尺寸或圆形直径小于或等于 1000mm 的风管端口（法兰）放在刚性平板平面上，用塞尺测量端口（法兰）平面与刚性平板平面之间间隙的最大值；矩形长边尺寸或圆形直径小于 1000mm 时，用 JZC－2 型多功能检测尺和金属刻度尺测量端口平面间隙的最大值。

（4）矩形风管法兰对角线之差和圆形风管法兰直径之差的测量

应采用精度 1mm 钢卷尺或钢直尺来测量。用钢卷尺分别测量矩形风管端口对角线，其两对角线尺寸之差为该风管端口对角线之差；用钢卷尺分别测量圆形风管端口任意正交的直径之差，取其最大值为该风管端口直径之差。

第 2 款，参照《通风与空调工程施工规范》GB 50738[9]、《通风管道技术规程》JGJ 141[11]相关要求，规定双面铝箔复合绝热材料板风管的制作质量检验的一般项目。

图 3-16 双面铝箔复合绝热材料板风管图

如图 3-16 所示，双面铝箔复合绝热材料板风管一般指双面铝箔聚氨酯复合板风管、双面铝箔酚醛复合板风管。复合板板材的制作均采用机械化生产工艺制成。

聚氨酯复合板风管与酚醛复合板风管同属于双面铝箔泡沫类风管，风管内外表面覆贴一定厚度的铝箔，中间层为聚氨酯或酚醛泡沫绝热材料。聚氨酯复合风管为 20 世纪 90 年代从国外引进技术，现国内部分地区已有专业生产聚氨酯复合板流水生产线。酚醛复合风管为近年我国自行研究的用于通风管道的复合板，现已有酚醛复合风管复合板制作流水生产线，达到规模化生产的水平。这两种风管具有质量轻、外形美观、不用保温、隔声性能好、施工速度快、安全卫生等优点。这两种风管的区别主要是复合板中的保温泡沫层材料材性的不同，两种类型风管的外表面均以轧花铝箔为内外覆面，且发泡工艺、复合板成形工艺形式也基本一样。两种风管在风管制作工艺的区别不大，制作时应注意的是：胶粘剂类别选用的区别；两种板材强度有一定的区别，在大截面风管的加固时应引起注意。

风管制作工艺流程为：板材放样下料→风管粘接成型→插接连接件或法兰与风管→加固与导流叶片安装→质量检查。双面铝箔复合绝热材料板风管制作工序流程图见图 3-17。

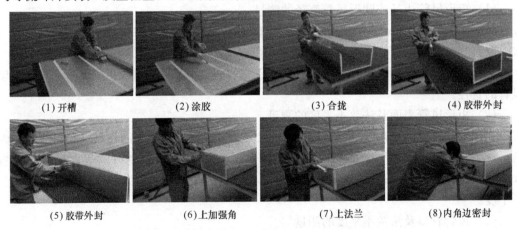

| (1) 开槽 | (2) 涂胶 | (3) 合拢 | (4) 胶带外封 |
| (5) 胶带外封 | (6) 上加强角 | (7) 上法兰 | (8) 内角边密封 |

图 3-17 双面铝箔复合绝热材料板风管制作工序图

(1) 双面铝箔复合绝热材料板风管一般制作成矩形风管。故要求风管成型后折角应平直，两端面应平行，风管及法兰的允许偏差符合《规范》表 4.3.3-1 的规定。

(2) 制作风管的双面铝箔复合绝热材料板质量应无明显变形、起泡和铝箔破损。

双面铝箔复合绝热材料板风管制作允许板材拼接，常用板材拼接方式有两种：风管长边尺寸≤1600mm 时，风管板材拼接可切 45°角直接粘接，粘接后在接缝处两侧粘贴铝箔胶带；风管长边尺寸＞1600mm 时，板材的拼接需采用 H 形 PVC 或铝合金加固条拼接，见图 3-18。不论采用哪种板材拼接方式，均要求板材拼接后风管板应平整，风管板平面

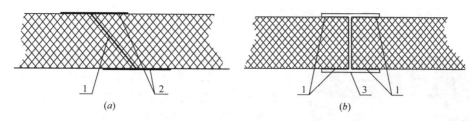

图 3-18 风管板材拼接方式示意图

(a) 切 45°角粘接；(b) 中间加 H 形加固条拼接

1—胶粘剂；2—铝箔胶带；3—H 形 PVC 或铝合金加固条

度≤5mm。

（3）当风管长边尺寸＞1600mm 时，复合风管必须采用专用连接件拼接，而不允许采用直接胶粘剂粘接，这主要是考虑铝箔复合风管强度太弱的原因，可利用板接所采用的专用连接件起加固作用，以增强大型风管的整体强度和刚度。

（4）边长小于 320mm 的矩形风管由于断面较小，组合的四个角有足够的刚度可使风管成矩形不变形。当风管边长大于 320mm 时，组合成风管的四个角已不能满足其刚度要求，在外力作用下很容易变形，所以应在（槽形、工形）插接连接四角部位放入镀锌板（厚度≥0.75mm）贴角后，再安装法兰以加强风管刚度，见图 3-19。插接连接件与风管粘接后，应保证插接连接件互相垂直，插接连接件间间隙不应大于 2mm，避免风管连接后在插接连接件间间隙处漏风，见图 3-20。

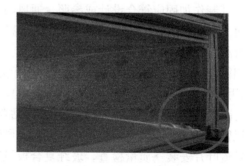

图 3-19 边长大于 320mm 的矩形风管四角处粘贴直角垫片　　图 3-20 插接连接件间间隙明显容易漏风

（5）双面铝箔复合绝热材料板风管连接有常用连接方式有 45°直接粘接、（槽形、工形）插接连接、外套角钢法兰、C 形插接法兰、"h" 连接法兰等方式，见图 3-21。当采用法兰连接时，为保证连接可靠，风管与法兰的连接应牢固。

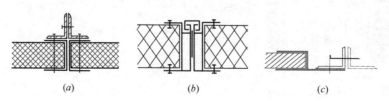

图 3-21 双面铝箔复合绝热材料板风管法兰连接方式

(a) 外套角钢法兰；(b) C 形插接法兰；(c) "h" 连接法兰

（6）双面铝箔复合绝热材料板风管矩形弯头一般制作为内外同心弧型。风管弯头的圆弧面一般采用机械压弯成型制作。

图 3-22　压弯示意图

先在板材上放出侧样板，弯头的曲率半径不应小于一个平面边长，圆弧应均匀。按侧样板弯曲边测量长度，放内外弧板长方形样。弯头的圆弧面宜采用机械压弯成型制作，其内弧半径小于 150mm 时，轧压间距宜为 20～35mm；内弧半径为 150～300mm 时，轧压间距宜为 35～50mm；内弧半径大于 300mm 时，扎压间距宜为 50～70mm。扎压深度不宜超过 5mm。压弯示意图见图 3-22。

（7）为满足风管的使用刚度，聚氨酯铝箔复合板风管和酚醛铝箔复合板风管的加固随着断面尺寸的增大及风管工作压力的增大，其支撑点横向加固数量将增多，纵向加固间距将缩短。

《规范》表 4.3.3-2 参照了《通风与空调工程施工规范》GB 50738[9] 表 5.2.5 的规定，列出了风管边长尺寸、工作压力和风管横向加固支撑点数以及加固点纵向间距之间关系。注意：表 4.3.3-2 仅规定聚氨酯（酚醛）铝箔复合材料风管的工作压力在 1000Pa 及以下，是因为考虑到聚氨酯（酚醛）铝箔复合板材的强度比钢板低，以及国内还缺乏相关该风管长时间耐压运行试验证明，不建议聚氨酯（酚醛）铝箔复合材料风管长期在工作压力 1000Pa 以上运行。若工程中需使用工作压力 1000Pa 以上的聚氨酯（酚醛）铝箔复合材料风管，其制作加固应符合设计或参照《通风与空调工程施工规范》GB 50738[9] 的规定。

第 3 款，参照《通风与空调工程施工规范》GB 50738[9] 相关要求，规定铝箔玻璃纤维复合材料风管的制作质量检验的一般项目。

铝箔玻璃纤维复合材料风管是以玻璃棉板为基材，外表面复合一层玻璃纤维布复合铝箔（或采用铝箔与玻纤布及阻燃牛皮纸复合而成），内表面复合一层玻纤布（或覆盖一层树脂涂料）而制成的玻纤复合板为材料，经切割、粘合、胶带密封和加固制成的通风管道。

风管制作工艺流程为：板材放样下料→风管粘接成型→插接连接件或法兰与风管→加固与导流叶片安装→质量检查。玻纤复合板风管制作工序流程图见图 3-23。

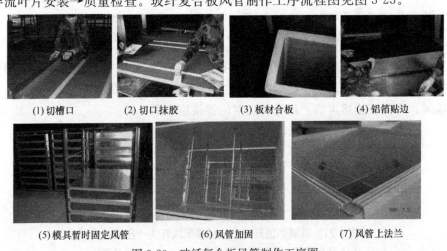

(1)切槽口　　(2)切口抹胶　　(3)板材合板　　(4)铝箔贴边

(5)模具暂时固定风管　　(6)风管加固　　(7)风管上法兰

图 3-23　玻纤复合板风管制作工序图

（1）实践证明，接触一定量玻璃纤维可能会使一部分人的皮肤、眼睛或其他敏感的黏膜部分有过敏性反映。

为防止玻璃纤维在管道中飞散，条文规定风管的离心玻璃纤维板材表面的铝箔隔气保护层与内芯玻璃纤维材料应粘合牢固，内表面应有防纤维脱落的保护层。当采用覆盖一层树脂涂料（如丙烯酸树脂涂层的涂料）渗透于玻璃棉保温板的表面而形成防止玻璃纤维散落的屏蔽层时，应喷涂均匀，不允许有漏涂的缺陷，且涂料不得释放有害物质，见图3-24。

图 3-24 铝箔玻纤复合风管内表面涂有丙烯酸树脂涂层防止纤维脱落

（2）风管管间连接采用承插阶梯粘接时，应在已下料风管板材的两端，用专用刀具开出承接口和插接口，见图3-25。承接口应在风管外侧（见图3-26），插接口应在风管内侧。承、插口均应整齐，插入深度应≥风管板材厚度；插接口应预留宽度为板材厚度的覆面层材料。

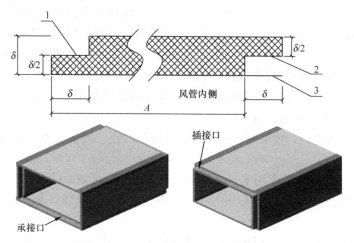

图 3-25 风管承插阶梯粘接示意

1—插接口；2—承接口；3—预留搭接覆面层；A—风管有效长度；δ—风管板厚

（3）铝箔玻璃纤维复合材料风管可采用外套角钢法兰连接。

外套角钢法兰连接时，角钢法兰规格可比同尺寸金属风管法兰小一号，槽形连接件应采用≥1mm镀锌钢板制作，角钢外法兰与槽形连接件采用规格为M6的镀锌螺栓连接，螺孔间距应≤120mm，连接时法兰与板材间以及螺栓孔的周边需涂胶进行密封。

图 3-26 风管承接口

（4）铝箔玻璃纤维复合材料风管的加固。

风管加固的最终目的是要保证风管在安装或运行状态下，风管各边变形量不超过允许值和风管四角不允许破裂。

1）铝箔玻璃纤维复合材料风管玻纤复合板风管壁的抗弯曲强度低于其他材料的风管，在较高的管内空气静压力作用下管壁容易产生变形，当管壁变形量即管壁受力面中心点位移达到一定值时，所产生的弯矩可能将玻璃棉层破坏，同时变形量的增大也破坏了空气系统的平衡。因此，必须采取对管壁加固的办法来保证管道系统的正常运转。

玻璃纤维复合风管的加固一般采用内支撑加固，见图 3-23（6），但当风管截面尺寸过大而影响风管强度时，应按规定增加采取金属槽型框外加固措施，并将内支撑与金属槽型框紧固为一体。

图 3-27 风管内支撑加固的镀锌螺杆
直径不小于 6mm 且穿管壁处采取密封处理

本条文规定的金属槽型框纵向间距和内支撑设置数量，是根据工程实践经验并结合玻璃纤维保温棉密度为 $70kg/m^3$ 的玻璃纤维复合风管管壁表面变形量的检测结果提出的。

2）风管加固内支撑件和管外壁加固件的螺栓穿过管壁处应进行密封处理，以保证加固点严密不漏风，见图 3-27。

要特别指出的是，由于箔玻璃纤维复合材料风管本身的原因，加固点很多，如：加固杆穿管板的，这些点如果不按施工工艺标准进行组装和处理，就会形成今后风管系统运行中漏风的隐患。因此，进行风管加固时，在风管内边与内圆顶盘之间满涂密封胶这一工序就显得特别重要。这一工序也是施工时最容易被忽视和被偷工减料的地方。

3）采取加固措施时，还必须注意区分风管所受的正、负压压力。否则会因措施不当，失去加固作用。

4）《规范》表 4.3.3-3 参照了《通风与空调工程施工规范》GB 50738[9] 表 5.3.5-1 的规定，列出了风管边长尺寸、工作压力和风管横向加固支撑点数以及金属加固框纵向间距之间关系。

注意：《规范》表 4.3.3-3 仅规定铝箔玻璃纤维复合材料风管的工作压力在 500Pa 及以下，是因为考虑到铝箔玻璃纤维复合板强度比较低（强度明显低于聚氨酯（酚醛）铝箔复合板），以及国内还缺乏相关该风管长时间在中压下运行的试验证明，故不建议铝箔玻璃纤维复合材料风管长期在工作压力 500Pa 以上运行。事实上，铝箔玻璃纤维复合材料风管在工程中主要应用于低压系统。若工程中需使用工作压力 500Pa 以上铝箔玻璃纤维复合材料风管，其制作加固应符合设计或参照《通风与空调工程施工规范》GB 50738[9] 的规定。

第 4 款，参照《通风与空调工程施工规范》GB 50738[9] 相关要求，规定机制玻璃纤维增强氯氧镁水泥复合板风管的制作质量检验的一般项目。

机制玻镁复合板风管施工技术是近年来风管加工制作的新技术，它既有镀锌钢板风管的强度和现场制作、安装的便利，又有不燃烧、不生锈的特点，更兼有复合风管重量轻、不需二次保温、漏风小的特点，是新一代的节能环保风管。

机制玻镁复合板风管是以玻璃纤维增强氯氧镁水泥为两面强度结构层，以绝热材料或不燃轻质结构材料为夹芯层，表面附有一面或两面铝箔，采用机械化工艺制成的复合板，再在施工现场或工厂内切割成上、下、左、右四块单板，用专用无机胶粘剂组合粘接工艺制作成通风管道（见图 3-28），再用错位式无法兰连接方式连接风管，见图 3-29。

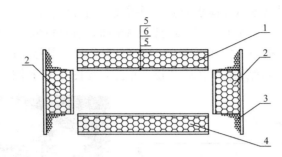

图 3-28 玻镁复合矩形风管组合示意图
1—风管顶板；2—风管侧板；3—涂专用胶粘剂处；
4—风管底板；5—履面层；6—夹芯层

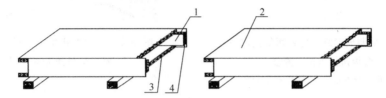

图 3-29 风管错位对口粘接示意图
1—垂直板；2—水平板；3—涂胶；4—预留表面层

风管制作工艺流程为：板材放样下料→胶粘剂配制→风管组合粘接成型→加固与导流叶片安装→伸缩节制作→质量检查。

（1）矩形弯管采用由若干块小板拼成折线的方法制成内外同心弧型弯管，与直风管连接口应制成错位连接形式（见图 3-30，图 3-31）。

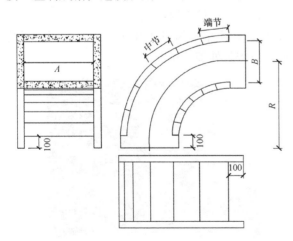

图 3-30 90°弯管放样下料示意图

图 3-31 90°弯管的曲率半径和分节数符合规定

矩形弯管曲率半径（以中心线计）和最少分节数应符合《规范》表 4.3.3-4 的规定。两端的两块板叫端节，中间小板叫中节，常用的弯管有 90°、60°、45°、30°四种，其曲率半径一般为 $R = (1 \sim 1.5)B$（曲率半径是从风管中心计算）。

（2）机制玻璃纤维增强氯氧镁水泥复合板拼接采用对接粘接方式。

为保证连接处强度，粘贴前应用砂纸打磨粘贴面并清除粉尘，如果风管板表面贴有铝箔，应将粘贴面的铝箔撕掉或打磨干净，以保证粘贴牢固。粘接时应在风管板连接处的正反面各粘贴≥50mm 宽玻璃纤维布（3～4 层）增强，见图 3-32 和图 3-33。

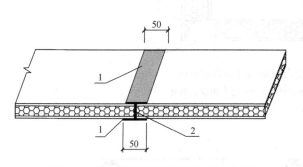

图 3-32　机制玻璃纤维增强氯氧镁水泥复
合板拼接方法示意图

1—玻璃纤维布；2—风管板对接处

图 3-33　复合板拼接正反面各粘贴≥50mm
宽玻璃纤维布 3～4 层增强

（3）复合板胶粘剂应按产品技术文件的要求进行配制。

复合板胶粘剂必须按厂家说明书配，复合板胶粘剂由氯化镁、氧化镁粉剂与卤水液剂两部分组成。液剂是由卤片按照说明书现场配置。

为保证复合板胶粘剂的均匀性，应采用电动搅拌机搅拌，禁止手工搅拌配制。

复合板胶粘剂不宜过稠，以流动为宜。配制后的专用胶粘剂应及时使用，在使用过程中如发现胶粘剂变稠和硬化，禁止使用。更不能加液剂再次稀释使用。

不同厂家复合板胶粘剂在不同环境温度下，有不同的初凝时间。

（4）当风管边长尺寸大于或等于 1250mm 时，应根据风管工作压力进行加固，风管加固采用内支撑加固方式，内支撑件穿管壁处应密封处理，见图 3-34。

图 3-34　风管内加固用的镀锌支撑螺杆直径不小于 10mm 且穿管壁处进行密封

内支撑加固的作用是在风管上下板或左右板间增加风管支拉点（正压）或支撑点（负压），支撑杆的抗拉强度和稳定性要满足风管的使用要求。用于内支撑加固的镀锌螺杆直径不小于 10mm。其他内支撑材料规格可参见行业标准《机制玻镁复合板与风管》JG/T 301 表 4 风管内支撑加固材料。

风管加固的纵向间距应≤1250mm。

当负压风管的内支撑高度大于800mm时，应采用镀锌钢管内支撑。

4.3.4 净化空调系统风管除应符合本规范第4.3.1条的规定外，尚应符合下列规定：

1 咬口缝处所涂密封胶宜在正压侧；

2 镀锌钢板风管的咬口缝、折边和铆接等处有损伤时，应进行防腐处理；

3 镀锌钢板风管的镀锌层不应有多处或10％表面积的损伤、粉化脱落等现象；

4 风管清洗达到清洁要求后，应对端部进行密闭封堵，并应存放在清洁的房间；

5 净化空调系统的静压箱本体、箱内高效过滤器的固定框架及其他固定件应为镀锌、镀镍件或其他防腐件。

【4.3.4释义】

净化风管应满足以下几点：

第1款，为保证净化风管的严密性，在风管的咬口缝、角钢法兰连接风管的翻边处及四个角处或共板法兰连接风管的角码的连接处均须涂布密封胶，密封胶一般为硅胶（有特殊工艺要求时为无硅胶），密封胶应涂布饱满、均匀，且应涂布在风管的正压侧，如净化空调风管的送风管应涂布在内侧，回风管或排风管（负压段）在外侧涂布密封胶。

第2、3、4款，在净化风管的制作过程中要注意成品的保护，风管的加工处应干净、整洁，地面应铺设橡胶板类似的保护材料，风管的清洗、封口处应密闭、干净，风管制作完毕后应堆放在干净的区域，镀锌板风管的材质不能有发白、粉化脱落等现象，在制作过程中若有划痕损伤应有防腐的处理措施。

第5款，净化空调系统的静压箱等配件的材质一般与风管的材质一样，风阀等部件的材质一般为镀锌板或钢板表面烤漆处理，高效箱体的材质一般为钢板表面烤漆处理或SUS板，高效过滤器的边框、末端风口的材质一般为铝合金或SUS材质。

4.3.5 圆形弯管的曲率半径和分节数应符合表4.3.5的规定。圆形弯管的弯曲角度及圆形三通、四通支管与总管夹角的制作偏差不应大于3°。

表4.3.5 圆形弯管的曲率半径和分节数

弯管直径 D (mm)	曲率半径 R	弯管角度和最少节数							
		90°		60°		45°		30°	
		中节	端节	中节	端节	中节	端节	中节	端节
80～220	≥1.5D	2	2	1	2	1	2	—	2
240～450	1.0D～1.5D	3	2	2	2	1	2	—	2
480～800	1.0D～1.5D	4	2	2	2	1	2	1	2
850～1400	1.0D	5	2	3	2	2	2	1	2
1500～2000	1.0D	8	2	5	2	3	2	2	2

【4.3.5释义】

本条文对圆形风管的弯管和变径管的加工，进行了具体的规定。

圆形弯管按照制作方法的不同，有冲压成型弯管、皱褶型弯管和分节组合弯管三种，按照角度分有 90°弯管、60°弯管、45°弯管、30°弯管，圆形弯管的曲率半径以中心线计[12]。

4.3.6 矩形风管弯管宜采用曲率半径为一个平面边长，内外同心弧的形式。当采用其他形式的弯管，且平面边长大于 500mm 时，应设弯管导流片。

【4.3.6 释义】

为了降低风管系统的局部阻力，本条文对不采用曲率半径为一个平面边长的内外同心弧形弯管，其平面边长大于 500mm 的，作出了必须加设弯管导流片的规定。它主要依据为《全国通用通风管道配件图表》矩形弯管局部阻力系数的结论数据。内外同心弧形弯管的阻力小，建议优先选用，弯管的曲率半径越大，风阻越小，但往往会受安装条件限制，无法加大弯管制作的曲率半径时，采取增加弯管导流叶片方式可减少局部风阻。

4.3.7 风管变径管单面变径的夹角不宜大于 30°，双面变径的夹角不宜大于 60°。圆形风管支管与总管的夹角不宜大于 60°。

【4.3.7 释义】

本条文对风管变径管的加工进行了具体规定，有双面变径和单面变径两种形式，前者的夹角宜小于 60°，后者的夹角宜小于 30°。

4.3.8 防火风管的制作应符合下列规定：

1 防火风管的口径允许偏差应符合本规范第 4.3.1 条的规定；

2 采用型钢框架外敷防火板的防火风管，框架的焊接应牢固，表面应平整，偏差不应大于 2mm。防火板敷设形状应规整，固定应牢固，接缝应用防火材料封堵严密，且不应有穿孔；

3 采用在金属风管外敷防火绝热层的防火风管，风管严密性要求应按本规范第 4.2.1 条中有关压金属风管的规定执行。防火绝热层的设置应按本规范第 10 章的规定执行。

【4.3.8 释义】

防火风管一般分为三种结构形式：一是产品形式的防火风管，二是型钢结构外敷防火板，三是金属风管外包裹不燃绝热材料的防火风管。在吊顶中施工的以第三类为多，在施工质量控制中以风管的严密性能和绝热材料的施工质量为主。

3.5 风 管 部 件

3.5.1 一般规定

5.1.1 外购风管部件应具有产品合格质量证明文件和相应的技术资料。

【5.1.1 释义】

为了保证外购风管部件的质量，鉴于现场一般不具备进行质量鉴定的条件，因此要求外购部件验收应具有的资料和质量文件，以此证明外购风管部件的质量。

从当前风管部件的供应来源来看，主要有两个大的来源：一个来源是由施工单位自行制作供应；另一个来源是由专业生产厂家生产并供应。随着现代建筑业的进步，安装行业的工业化程度越来越高，由专业生产厂家生产并供应的方式占了风管部件供应来源的相当大的比例，特别是风管部件中的各种阀件、风口和消声器。专业生产厂家按照相关的工业产品标准进行加工制造、验收、出厂。这些在生产厂家内制造的风管部件经厂家验收后。应具备相应的产品合格证明文件或产品合格证、产品说明书装箱单等相关文件。当外购部件是进口产品时，还应有中文说明或产品介绍。

相关的产品标准有《建筑通风和排烟系统用防火阀门》GB 15930[13]、《通风空调风口》JG/T 14 及《建筑通风风量调节阀》JG/T 436 等。

5.1.2 风管部件的线性尺寸公差应符合现行国家标准《一般公差 未注公差的线性和角度尺寸的公差》GB/T 1804 中所规定的 c 级公差等级。

【5.1.2 释义】

为了便于施工现场对风管部件的尺寸进行初步的验收，本条文对风管部件的线性尺寸公差验收作出了规定。不同的风管部件的产品标准对于风管部件各个部位的尺寸偏差有更详细的规定，生产过程中对尺寸偏差的要求是按照相关产品标准执行的。《规范》只对与风管直接连接的风口颈部、风阀法兰和消声器法兰的尺寸偏差进行了详细规定。保证风管部件与风管连接的尺寸配合，使施工更容易且保证一定的严密性。

除了以上风口颈部、风阀法兰和消声器法兰的尺寸外，对于不同种类的风管部件的其他尺寸就不再把允许偏差数据在条文中全部罗列，仅提出了风管部件的线性尺寸公差应满足的较低的现场验收的要求，即符合现行国家标准《一般公差 未注公差的线性和角度尺寸的公差》GB/T 1804 的 c 级公差等级。一般公差分精密 f、中等 m、粗糙 c、最粗 v 共 4 个公差等级。对于通风与空调工程常用部件的线性与角度在施工现场的质量检查，采用粗糙 c 级公差等级已经能满足工程质量验收的需要。

一般公差是指在车间通常加工条件下可保证的公差。一般公差的尺寸，在该尺寸后不需注出其极限偏差数值。有关线性尺寸的极限偏差数值的粗糙 c 级公差，具体允许值见表3-3；角度尺寸的极限偏差数值的粗糙 c 级公差具体允许值见表 3-4。

线性尺寸的极限偏差数值　　　　　　　　表 3-3

管差等级	基本尺寸分段（mm）							
	0.5～3	>3～6	>6～30	>30～120	>120～400	>400～1000	>1000～2000	>2000～4000
粗糙 c 级	± 0.2	± 0.3	± 0.5	± 0.8	± 1.2	± 2	± 3	± 4

角度尺寸的极限偏差数值　　　　　　　　表 3-4

公差等级	长度分段（mm）				
	～10	>10～50	>50～120	>120～400	>400
粗糙 c 级	±1030″	±10″	±3″	±15″	±10″

风管部件的线性尺寸公差可采用钢卷尺进行测量。钢卷尺的准确度为±1mm。

3.5.2 主控项目

5.2.1 风管部件材料的品种、规格和性能应符合设计要求。

【5.2.1 释义】

本条文是对制作风管部件的材料提出的基本要求，也体现出"以设计为依据，按图施工"的原则。不管是自制还是外购，风管部件的材料都应该满足此条要求。

随着通风空调技术的发展，所能构成风管系统的材料种类日益增多。根据风管系统使用环境的不同和功能的不同，对风管和风管部件材质的要求在燃烧性能、强度及刚度性能、耐压性能、绝热性能、耐腐蚀性能、对洁净度影响等各方面会有所不同。由此设计要求对风管系统中的风管和风管部件的材质会因使用环境和功能的不同而不同。擅自改变风管及风管部件的材料的品种、规格和性能有可能导致系统不能实现设计的功能。

5.2.2 外购风管部件成品的性能参数应符合设计及相关技术文件的要求。

【5.2.2 释义】

针对目前风管部件绝大多数外购由专业厂家生产的成品的现状。强调风管部件成品的性能参数应符合通风与空调工程设计及相关技术文件的要求的基本施工原则。

要达成此目的实现途径是：设计及相关技术文件的要求确定后，在采购订货之初就要向供应方在合同中或者用其他正式文件完整准确地提出技术要求，并明确需提供的相关的质量证明文件和检测报告。风管部件成品到场后根据约定的要求和设计及相关技术文件进行检查或进行必要的检验。

5.2.3 成品风阀的制作应符合下列规定：

1 风阀应设有开度指示装置，并应能准确反映阀片开度；

2 手动风量调节阀的手轮或手柄应以顺时针方向转动为关闭；

3 电动、气动调节阀的驱动执行装置，动作应可靠，且在最大工作压力下工作应正常；

4 净化空调系统的风阀，活动件、固定件以及紧固件均应采取防腐措施，风阀叶片主轴与阀体轴套配合应严密，且应采取密封措施；

5 工作压力大于1000Pa的调节风阀，生产厂应提供在1.5倍工作压力下能自由开关的强度测试合格的证书或试验报告；

6 密闭阀应能严密关闭，漏风量应符合设计要求。

【5.2.3 释义】

本条文的规定适用于所有的成品风阀，包括外购的手动调节阀、电动调节阀、防火阀、排烟阀（口）、正压送风口、定风量风阀等。

第 1 款，作为风系统的调节装置或开断装置，从风阀外部能直观观察到风阀的开断状态或开度状态是风系统调节的必备条件。开度指示装置的准确性对于通风空调系统的调试阶段和使用运行维护阶段具有重要的作用。为使操作者了解到风阀动作的正确状态，要求开度指示器与阀片实际开度应一致。对于风阀安装后有绝热层等包裹的还应有相应的措施，使开度指示装置仍能明示，不会被绝热层包裹遮盖，在订货之初就须向供货方提出明确的要求，确定具体措施。

第2款，本款的方向是指面向手轮或手柄时顺时针转动时为关闭，逆时针转动时为开启。

第3款，本款的所述最大工作压力下工作正常是指驱动装置应保证风阀在最大工作压差下操作正常。最大工作压差是指风阀的阀片漏风量和最大驱动扭矩符合工作要求时，风阀前后所承受的最大静压差。

第4款，净化空调系统的一个基本要求是尽量避免产尘和外界粉尘进入系统，因此对风阀的各个部位应进行严格的防腐措施，避免因锈蚀而产生的锈渣对系统造成污染，防腐措施可采用涂装防腐或镀锌防腐等方式。为避免系统外的粉尘进入系统，对风阀中最易产生与外界相通的缝隙的叶片主轴与轴套的配合提出要求，并要求采取密封措施。

第5款，对于高压条件下使用的风阀应能确保在高压状态下，风阀结构应牢固、动作可靠，且严密性能也应达标。由于现场一般不具备检测条件，因此要求生产厂家在具备测试条件的场所测试合格并提供试验报告。

第6款，对于风阀的质量验收应按不同功能类别风阀的特性进行，如主要用于系统风量平衡、分配调节的三通调节阀、系统支管的调节阀等，不必强求其阀门的严密性。密闭阀的阀片漏风量在设计未要求时，可按表3-5执行。

风阀阀片泄漏等级与允许漏风量　　　　　　　　　　　　　表 3-5

阀片泄漏等级	允许漏风量 Q [m³/ (h·m²)]
零级泄漏（阀片耐压 2500Pa 时）	0
高密闭型风阀	$\leqslant 0.15\Delta P^{0.58}$
中密闭型风阀	$\leqslant 0.60\Delta P^{0.58}$
密闭型风阀	$\leqslant 2.70\Delta P^{0.58}$
普通型风阀	$\leqslant 17.00\Delta P^{0.58}$

注：1. 本标准为空气标准状态下，阀片允许漏风量。

2. ΔP 为阀片前后承受的压力差，单位为 Pa。

3. 阀片漏风量计算时，漏风面积按照风阀内框尺寸计算。

5.2.4 防火阀、排烟阀或排烟口的制作应符合现行国家标准《建筑通风和排烟系统用防火阀门》GB 15930 的有关规定，并应具有相应的产品合格证明文件。

【5.2.4 释义】

防、排烟系统是消防工程中保障人员安全疏散和有效展开灭火行动的重要系统。防、排烟系统能否按设计意图发挥作用，其中一个重要的保证条件是系统中的防火阀与排烟阀正常发挥作用。一旦因防火阀或排烟阀不能正常动作，将导致防、排烟系统失效，无法有效疏散人员和展开灭火行动，将威胁到人民的生命财产安全，因此其质量必须符合消防产品的规定。当前，根据工程施工的实际状况，更需重视其强度与密闭性能的质量验收，以保证防、排烟系统的正常运行。对此，国家标准《建筑通风和排烟系统用防火阀门》GB 15930[13] 有更为详细的规定，应符合该标准的最新版本的要求。

本条文所要求的阀门动作试验，是指制作完成后或外购产成品入场后安装前所进行的模拟动作检查。防火阀或排烟阀（排烟口）应能按照产品说明书的要求进行相应动作。对易熔片等一旦动作即须更换的零件，不要求进行破坏性试验。也不要求专业检测单位再进行检测。

5.2.5 防爆系统风阀的制作材料应符合设计要求，不得替换。

【5.2.5 释义】

防爆风阀是排除、输送有燃烧或爆炸危险混合物的通风系统中所使用的风阀，此类风阀应能避免静电积聚和动作时应避免产生火花，否则会造成严重的后果，进场验收时应严格执行。排除、输送有燃烧或爆炸危险混合物的通风设备和风管，均应采取防静电接地措施（包括法兰跨接），不应采用容易积聚静电的绝缘材料制作。为达到此要求，排除有爆炸危险物质的排风管应采用金属管道。

5.2.6 消声器、消声弯管的制作应符合下列规定：

1 消声器的类别、消声性能及空气阻力应符合设计要求和产品技术文件的规定；

2 矩形消声弯管平面边长大于800mm时，应设置吸声导流片；

3 消声器内消声材料的织物覆面层应平整，不应有破损，并应顺气流方向进行搭接；

4 消声器内的织物覆面层应有保护层，保护层应采用不易锈蚀的材料，不得使用普通铁丝网。当使用穿孔板保护层时，穿孔率应大于20%；

5 净化空调系统消声器内的覆面材料应采用尼龙布等不易产尘的材料；

6 微穿孔（缝）消声器的孔径或孔缝、穿孔率及板材厚度应符合产品设计要求，综合消声量应符合产品技术文件要求。

【5.2.6 释义】

消声器的消声性能应根据设计要求选用，生产者应提供消声器消声性能的检测报告。

第1款，本款是要强调消声器的各项性能应符合设计要求和产品技术文件的规定，以保证能满足设计设定的系统对各频带的消声量要求，并保证消声器的空气阻力在设计要求的范围内。

第2款，当消声弯管的平面边长大于800mm时，相对消声效果下降，而阻力反呈上升的趋势。对此可采取加设吸声导流片对消声弯管的截面进行分隔，使每个分隔的平面边长减小，以改善气流组织，提高消声性能。

第3款，是对消声器内覆面层的要求，覆面层不应有破损是为了避免消声材料逸散，顺气流方向进行搭接，是为了减小气流对覆面材料的冲击，耐久性更高。

第4款，消声器内表面的覆面材料，在管内气流长时间的冲击下，易使织物覆面松动、纤维断裂而造成布面破损、吸声材料飞散。为避免此情况，规定消声器内的织物覆面层应有保护措施。保护层本身应是不易锈蚀的材料或具有良好的防腐措施。

第5款，本款的要求是为了保证净化空调系统的洁净度，必须避免连接在系统中的消声器成为发尘源。消声器内的覆面材料除了满足第3、4款的要求外，还应满足两项要求：一、为不产尘的材料；二、为可防止纤维、粉尘穿透的材料。另外，净化空调系统的消声器内填充的消声材料也应不产尘、不掉渣、不吸潮、无污染，不得用松散材料。净化空调系统的吸声材料不应采用泡沫塑料和离心玻璃棉。

第6款，工程中采购应用的消声器，在工地现场不具备进行消声效果的验证测试的条件，仅能审查产品性能测试报告等技术文件印证其消声性能是否满足要求。微穿孔（缝）

消声器穿孔板的厚度，孔径，穿孔率及孔腔尺寸综合构成其消声的特性与效能。因此检查消声器的结构件特征与产品性能测试报告等技术文件是否一致。

5.2.7 防排烟系统的柔性短管必须为不燃材料。

【5.2.7 释义】

本条文为强制性条文，必须严格执行。

本条文适用于防排烟系统加设了柔性短管的情况。加设的柔性短管必须满足排烟系统运行的要求。必须采用在当高温 280℃下持续安全运行 30min 及以上的不燃材料。

柔性短管是风管系统中较为薄弱的环节，易受外力损坏而导致系统失效。柔性短管的主要功能为隔振，当防排烟系统作为独立系统时，在有火灾灾情时才会运行，保证防排烟系统功能的可靠性是首要和必须的要求，此时隔振隔声已不是必须的要求，因此风机与风管可采用直接连接，不加设柔性短管。在排烟与排风共用风管系统，或其他特殊情况时应加设柔性短管。

当建筑物火灾发生后，其局部环境的空气温度会急剧升高。因此，当防排烟系统运行时，管内和管外空气温度可能都比较高，如使用普通可燃或难燃材料的柔性短管，在高温烘烤下，极易造成破损或被引燃，使系统功能失效。为了防止此类情况的发生，本条文规定防排烟系统的柔性短管，必须用不燃材料制成，见图 3-35，保障系统在 280℃高温下，能正常运行 30min 及以上。

【实施与检查控制】

（1）实施

施工前必须对所使用的材料进行严格的检查和核对，其依据是材料质量保证书和试验报告，同时对材料外观质量进行目测检查和点燃试验，相符后再进行加工制作。

（2）检查

防排烟系统的柔性短管，验收的最关键点是柔性短管的用材，必须为不燃材料。

【示例】

图 3-35　防排烟风管柔性软管的材料为不燃材料

3.5.3　一般项目

5.3.1 风管部件活动机构的动作应灵活，制动和定位装置动作应可靠，法兰规格应与相连风管法兰相匹配。

【5.3.1释义】

本条文的规定有三个意思：第一，各种风管部件有操纵机构或调解机构等活动机构动作应灵活无卡阻以便于调节。第二，风管部件进行调节后，风阀的阀片、风口的叶片等能活动的机构应能准确可靠地保持在调节好的位置，才能实现预期的功能。第三，由于风管材质和连接方式的不同，不同材质或不同系统风管的法兰连接面的宽度和连接螺栓的间距是不同的。如果不将风管部件的法兰规格与相连风管法兰匹配好，将造成无法连接或观感质量差。因此，需要在制作前或订购风管部件前，明确风管部件的法兰的规格，包括连接形式、法兰口径、法兰连接面宽度、螺栓孔的直径和间距等。

5.3.2 风阀的制作应符合下列规定：

1 单叶风阀的结构应牢固，启闭应灵活，关闭应严密，与阀体的间隙应小于2mm；多叶风阀开启时，不应有明显的松动现象；关闭时，叶片的搭接应贴合一致。截面积大于1.2m²的多叶风阀应实施分组调节；

2 止回阀阀片的转轴、铰链应采用耐锈蚀材料。阀片在最大负荷压力下不应弯曲变形，启闭应灵活，关闭应严密。水平安装的止回阀应有平衡调节机构；

3 三通调节风阀的手柄转轴或拉杆与风管（阀体）的结合处应严密，阀板不得与风管相碰擦，调节应方便，手柄与阀片应处于同一转角位置，拉杆可在操控范围内作定位固定；

4 插板风阀的阀体应严密，内壁应作防腐处理。插板应平整，启闭应灵活，并应有定位固定装置。斜插板风阀阀体的上、下接管应成直线；

5 定风量风阀的风量恒定范围和精度应符合工程设计及产品技术文件要求；

6 风阀法兰尺寸允许偏差应符合表5.3.2的规定。

表5.3.2 风阀法兰尺寸允许偏差

风阀长边尺寸 b 或直径 D(mm)	允许偏差(mm)			
	边长或直径偏差	矩形风阀端口对角线之差	法兰或端口端面平面度	圆形风阀法兰任意正交两直径之差
$b(D) \leqslant 320$	±2	±3	0~2	±2
$320 < b(D) \leqslant 2000$	±3	±3	0~2	±2

【5.3.2释义】

本条是对常见各类风阀的质量检查的一般项目进行要求。

第1、2、3、4款，对各类风阀的一般性要求，到场后采用目测、尺量、手动操作等方式对风阀操作的灵活性和可靠性、结构强度、观感质量进行检查。

第5款，定风量阀在出厂时要预先设定风量，对于带执行器的结构，还必须设定最小与最大风量。设定值应符合工程设计要求。

第6款，在进入安装阶段后，为便于安装顺利进行，风阀法兰尺寸与风管尺寸的配合一致。风阀较多采用金属材质，因此本项依据金属法兰连接风管的制作的允许偏差要求，对风阀法兰尺寸允许偏差作了一个可供现场测量的要求，符合此标准时，风阀尺寸偏差不影响安装的进行，不能替代风阀生产质量的检查。对于风阀生产质量的检查，根据相关的产品标准进行。风阀的相关产品标准对于尺寸偏差的要求更细，有些要求更高。如《建筑通风风量调节阀》JG/T 436 中要求，零级泄漏风阀的宽和高的公差应符合《一般公差未注公差的线性和角度尺寸的公差》GB/T 1804 规定的精密 f 级。除零级泄漏风阀，其他风阀的宽和高的公差应符合 GB/T 1804 规定的中等 m 级。

5.3.3 风罩的制作应符合下列规定：

1 风罩的结构应牢固，形状应规则，表面应平整光滑，转角处弧度应均匀，外壳不得有尖锐的边角；

2 与风管连接的法兰应与风管法兰相匹配；

3 厨房排烟罩下部集水槽应严密不漏水，并应坡向排放口。罩内安装的过滤器应便于拆卸和清洗；

4 槽边侧吸罩、条缝抽风罩的尺寸应正确，吸口应平整。罩口加强板间距应均匀。

【5.3.3 释义】

第 1 款，通风与空调工程系统中风罩种类很多，本条文主要对吸风罩的外结构、尺寸、观感等基本质量要求进行了概括，以便于验收。

第 2 款，风罩的采购或加工与风管的加工往往分别进行，因此要强调风罩在与不同材质和连接方式的风管接口处的严密性和美观，以法兰的匹配来保证该处的施工质量。

第 3 款，厨房排烟罩在使用过程中必然会因烹调的蒸汽而产生凝结水和油污，凝结水和油污不能流回炊具中污染食物。集水槽的严密不漏和排水顺畅是保证正常使用的必要条件。在需要时，可采用灌水试验加以验证。厨房排烟罩因烹饪的油烟在罩内的过滤器上很快积聚，需要频繁清洗过滤器，因此过滤器应便于拆卸和清洗。

5.3.4 风帽的制作应符合下列规定：

1 风帽的结构应牢固，形状应规则，表面应平整；

2 与风管连接的法兰应与风管法兰相匹配；

3 伞形风帽伞盖的边缘应采取加固措施，各支撑的高度尺寸应一致；

4 锥形风帽内外锥体的中心应同心，锥体组合的连接缝应顺水，下部排水口应畅通；

5 筒形风帽外筒体的上下沿口应采取加固措施，不圆度不应大于直径的 2%。伞盖边缘与外筒体的距离应一致，挡风圈的位置应准确；

6 旋流型屋顶自然通风器的外形应规整，转动应平稳流畅，且不应有碰擦音。

【5.3.4 释义】

第 1 款，本条文主要对风帽的外结构、正确、观感等基本质量要求进行了概括，以便于验收。

第 2 款，风帽的采购或加工与风管的加工往往分别进行，因此要强调风帽在与不同材质和连接方式的风管接口处的严密性和美观，以法兰的匹配来保证该处的施工质量。

第 3、4、5 款，分别针对伞形风帽、锥形风帽、筒形风帽的不同特点，对这三种风帽的质量验收要求进行了规定。主要是结构形式和尺寸偏差的要求。

第 6 款，旋流型屋顶自然通风器也叫无动力风机，利用自然风力及室内外温度差造成的空气热对流，推动涡轮旋转从而利用离心力和负压效应将室内不新鲜的热空气排出。要保证旋转部件的顺畅性和耐久性。

5.3.5 风口的制作应符合下列规定：

1 风口的结构应牢固，形状应规则，外表装饰面应平整；

2 风口的叶片或扩散环的分布应匀称；

3 风口各部位的颜色应一致，不应有明显的划伤和压痕。调节机构应转动灵活、定位可靠；

4 风口应以颈部的外径或外边长尺寸为准，风口颈部尺寸应符合表 5.3.5 的规定。

表 5.3.5 风口颈部尺寸允许偏差

圆形风口（mm）		
直径	≤250	>250
允许偏差	−2～0	−3～0
矩形风口（mm）		
大边长	<300	300～800	>800
允许偏差	−1～0	−2～0	−3～0
对角线长度	<300	300～500	>500
对角线长度之差	0～1	0～2	0～3

【5.3.5 释义】

第 1 款，通风与空调工程中风口的品种较多，本条文主要对风口的外结构、尺寸、观感等基本的共性质量要求进行了概括，以便于验收。

对于通风空调风口的产品规范，可按照《通风空调风口》JG/T 14 执行。

第 2、3 款，由于在装饰工程施工后，风口往往是通风空调系统能够被用户直接看到的风管部件，对风口的观感质量就提出了较高的要求，条文针对此要求，为使风口达到基本的美观进行了原则的规定。有些风口也具备调节的性能，对此类风口，应能便于调节。

第 4 款，本条文着重对风口的颈部尺寸进行了详细的规定，数据来源主要是依据《通风空调风口》JG/T 14。在本标准中列出，便于施工时方便查阅数据，更好地控制和保证与风管之间的尺寸配合，尺寸的允许偏差为负偏差，保证风口插入所连接的风管时，不至于因外径尺寸大于风管而无法安装。

5.3.6 消声器和消声静压箱的制作应符合下列规定：

1 消声材料的材质应符合工程设计的规定，外壳应牢固严密，不得漏风；

2 阻性消声器充填的消声材料，容重应符合设计要求，铺设应均匀，并应采取防止下沉的措施。片式阻性消声器消声片的材质、厚度及片距，应符合产品技术文件要求；

3 现场组装的消声室（段），消声片的结构、数量、片距及固定应符合设计要求；

4 阻抗复合式、微穿孔（缝）板式消声器的隔板与壁板的结合处应紧贴严密；板面应平整、无毛刺，孔径（缝宽）和穿孔（开缝）率和共振腔的尺寸应符合国家现行标准的有关规定；

5 消声器与消声静压箱接口应与相连接的风管相匹配，尺寸的允许偏差应符合本规范表 5.3.2 的规定。

【5.3.6 释义】

第 1 款，不同的通风空调系统，对消声材料的材质会有不同。如《洁净室施工及验收规范》GB 50591[10] 要求，消声器内填充的消声材料应不产尘、不掉渣、不吸潮、无污染，不得用松散材料，不应采用泡沫塑料和离心玻璃棉。

第 2 款，针对阻性消声器的质量要求。其他种类的消声器里利用阻性消声原理进行消声的部分也适用本款的要求。

第 3 款，针对现场组装的消声室（段）的质量要求，由于在工地现场不可能进行消声效果的验证测试，因此检查消声片的结构、数量、片距及固定等主要技术指标是否与设计文件一致，从一定程度上来保证消声效果。

第 4 款，本款是对采用了抗性消声原理进行消声的消声器的质量要求，保证共振腔的严密性、尺寸、孔径（缝宽）和穿孔（开缝）率等满足有关规定，是为了保证消声器在不同频带上达到设计预计的消声量。

第 5 款，在制作或购置消声器与消声静压箱前，应与制作方确认接口的规格与方位以及连接方式。首先应使接口的规格尺寸与所接风管一致。由于金属风管规格应以外径或外边长为准，非金属风管和风道规格应以内径或内边长为准。需要区分金属风管与非金属风管进行明确消声器与消声静压箱的接口。另外，不同用途、不同材质、不同连接方式的风管也会导致消声器的法兰规格不同，也应在制作前加以明确。

5.3.7 柔性短管的制作应符合下列规定：

1 外径或外边长应与风管尺寸相匹配；

2 应采用抗腐、防潮、不透气及不易霉变的柔性材料；

3 用于净化空调系统的还应是内壁光滑、不易产生尘埃的材料；

4 柔性短管的长度宜为 150mm～250mm，接缝的缝制或粘接应牢固、可靠，不应有开裂；成型短管应平整，无扭曲等现象；

5 柔性短管不应为异径连接管；矩形柔性短管与风管连接不得采用抱箍固定的形式；

6 柔性短管与法兰组装宜采用压板铆接连接，铆钉间距宜为 60mm～80mm。

【5.3.7 释义】

本条仅对柔性短管的制作质量进行要求，不包含柔性风管及织物布风管，柔性风管及织物布风管的质量要求按照其他章节的要求执行。

第 1 款，外径对应圆形的柔性短管，外边长对应矩形的柔性短管。

第 2 款，制作柔性短管的材料应具有的几个基本性能要求之一是抗腐蚀，在潮湿环境中不宜损坏，为避免漏风而应是不透气的材料，为避免卫生条件恶化而应是不易霉变的材料。并且按照《规范》强制性条文 5.2.7 条的规定：防排烟系统的柔性短管必须为不燃材料。

第 3 款，净化空调风系统的基本要求是不产尘、不积尘、严密不漏，因此用于净化空调系统的柔性短管，如空调机的进、出风口所使用的柔性短管应采用经过表面处理的帆布、铝箔或 PVC 等不燃柔性材料，其表面应光滑、不产尘，且满足强度要求。

第 4 款，对柔性短管的长度进行限制，使之不至于过短而不能发挥隔离振动，需要能满足一定形变的要求，但也不能过长而自身变形过大导致有效过风面积减小，加大系统阻力。

第 5 款，针对工程中常见的将柔性短管作为异径连接管使用的现象作此规定。把柔性短管作为异径连接管会导致柔性短管易破损、增加阻力且影响隔振效果。

第 6 款，压板铆接连接在铆钉间距恰当时，能有效保证柔性短管与法兰组装部位的严密性和牢固性。在实施过程中要采取翻边等措施避免压板有锋利棱角，防止割裂柔性短管。

5.3.8 过滤器的过滤材料与框架连接应紧密牢固，安装方向应正确。

【5.3.8 释义】

本条的目的是要保证过滤器的过滤效率。适用于风管与空调处理机组内的粗、中效过滤器。不应用于对高效过滤器的检查。

5.3.9 风管内电加热器的加热管与外框及管壁的连接应牢固可靠，绝缘良好，金属外壳应与 PE 线可靠连接。

【5.3.9 释义】

通过对风管内用的电加热器的绝缘、固定和保护接地作出强调，目的是要保证用电安全。PE 为保护接地导体（protective earthing conductor）的简称，是用于保护接地的导体。电加热器的外露可导电部分必须与保护导体可靠连接。PE 线必须是黄—绿相间的双色线。PE 线的线径、接地电阻、敷设方式应严格按照电气专业的设计进行施工。

5.3.10 检查门应平整，启闭应灵活，关闭应严密，与风管或空气处理室的连接处应采取密封措施，且不应有渗漏点。净化空调系统风管检查门的密封垫料，应采用成型密封胶带或软橡胶条。

【5.3.10 释义】

检查门一般安装在风管或空调设备上，用于对系统设备的检查和维修，它的严密性能直接影响到系统的运行。检查门的严密性要检查两个方面：一是检查门框架与风管或空气处理室的连接处的密封；二是检查门与检查门框架之间自身的密封。检查门与检查门框架之间的密封还要能保证重复启闭后应严密不漏。

对净化空调系统风管检查门密封垫料的要求，也是为了保证净化空调系统的严密性，使检查门不会成为产尘点和漏尘点。

3.6 风 管 系 统 安 装

3.6.1 一般规定

6.1.1 风管系统安装后应进行严密性检验，合格后方能交付下道工序。风管系统严密性检验应以主、干管为主，并应符合本规范附录 C 的规定。

【6.1.1 释义】

风管系统的严密程度是反映安装质量的重要指标之一。考虑到风管系统的支管与风口相连,静压趋向于零,风管泄漏量较少;支管与风口相连的部分,很难进行封口或封堵不良,无法保证测试质量。因此,本条文规定风管的严密性检验以主、干管为主,并符合《规范》附录C的规定。

6.1.2 风管系统吊、支架采用膨胀螺栓等胀锚方法固定时,施工应符合该产品技术文件的要求。

【6.1.2 释义】

膨胀螺栓等胀锚件是较为方便的支、吊架固定件,已被广泛应用于工程施工。由于膨胀螺栓为非标产品,本条文强调膨胀螺栓使用应符合产品技术文件的要求。常用膨胀螺栓的相关技术要求见表3-6。

常用膨胀螺栓的型号、钻孔直径和钻孔深度(mm)　　　　　表3-6

胀锚螺栓种类	图　　示	规格	螺栓总长	钻孔直径	钻孔深度
内螺纹胀锚螺栓		M6	25	8	32～42
		M8	30	10	42～52
		M10	40	12	43～53
		M12	50	15	54～64
单胀管式胀锚螺栓		M8	95	10	65～75
		M10	110	12	75～85
		M12	125	18.5	80～90
双胀管式胀锚螺栓		M12	125	18.5	80～90
		M16	155	23	110～120

6.1.3 净化空调系统风管及其部件的安装,应在该区域的建筑地面工程施工完成,且室内具有防尘措施的条件下进行。

【6.1.3 释义】

为保证净化空调系统安装质量,强调净化空调系统的安装条件和措施。

3.6.2 主控项目

6.2.1 风管系统支、吊架的安装应符合下列规定:

1 预埋件位置应正确、牢固可靠,埋入部分应去除油污,且不得涂漆;

2 风管系统支、吊架的形式和规格应按工程实际情况选用;

3 风管直径大于2000mm或边长大于2500mm风管的支、吊架的安装要求,应按设计要求执行。

【6.2.1 释义】

预埋件埋入部分去除油污且不得涂漆是为了保证预埋件与结构结合牢固,强度能够达到要求;风管支、吊架宜按国家标准图集与规范选用强度和刚度相适应的形式和规格,但对于风管直径大于 2000mm 或边长大于 2500mm 的超宽、超重等特殊风管的支、吊架在《通风管道技术规程》JGJ 141[11] 及相关标准中没有描述,因此应按设计要求执行。金属矩形水平风管吊架的最小规格详见表 3-7;金属圆形水平风管吊架的最小规格详见表 3-8;非金属风管水平横担允许吊装的风管规格详见表 3-9;非金属风管吊架的吊杆直径适用范围详见表 3-10。

金属矩形水平风管吊架的最小规格 (mm)　　　　　　　　　表 3-7

风管长边 b	吊杆直径	吊架规格	
		角钢	槽形钢
$b \leqslant 400$	$\Phi 8$	$\angle 25 \times 3$	$[40 \times 20 \times 1.5$
$400 < b \leqslant 1250$	$\Phi 8$	$\angle 30 \times 3$	$[40 \times 40 \times 2.0$
$1250 < b \leqslant 2000$	$\Phi 10$	$\angle 40 \times 4$	$[40 \times 40 \times 2.5$ $[60 \times 40 \times 2.0$
$2000 < b \leqslant 2500$	$\Phi 10$	$\angle 50 \times 5$	—
$b > 2500$	按设计确定		

金属圆形水平风管吊架的最小规格 (mm)　　　　　　　　　表 3-8

风管直径 D	吊杆直径	抱箍规格		横担
		钢丝	扁钢	角钢
$D \leqslant 250$	$\Phi 8$	$\Phi 2.8$	25×0.75	$\angle 25 \times 3$
$250 < D \leqslant 450$	$\Phi 8$	$* \Phi 2.8$ 或 $\Phi 5$		
$450 < D \leqslant 630$	$\Phi 8$	$* \Phi 3.6$		
$630 < D \leqslant 900$	$\Phi 8$	$* \Phi 3.6$	25×1.0	$\angle 30 \times 3$
$900 < D \leqslant 1250$	$\Phi 10$	—		
$1250 < D \leqslant 1600$	$* \Phi 10$	—	$* \ 25 \times 1.5$	$\angle 40 \times 4$
$1600 < D \leqslant 2000$	$* \Phi 10$	—	$* \ 25 \times 2.0$	
$D > 2000$	按设计确定			

注: 1. 吊杆直径中的"*"表示两根圆钢;

　　2. 钢丝抱箍中的"*"表示两根钢丝合用;

　　3. 扁钢中的"*"表示上、下两个半圆弧。

非金属风管水平横担允许吊装的风管规格 (mm)　　　　　　表 3-9

风管类别	角钢或槽钢横担				
	$\angle 25 \times 3$ $[40 \times 20 \times 1.5$	$\angle 30 \times 3$ $[40 \times 20 \times 1.5$	$\angle 40 \times 4$ $[40 \times 20 \times 1.5$	$\angle 50 \times 5$ $[60 \times 40 \times 2$	$\angle 63 \times 5$ $[80 \times 60 \times 2$
聚氨酯铝箔复合风管	$b \leqslant 630$	$630 < b \leqslant 1250$	$b > 1250$	—	—
酚醛铝箔复合风管	$b \leqslant 630$	$630 < b \leqslant 1250$	$b > 1250$	—	—
玻璃纤维复合风管	$b \leqslant 450$	$450 < b \leqslant 1000$	$1100 < b \leqslant 2000$	—	—
无机玻璃钢风管	$b \leqslant 630$	—	$b \leqslant 1000$	$b \leqslant 1500$	$b < 2000$
硬聚氯乙烯风管	$b \leqslant 630$		$b \leqslant 1000$	$b \leqslant 2000$	$b > 2000$

风管类别	吊杆直径			
	Φ6	Φ8	Φ10	Φ12
聚氨酯复合风管	$b \leqslant 1250$	$1250 < b \leqslant 2000$	—	—
酚醛铝箔复合风管	$b \leqslant 800$	$800 < b \leqslant 2000$	—	—
玻璃纤维复合风管	$b \leqslant 600$	$600 < b \leqslant 2000$	—	—
无机玻璃钢风管	—	$b \leqslant 1250$	$1250 < b \leqslant 2500$	$b > 2500$
硬聚氯乙烯风管	—	$b \leqslant 1250$	$1250 < b \leqslant 2500$	$b > 2500$

注：b 为风管边长。

6.2.2 当风管穿过需要封闭的防火、防爆的墙体或楼板时，必须设置厚度不小于 **1.6mm** 的钢制防护套管；风管与防护套管之间，应采用不燃柔性材料封堵严密。

【6.2.2 释义】

本条文为强制性条文，必须严格执行。

防火、防爆的墙体或楼板是建筑物防止火灾扩散的安全防护结构，当风管穿越时不得破坏其相应的性能。本条文规定当风管穿越时，墙体或楼板上必须设置钢制的预埋管或防护套管，并规定其钢板厚度不应小于 1.6mm，风管与防护套管之间应用不燃材料封堵严密，不燃材料宜为矿棉或岩棉，以保证其相应的结构强度和可靠的阻火功能。所谓风管预埋管，指的是直接埋设的、作为系统风管一部分的穿越墙体或楼板的结构风管。对于较大的或特殊结构的墙体，为了满足其相应的强度需要，预埋管钢板的厚度可予以增厚。所谓风管的防护套管，指的是有绝热要求的风管在穿越防火、防爆的墙体或楼板的部位时，为风管绝热层外设的防护性套管。风管与防护套管之间的绝热填充材料，也必须满足防火隔断墙体或楼板性能的要求，故规范规定必须应用不燃柔性材料严密封堵。

【实施与检查控制】

（1）实施

本条文讲述了三点内容：一是说明了必须采用钢制的预埋管或防护套管的场合；二是规定了预埋管或防护套管的最小厚度；三是规定了防护套管与风管间隙的部位必须用不燃柔性材料封堵。因此，在执行本条文时，也应按这三个层次进行落实。

（2）检查

首先，对预埋管或防护套管的埋设，应按图纸进行核对，一是规格和数量应正确；二是加工的规格和材料的厚度必须符合设计和本条文的规定。

其次，对于在墙体或楼板中进行埋设的预埋管，其位置和规格应符合设计图的规定，不应有规格错误和严重错位等问题。

再次是带绝热的风管安装之后，应加设防护套管，以便于土建做结构性封堵和固定，风管与防护套管之间必须用不燃的耐高温绝热材料进行封堵，且封堵严密。需注意的是，风管系统原来采用的绝热材料不是不燃材料时，其穿越部位也必须采用耐高温不燃绝热材料进行替代，离墙 2m 范围内风管的保温材料也应采用不燃且能耐高温的绝热材料（岩棉、矿棉等）。

【示例】

风管穿越需防火、防爆的楼板或隔墙的做法见图 3-36。

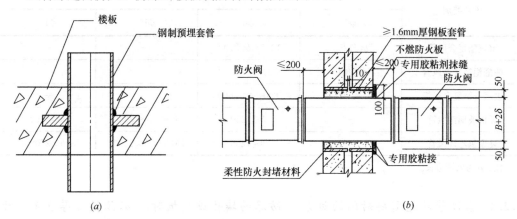

图 3-36 风管穿越需防火、防爆的楼板或隔墙的做法
(a) 预埋管做法；(b) 防护套管做法

6.2.3 风管安装必须符合下列规定：

1 风管内严禁其他管线穿越；

2 输送含有易燃、易爆气体或安装在易燃、易爆环境的风管系统必须设置可靠的防静电接地装置；

3 输送含有易燃、易爆气体的风管系统通过生活区或其他辅助生产房间时不得设置接口；

4 室外风管系统的拉索等金属固定件严禁与避雷针或避雷网连接。

【6.2.3 释义】

本条文为强制性条文，必须严格执行。

风管内严禁其他管线穿越是为保证风管系统的安全使用而规定的。无论是电、水或气体管线，均应遵守。

对于输送含有易燃、易爆气体或安装在易燃、易爆环境的风管系统，为了防止静电引起意外事故的发生，必须设置可靠的防静电接地装置。当此类风管系统通过生活区或其他辅助生产房间时，为了避免易燃、易爆气体的扩散，故规定风管必须严密、不得泄露，并不得设置接口。该规定同样适用于排风系统风管。

风管系统的室外立管，包括处于建筑物屋顶和沿墙安装超过屋顶一定高度的，应采取相应的抗风措施。当无其他可依靠结构固定时，宜采用拉索进行固定，但不得把拉索固定在防雷电的避雷针或避雷网上。拉索与避雷针或避雷网相连接，当雷电来临时，可能使风管系统成为带电体和导电体，危及整个设备系统的安全使用。为了保证风管系统的安全使用，故本条文做出如此规定。

【实施与检查控制】

（1）实施

有关风管内严禁其他管线穿越规定的执行，首先是审查图纸，然后是注意工程施工过程中管线比较集中，如有交叉跨越的部位，应正确处理好各类管线之间安装空间和走向等的矛盾。

有关输送含有易燃、易爆气体或安装在易燃、易爆环境的风管系统规定的执行，首先是在施工前按设计图纸把系统划分清楚，然后按照设计中有关防止静电的规定进行风管的施工和可靠接地。同时，还应对所安装风管的严密性给予足够的重视。

对于室外立管的拉索固定（浪风）不得连接在避雷针或避雷网上的规定，主要是从提高操作工人的技术素质和安全管理两方面来解决。

（2）检查

在工程施工过程中与验收时，施工管理和监理人员应进行再一次的检查，以保证条文的执行。

【示例】

示例分别见图 3-37、图 3-38 及图 3-39。

图 3-37　风管内严禁其他管线穿越

图 3-38　需防静电风管的接地设置　　　　图 3-39　风管室外立管的拉索设置

6.2.4 外表温度高于 60℃，且位于人员易接触部位的风管，应采取防烫伤的措施。

【6.2.4 释义】

本条是为保护人员安全而制定的，当人体皮肤接触近 60℃ 的温度持续 5min 以上时，会造成烫伤，温度越高，发生烫伤的时间越短暂。因此，外表温度高于 60℃，且位于人员易接触部位的风管，应采取防烫伤的措施（如保温等），见图 3-40。

图 3-40 人员易接触部位的排烟风管设置保温防烫措施

6.2.5 净化空调系统风管的安装应符合下列规定：

1 在安装前风管、静压箱及其他部件的内表面应擦拭干净，且应无油污和浮尘。当施工停顿或完毕时，端口应封堵；

2 法兰垫料应采用不产尘、不易老化，且具有强度和弹性的材料，厚度应为 5mm～8mm，不得采用乳胶海绵。法兰垫片宜减少拼接，且不得采用直缝对接连接，不得在垫料表面涂刷涂料；

3 风管穿过洁净室（区）吊顶、隔墙等围护结构时，应采取可靠的密封措施。

【6.2.5 释义】

本条规定了净化空调风管系统安装应验收的主控项目内容。

在安装前，风管、静压箱及其他部件的内表面擦拭干净无油污，防止内表面的油膜沾染灰尘；施工停顿或完毕时，端口应封堵也是为了防止灰尘进入，见图 3-41。

垫片接头应按图 3-42 所示采用梯形或榫形连接，并应涂胶粘牢。法兰均匀压紧后，垫料不应凸出风管内壁。

图 3-41 净化空调风管风口采取塑料薄膜临时封堵防护

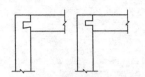

图 3-42 法兰密封垫片接头连接形式

6.2.6 集中式真空吸尘系统的安装应符合下列规定：

1 安装在洁净室（区）内真空吸尘系统所采用的材料，应与所在洁净室（区）具有相容性；

2 真空吸尘系统的接口应牢固装设在墙或地板上，并应设有盖帽；

3 真空吸尘系统弯管的曲率半径不应小于 4 倍管径，且不得采用褶皱弯管；

4 真空吸尘系统三通的夹角不得大于 45°，支管不得采用四通连接；

5 集中式真空吸尘机组的安装，应符合现行国家标准《机械设备安装工程施工及验收通用规范》GB 50231 的有关规定。

【6.2.6 释义】

本条规定了真空吸尘风管系统安装应验收的主控项目内容。真空吸尘系统运行过程中内外压差较大，为正常工作，接口应牢固设在墙或地板上，不用的时候防止杂物入内，应设有盖帽。为了避免真空吸尘系统运行过程中发生堵塞，要求本系统弯管的曲率半径不应小于 4 倍管径，且不得采用褶皱弯管。

6.2.7 风管部件的安装应符合下列规定：

1 风管部件及操作机构的安装，应便于操作；

2 斜插板风阀安装时，阀板应顺气流方向插入；水平安装时，阀板应向上开启；

3 止回阀、定风量阀的安装方向应正确；

4 防爆波活门、防爆超压排气活门安装时，穿墙管的法兰和在轴线视线上的杠杆应铅垂，活门开启应朝向排气方向，在设计的超压下能自动启闭。关闭后，阀盘与密封圈贴合应严密；

5 防火阀、排烟阀（口）的安装位置、方向应正确。位于防火分区隔墙两侧的防火阀，距墙表面不应大于 200mm。

【6.2.7 释义】

斜插板风阀主要适用于密闭性要求较高的除尘系统，气流为顺流进出，见图 3-43。

防火阀、排烟阀的安装方向、位置会影响阀门功能的正常发挥，故必须正确。防火墙两侧的防火阀离墙越远，对过墙管的耐火

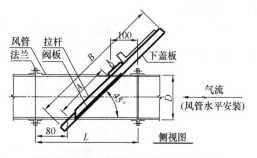

图 3-43　斜插板风阀安装要点示意图

性能要求越高，阀门的功能作用越差，故条文对此作出了规定。防火阀的穿墙做法见图 3-36，穿楼板安装要求见图 3-44，位于防火分区隔墙两侧的防火阀安装实例见图 3-45。

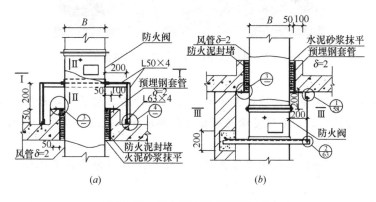

图 3-44　防火阀穿楼板安装做法

(a) 防火阀楼板上安装；(b) 防火阀楼板下安装

图 3-45 位于防火分区隔墙两侧的防火阀距墙表面不大于 200mm

6.2.8 风口的安装位置应符合设计要求，风口或结构风口与风管的连接应严密牢固，不应存在可察觉的漏风点或部位，风口与装饰面贴合应紧密。X 射线发射房间的送、排风口应采取防止射线外泄的措施。

【6.2.8 释义】

本条为新增条文，强调了风口安装应验收的主控项目内容。目前风口形式众多，其特征也不尽相同，为保证其使用效果，安装位置应符合设计要求，安装实例见图 3-46。

图 3-46 风口或结构风口与装饰面贴合紧密

6.2.9 风管系统安装完毕后，应按系统类别要求进行施工质量外观检验。合格后，应进行风管系统的严密性检验，漏风量除应符合设计要求和本规范第 4.2.1 条的规定外，尚应符合下列规定：

　　1 当风管系统严密性检验出现不合格时，除应修复不合格的系统外，受检方应申请复验或复检；

　　2 净化空调系统进行风管严密性检验时，N1～N5 级的系统按高压系统风管的规定执行；N6～N9 级，且工作压力小于或等于 1500 Pa 的，均按中压系统风管的规定执行。

【6.2.9释义】

风管系统安装后，必须进行严密性的检测。风管系统的严密性测试，是根据通风与空调工程发展需要而决定的，与国际上技术先进国家的标准要求基本相一致。同时，风管系统的漏风量测试又是一件在操作上具有一定难度的工作。测试需要一些专业的检测仪器、仪表和设备；还需要对系统中的开口进行封堵，并要与工程的施工进度及其他工种施工相协调。因此，根据我国通风与空调工程施工的实际情况，将工程的风管系统严密性的检验分为四个等级，分别规定了抽检数量和方法。风管系统漏风量检测示意图见图3-47。

高压风管系统的泄漏，对系统的正常运行会产生较大的影响，应进行全数检测，将漏风量控制在微量的范围之内。

中压风管系统大都为低级别的除尘系统、净化空调系统、恒温恒湿与排烟系统等，对风管的质量有较高的要求，按Ⅰ方案进行系统的抽查检测，以保证系统的正常运行。

低压风管系统在通风与空调工程中占有最大的数量，大都为送、排风和舒

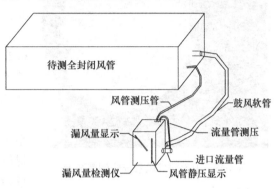

图 3-47 风管系统漏风量检测示意图

适性空调系统。它们对系统的严密性要求相对较低，可以容忍一定量的漏风。但是，从节省能源的角度考虑，漏风就是浪费，限制其漏风的数量意义重大。因此，应对低压风管系统按Ⅱ方案进行风管系统的漏风量测定，以控制风管的质量。

微压风管主要适用于建筑内的全面送、排风系统，风管的漏风一般不会严重影响系统的使用性能。故规范规定以严格的施工工艺的监督方法，来控制风管的严密性能。

净化空调系统较普通空调系统风量更大，温、湿度控制要求更高，而实际净化工程往往由于风管制作、安装的质量问题造成风管漏风量超标，增大了能量损耗，严重的甚至造成洁净室的风量、压差、温度、湿度达不到要求而影响工厂的正常生产。故净化空调系统的漏风量检测高于普通空调系统，洁净度为N1～N5级，工作压力低于1500 Pa的净化空调系统，按高压系统风管进行全数漏风量检测。

6.2.10 当设计无要求时，人防工程染毒区的风管应采用大于或等于3mm钢板焊接连接；与密闭阀门相连接的风管，应采用带密封槽的钢板法兰和无接口的密封垫圈，连接应严密。

【6.2.10释义】

人防工程染毒区风管的严密性要求强于其他系统风管要求，如设计无要求时，应采用大于或等于3mm钢板焊接连接，其焊接焊缝应饱满、均匀、严密不漏气。风管与密闭阀门等设备连接采用法兰连接，其法兰应经车床车削加工，保证接触面平整，法兰面有密封槽，厚度为8mm。风管与法兰间均采用连续焊缝焊接。

6.2.11 住宅厨房、卫生间排风道的结构、尺寸应符合设计要求，内表面应平整；各层支

管与风道的连接应严密,并应设置防倒灌的装置。

【6.2.11 释义】

住宅厨房、卫生间排风道是用于排除住宅厨房炊事活动产生的油烟气或卫生间浊气的

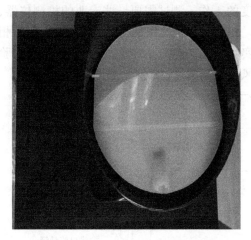

非金属管道制品,为保证排风效果,其结构、尺寸应符合设计要求,内表面应平整,各层支管与风道的连接应严密,并应设置防倒灌的装置,其中,卫生间排风系统防倒灌装置见图3-48。

6.2.12 病毒实验室通风与空调系统的风管安装连接应严密,允许渗漏量应符合设计要求。

【6.2.12 释义】

病毒实验室通风与空调系统与舒适性空调系统的通风设计要求不同,前者的主要目的是提供安全、舒适的工作环境,减少人员暴露在危险空气下的可能,通风主要解决的是工作环

图 3-48 卫生间排风系统防倒灌装置

境对实验人员的身体健康和劳动保护问题。因此病毒实验室通风与空调系统的风管安装连接应严密,允许渗漏量应符合设计要求。病毒实验室通风管道连接实例见图 3-49,为确保严密,采用的焊接连接实例见图 3-50。

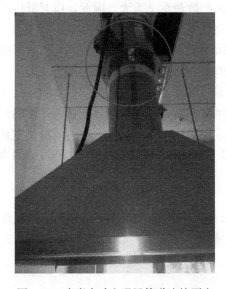

图 3-49 病毒实验室通风管道连接严密   图 3-50 病毒实验室部分通风管道采用

焊接连接以确保严密

3.6.3 一般项目

6.3.1 风管支、吊架的安装应符合下列规定:

1 金属风管水平安装,直径或边长小于或等于 400mm 时,支、吊架间距不应大于

4m；大于 400mm 时，间距不应大于 3m。螺旋风管的支、吊架的间距可为 5m 与 3.75m；薄钢板法兰风管的支、吊架间距不应大于 3m。垂直安装时，应设置至少 2 个固定点，支架间距不应大于 4m；

2 支、吊架的设置不应影响阀门、自控机构的正常动作，且不应设置在风口、检查门处，离风口和分支管的距离不宜小于 200mm；

3 悬吊的水平主、干风管直线长度大于 20m 时，应设置防晃支架或防止摆动的固定点；

4 矩形风管的抱箍支架，折角应平直，抱箍应紧贴风管。圆形风管的支架应设托座或抱箍，圆弧应均匀，且应与风管外径一致；

5 风管或空调设备使用的可调节减振支、吊架，拉伸或压缩量应符合设计要求；

6 不锈钢板、铝板风管与碳素钢支架的接触处，应采取隔绝或防腐绝缘措施；

7 边长（直径）大于 1250mm 的弯头、三通等部位应设置单独的支、吊架。

【6.3.1 释义】

本条对风管系统支、吊架安装质量的验收要求作出了规定。风管安装后，还应立即对其进行调整，以避免出现各副支、吊架受力不匀或风管局部变形。

给出了常规风管支架最大间距，对于尺寸或重量较大的风管，其吊架应按设计要求设置。每根立管至少设置 2 个固定点，有利于确保管道安装稳固。为防止电化学反应，不锈钢板、铝板风管与碳素钢支架的接触处，应采取隔绝或防腐绝缘措施。边长（直径）大于 1250mm 的弯头、三通等部件由于较重，应设置单独的支、吊架。

金属风管吊架的最大间距及水平安装非金属风管支吊架的最大间距分别详见表 3-11 和表 3-12。

金属风管吊架的最大间距（mm）　　　　　　　　　　　　　表 3-11

风管边长或直径	矩形风管	圆形风管	
		纵向咬口风管	螺旋咬口风管
≤400	4000	4000	5000
>400	3000	3000	3750

注：薄钢板法兰、C 形插条法兰、S 形插条法兰风管的支、吊架间距不应大于 3000mm。

水平安装非金属风管支吊架最大间距（mm）　　　　　　　　表 3-12

风管类别	风管边长						
	≤400	≤450	≤800	≤1000	≤1500	≤1600	≤2000
	支吊架最大间距						
聚氨酯铝箔复合板风管	≤4000	≤3000					
酚醛铝箔复合板风管	≤2000				≤1500		≤1000
玻璃纤维复合板风管	≤2400		≤2200		≤1800		
无机玻璃钢风管	≤4000		≤3000		≤2500		≤2000
硬聚氯乙烯风管	≤4000		≤3000				

6.3.2 风管系统的安装应符合下列规定：

1 风管应保持清洁，管内不应有杂物和积尘；

2 风管安装的位置、标高、走向，应符合设计要求。现场风管接口的配置应合理，不得缩小其有效截面；

3 法兰的连接螺栓应均匀拧紧，螺母宜在同一侧；

4 风管接口的连接应严密牢固。风管法兰的垫片材质应符合系统功能的要求，厚度不应小于3mm。垫片不应凸入管内，且不宜突出法兰外；垫片接口交叉长度不应小于30mm；

5 风管与砖、混凝土风道的连接接口，应顺着气流方向插入，并应采取密封措施。风管穿出屋面处应设置防雨装置，且不得渗漏；

6 外保温风管必需穿越封闭的墙体时，应加设套管；

7 风管的连接应平直。明装风管水平安装时，水平度的允许偏差应为3‰，总偏差不应大于20mm；明装风管垂直安装时，垂直度的允许偏差应为2‰，总偏差不应大于20mm；暗装风管安装的位置应正确，不应有侵占其他管线安装位置的现象；

8 金属无法兰连接风管的安装应符合下列规定：

1）风管连接处应完整，表面应平整；

2）承插式风管的四周缝隙应一致，不应有折叠状褶皱。内涂的密封胶应完整，外粘的密封胶带应粘贴牢固；

3）矩形薄钢板法兰风管可采用弹性插条、弹簧夹或U形紧固螺栓连接。连接固定的间隔不应大于150mm，净化空调系统风管的间隔不应大于100mm，且分布应均匀。当采用弹簧夹连接时，宜采用正反交叉固定方式，且不应松动；

4）采用平插条连接的矩形风管，连接后板面应平整；

5）置于室外与屋顶的风管，应采取与支架相固定的措施。

【6.3.2释义】

本条对风管系统安装以及无法兰连接风管中基本质量的验收要求作出了规定。如现场安装的风管接口、返弯或异径管等，由于配置不当、截面缩小过甚，往往会影响系统的正常运行，其中以连接风机和空调设备处的接口影响为严重。

风管应保持清洁，管内不应有杂物和积尘，可以确保系统调试运行后空气清洁，避免对装修的污染。

对明装风管安装的水平度、垂直度等的验收要求作出了规定。对于暗装风管的水平度、垂直度，没有作出定量规定，只要求"位置应正确"。这不是降低标准，而是从施工实际出发，如果暗装风管也要求其横平竖直，实际意义不大，况且在狭窄的空间内，各种管道纵横交叉，客观上也很难做到。

6.3.3 除尘系统风管宜垂直或倾斜敷设。倾斜敷设是，风管与水平夹角宜大于或等于45°；当现场条件限制时，可采用小坡度和水平连接管。含有凝结水或其他液体的风管，坡度应符合设计要求，并应在最低处设排液装置。

【6.3.3释义】

本条文对除尘系统风管安装基本质量的验收要求作出了规定。

6.3.4 集中式真空吸尘系统的安装应符合下列规定：

1 吸尘管道的坡度宜大于或等于5‰，并应坡向立管、吸尘点或集尘器；

2 吸尘嘴与管道的连接，应牢固严密。

【6.3.4 释义】

本条对集中式真空吸尘风管系统安装基本质量的验收要求作出了规定。

6.3.5 柔性短管的安装，应松紧适度，目测平顺、不应有强制性的扭曲。可伸缩金属或非金属柔性风管的长度不宜大于2m。柔性风管支、吊架的间距不应大于1500mm，承托的座或箍的宽度不应小于25mm，两支架间风道的最大允许下垂应为100mm，且不应有死弯或塌凹。

【6.3.5 释义】

本条对柔性短管安装基本质量的验收要求作出了规定，其吊卡箍的安装示意见图3-51。

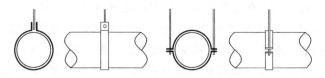

图 3-51　柔性短管吊卡箍安装

6.3.6 非金属风管的安装除应符合本规范第6.3.2条的规定外，尚应符合下列规定：

1 风管连接应严密，法兰螺栓两侧应加镀锌垫圈；

2 风管垂直安装时，支架间距不应大于3m；

3 硬聚氯乙烯风管的安装尚应符合下列规定：

1) 采用承插连接的圆形风管，直径小于或等于200mm时，插口深度宜为40mm～80mm。粘接处应严密牢固。

2) 采用套管连接时，套管厚度不应小于风管壁厚，长度宜为150mm～250mm；

3) 采用法兰连接时，垫片宜采用3mm～5mm软聚氯乙烯板或耐酸橡胶板；

4) 风管直管连续长度大于20m时，应按设计要求设置伸缩节，支管的重量不得由干管承受；

5) 风管所用的金属附件和部件，均应进行防腐处理。

4 织物布风管的安装应符合下列规定：

1) 悬挂系统的安装方式、位置、高度和间距应符合设计要求；

2) 水平安装钢绳垂吊点的间距不得大于3m。长度大于15m的钢绳应增设吊架或可调节的花篮螺栓。风管采用双钢绳垂吊时，两绳应平行，间距应与风管的吊点相一致；

3) 滑轨的安装应平整牢固，目测不应有扭曲；风管安装后应设置定位固定；

4) 织物布风管与金属风管的连接处应采取防止锐口划伤的保护措施；

5) 织物布风管垂吊吊带的间距不应大于1.5m，风管不应呈现波浪形。

【6.3.6 释义】

本条对非金属风管系统安装基本质量的验收要求作出了规定。

6.3.7 复合材料风管的安装除应符合本规范第6.3.6条的规定外，尚应符合下列规定：

1 复合材料风管的连接处，接缝应牢固，不应有孔洞和开裂。当采用插接连接时，接口应匹配，不应松动，端口缝隙不应大于 5mm；

2 复合材料风管采用金属法兰连接时，应采取防冷桥的措施；

3 酚醛铝箔复合板风管与聚氨酯铝箔复合板风管的安装，尚应符合下列规定：

1）插接连接法兰的不平整度应小于或等于 2mm，插接连接条的长度应与连接法兰齐平，允许偏差应为 −2mm～+0mm；

2）插接连接法兰四角的插条端头与护角应有密封胶封堵；

3）中压风管的插接连接法兰之间应加密封垫或采取其他密封措施。

4 玻璃纤维复合板风管的安装应符合下列规定：

1）风管的铝箔复合面与丙烯酸等树脂涂层不得损坏，风管的内角接缝处应采用密封胶勾缝；

2）榫连接风管的连接应在榫口处涂胶粘剂，连接后在外接缝处应采用扒钉加固，间距不宜大于 50mm，并宜采用宽度大于或等于 50mm 的热敏胶带粘贴密封；

3）采用槽形插接等连接构件时，风管端切口应采用铝箔胶带或刷密封胶封堵；

4）采用槽型钢制法兰或插接式构件连接的风管，风管外壁钢抱箍与内壁金属内套，应采用镀锌螺栓固定，螺孔间距不应大于 120mm，螺母应安装在风管外侧。螺栓穿过的管壁处应进行密封处理；

5）风管垂直安装宜采用"井"字形支架，连接应牢固。

5 玻璃纤维增强氯氧镁水泥复合材料风管，应采用粘结连接。直管长度大于 30m 时，应设置伸缩节。

【6.3.7 释义】

本条对复合材料风管系统安装基本质量的验收要求作出了规定。

玻璃纤维复合板风管在运输过程中应有防止损伤风管的保护措施。榫连接风管的连接在榫口处涂胶粘剂，是为增强接头处的强度。风管端口为切割面时，在装配法兰连接件前应将管端切口面用胶带或胶液进行封堵，才能防止玻璃纤维外露和飞散。竖井内风管垂直安装，由于空间少，又不便于以后检修，故风管一般采用外套角钢法兰连接以增加连接点的牢固程度和强度，并把法兰做成"井"形，吊筋直接吊在角钢法兰的吊耳上而不另设支撑件。

聚氨酯铝箔与酚醛铝箔复合风管板材拼接示意图见图 3-52，玻璃纤维复合风管阶梯拼接示意图见图 3-53，玻璃纤维复合风管角钢法兰连接示意图见图 3-54，玻璃纤维复合风管直角组合示意图见图 3-55。

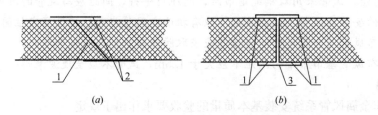

(a)　　　　　　　　　　　　　*(b)*

图 3-52　聚氨酯铝箔与酚醛铝箔复合风管板材拼接示意图

(a) 切 45°角粘接；(b) 中间加 H 形加固条拼接

1—胶粘剂；2—铝箔胶带；3—H 形 PVC 或铝合金加固条

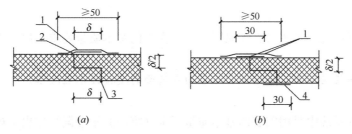

图 3-53 玻璃纤维复合风管阶梯拼接示意图

(a) 外表面预留搭接覆面层；(b) 外表面无预留搭接覆面层

1—热敏或压敏铝箔胶带；2—预留覆面层；3—密封胶抹缝；4—玻璃纤维布；δ—风管板厚

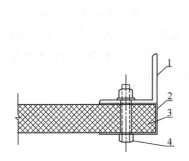

图 3-54 玻璃纤维复合风管角
钢法兰连接示意图

1—角钢外法兰；2—槽形连接件；
3—风管；4—M6 镀锌螺栓

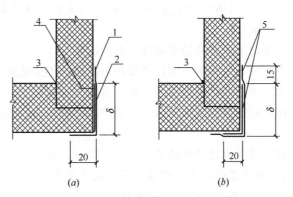

图 3-55 玻璃纤维复合风管直角组合示意图

(a) 外表面预留搭接覆面层；(b) 外表面无预留搭接覆面层

1—热敏或压敏铝箔胶带；2—预留覆面层；3—密封胶勾缝；
4—扒钉；5—两层热敏或压敏铝箔胶带；δ—风管板厚

6.3.8 风阀的安装应符合下列规定：

1 风阀应安装在便于操作及检修的部位。安装后，手动或电动操作装置应灵活可靠，阀板关闭应严密；

2 直径或长边尺寸大于或等于 630mm 的防火阀，应设独立支、吊架；

3 排烟阀（排烟口）及手控装置（包括钢索预埋套管）的位置应符合设计要求。钢索预埋套管弯管不应大于 2 个，且不得有死弯及瘪陷；安装完毕后应操控自如，无阻涩等现象；

4 除尘系统吸入管段的调节阀，宜安装在垂直管段上；

5 防爆波悬摆活门、防爆超压排气活门和自动排气活门安装时，位置的允许偏差应为 10mm，标高的允许偏差应为 ±5mm，框正、侧面与平衡锤连杆的垂直度允许偏差应为 5mm。

【6.3.8 释义】

本条对风管系统中各类风阀安装质量的验收要求作出了规定。

6.3.9 排风口、吸风罩（柜）的安装应排列整齐、牢固可靠，安装位置和标高允许偏差应为 ±10mm，水平度的允许偏差应为 3‰，且不得大于 20mm。

【6.3.9 释义】

本条对风管系统中排风口、吸风罩（柜）安装的基本质量要求作出了规定。

6.3.10 风帽安装应牢固，连接风管与屋面或墙面的交接处不应渗水。

【6.3.10 释义】

本条对风管系统中风帽安装的基本质量要求（牢固和不渗漏）作出了规定。

6.3.11 消声器及静压箱的安装应符合下列规定：

1 消声器及静压箱安装时，应设置独立支、吊架，固定应牢固；

2 当采用回风箱作为静压箱时，回风口处应设置过滤网。

【6.3.11 释义】

本条对消声器及静压箱安装的验收质量作出了规定。消声器及静压箱安装前，应做外观检查；安装过程中，应注意保护与防潮。不少消声器安装是具有方向要求的，不能反方向安装。消声器及静压箱的体积、重量大，应设置单独支、吊架，不应使风管承受消声器和静压箱的重量。这样可以方便消声器或静压箱的维修与更换。

6.3.12 风管内过滤器的安装应符合下列规定：

1 过滤器的种类、规格应符合设计要求；

2 过滤器应便于拆卸和更换；

3 过滤器与框架及框架与风管或机组壳体之间连接应严密。

【6.3.12 释义】

本条对风管内过滤器安装的基本质量要求作出了规定。

6.3.13 风口的安装应符合下列规定：

1 风口表面应平整、不变形，调节应灵活、可靠。同一厅室、房间内的相同风口的安装高度应一致，排列应整齐；

2 明装无吊顶的风口，安装位置和标高允许偏差应为 10mm；

3 风口水平安装，水平度的允许偏差应为 3‰；

4 风口垂直安装，垂直度的允许偏差应为 2‰。

【6.3.13 释义】

本条对风管系统中风口安装的基本质量要求作出了规定。风口安装质量应以连接的严密性和观感的舒适、美观为主。

6.3.14 洁净室（区）内风口的安装除应符合本规范第 6.3.13 条的规定外，尚应符合下列规定：

1 风口安装前应擦拭干净，不得有油污、浮尘等；

2 风口边框与建筑顶棚或墙壁装饰面应紧贴，接缝处应采取可靠的密封措施；

3 带高效空气过滤器的送风口，四角应设置可调节高度的吊杆。

【6.3.14 释义】

净化空调系统风口安装有较高要求，故本条作了附加规定。

洁净室对灰尘的控制较为严格，一般要求为施工过程中不产尘、不带入、速清洁，洁净室末端风口的材质一般为铝合金、SUS、钢制表面烤漆处理等材质，在安装前必须用洁净布擦拭干净，安装完成后要使用塑料薄膜进行表面包裹密封；风口的四边与洁净室顶板或壁板接触紧密，同时四边打胶密封；高效箱体安装时，箱体的四角设置可以调节的吊杆，便于在安装时调节箱体边框与顶板接触的平整度和松紧度，确保安装的严密性。

3.7 风机与空气处理设备安装

3.7.1 一般规定

7.1.1 风机与空气处理设备应附带装箱清单、设备说明书、产品质量合格证书和性能检测报告等随机文件，进口设备还应具有商检合格的证明文件。

【7.1.1 释义】

本条文对风机与空气处理设备进场验收所需要的随机文件作了规定。随机文件既代表了产品质量，也是设备安装、使用、维修的技术指导资料。按照国际惯例，进口设备应通过国家商检部门的鉴定，并有检验合格的证明文件；对于是否需要提供中文的技术文件，由合同双方在供货合同中做出约定。

7.1.2 设备安装前，应进行开箱检查验收，并应形成书面的验收记录。

【7.1.2 释义】

本条文要求设备进场或安装前需要做开箱检查验收，参加验收的单位由施工单位、监理单位（或建设单位）和供应单位共同组成，检查设备包装情况是否良好，设备外观是否良好，设备型号、技术参数是否符合设计要求，随机文件是否齐全，附件与备品备件是否齐全等，并形成一份由各验收单位代表签字齐全的验收记录。

7.1.3 设备就位前应对其基础进行验收，合格后再安装。

【7.1.3 释义】

大型风机与空调处理设备一般需要安装在混凝土基础上，设备就位安装前，需要对设备基础进行验收，主要检查混凝土的强度是否符合要求；检查基础的表面有无蜂窝、麻面等质量缺陷；检查基础的坐标位置、标高、外形尺寸及平面的水平度、基础的铅垂度等。设备基础验收合格后，才能保证设备安装的精度和质量。

3.7.2 主控项目

7.2.1 风机及风机箱的安装应符合下列规定：

1 产品的性能、技术参数应符合设计要求，出口方向应正确；

2 叶轮旋转应平稳，每次停转后不应停留在同一位置上；

3 固定设备的地脚螺栓应紧固，并应采取防松动措施；

4　落地安装时，应按设计要求设置减振装置，并应采取防止设备水平位移的措施；

5　悬挂安装时，吊架及减振装置应符合设计及产品技术文件的要求。

【7.2.1 释义】

本条文规定了风机及风机箱安装验收的主控项目内容。

第 1 款，主要的性能参数有风量、风压、功率、效率、电动机转速等，安装前，将产品的铭牌参数与设计参数对比，符合设计要求才允许安装；设备调试时，产品测试的实际性能参数与铭牌参数及设计参数对比，应符合设计要求。风机的进、出口系统接口需按照产品标示方向，不得接错。

第 2 款，工程现场对风机叶轮安装的质量和平衡性的检查，最有效、最简便的方法就是盘动叶轮，观察它的转动情况，如不停留在同一个位置，则说明相对平衡。

第 3 款，风机及风机箱属于动设备，在设备长期运转时，易造成螺栓的松动，影响设备的正常运行；因此，一般在平垫片与螺母之间加设弹簧垫片，防止螺母松动。

第 4 款，风机及风机箱落地安装时，减振器的形式主要有橡胶减振垫、弹簧减振器，采用何种形式由设计确定。采用弹簧减振器时，由于运行振动会造成位移，因此，规定应采取防止设备水平位移的措施。风机落地安装采用的橡胶减振垫见图 3-56。

第 5 款，悬挂安装的风机，在运行时会产生持续的振动，处理不当会由于金属疲劳而断裂，可能造成事故，因此规定吊架的形式、生根处的牢固性、减振器的选型等均应符合设计或产品技术文件要求。风机悬挂安装采用的吊式弹簧减振器见图 3-57。

图 3-56　风机落地安装采用的橡胶减振垫　　　　图 3-57　风机悬挂安装采用的吊式弹簧减振器

7.2.2　通风机传动装置的外露部位以及直通大气的进、出风口，必须装设防护罩、防护网或采取其他安全防护措施。

【7.2.2 释义】

本条文为强制性条文，必须严格执行。

通风机传动装置的外露部位，在风机运行时处于高速旋转状态，可能对人体造成伤害；同时，也可能由于外来物件的侵入而造成设备的损坏，因此，必须加设防护罩，见图 3-58。防护罩通常可分为皮带防护罩和联轴器防护罩两种，主要功能是有效地阻挡人体的手、脚与其他部位，以及其他物体进入被防护运动设备的旋转部位。

对于不连接风管或其他设备而直通大气的通风机的进、出风口，为敞开的孔口。当风机静止时，敞开的孔口易使杂物或小动物侵入风机壳体，风机启动运转后可能会造成设备的损坏。当风机运转时，风机的进风口处具有较大的负压（吸力），位于附近的人或物体，可能被吸入风机，造成人身伤害和设备损坏，故《规范》规定必须采取防护安全措施，如设置防护网等，见图 3-59。

【实施与检查控制】

（1）实施

首先按照设计图纸查对，落实哪些风管系统为非直联风机和直通大气风机口，并需要设置防护罩或防护网。然后，在施工任务下达的时候，随同设备安装一起落实。

（2）检查

风机设备单机试运转前，再一次检查设备的防护罩或防护网是否已经安装完好，没有配装的，不得进行设备的单机试运转。其次是检查防护罩、防护网与罩壳，应有一定的强度，能达到安全使用的要求。

【示例】

图 3-58　通风机传动装置外露部位的防护

图 3-59　外露风机的防护罩

7.2.3　单元式与组合式空气处理设备的安装应符合下列规定：

1　产品的性能、技术参数和接口方向应符合设计要求；

2　现场组装的组合式空调机组应按现行国家标准《组合式空调机组》GB/T 14294 的有关规定进行漏风量的检测。通用机组在 700Pa 静压下，漏风率不应大于 2%；净化空调系统机组在 1000Pa 静压下，漏风率不应大于 1%；

3　应按设计要求设置减振支座或支、吊架，承重量应符合设计及产品技术文件的要求。

【7.2.3 释义】

本条文规定了单元式与组合式空气处理机组安装验收主控项目的内容。

第 1 款，主要的性能参数有风量、机外静压、功率、供冷量、供热量等，安装前，将产品的铭牌参数与设计参数对比，符合设计要求才允许安装；设备调试时，产品测试的实际性能参数与铭牌参数及设计参数对比，应符合设计要求。组合式空调处理机组一般有新风入口、回风口、送风口，在设备订货及安装就位前，要认真核对图纸，搞清楚系统新风管、回风管、送风管的走向和布局。

第2款，一般大型空气处理机组由于体积大，不便于整体运输，常采用散装或组装功能段运至现场进行整体拼装的施工方法。由于加工质量和组装水平的不同，组装后机组的密封性能存在较大的差异，严重的漏风将影响系统的使用功能。同时，空气处理机组整机的漏风量测试也是工程设备验收的必要步骤之一。因此，现场组装的机组在安装完毕后，应进行漏风量的测试。条文中的漏风量指标是指该机组在最大工作压力下的允许泄漏量。净化空调系统的空调机组，对严密性的要求更高，故按现行国家标准《组合式空调机组》GB/T 14294的规定执行。

第3款，单元式空气处理设备一般为新风机组，采用落地或悬挂安装；组合式空气处理设备一般采用落地式安装，减振器的形式应符合设计要求。单元式空气处理设备，由于重量较大，运行时产生振动，采用悬挂安装时，支、吊架的承重量及牢固性应认真校核。

组合式空气处理设备的安装示例见图3-60。

图3-60 组合式空气处理设备安装

7.2.4 空气热回收装置的安装应符合下列规定：

1 产品的性能、技术参数等应符合设计要求；

2 热回收装置接管应正确，连接应可靠、严密；

3 安装位置应预留设备检修空间。

【7.2.4释义】

空气热回收装置在本条文中指空气—空气能量回收装置，是以能量回收芯体为核心，通过通风换气实现排风能量回收功能的设备组合。主要包括五种热回收形式：转轮式、板式、热管式、中间热媒式、溶液吸收式。目的是通过空气热回收装置使新风和排风进行热交换，节省空调系统的能耗。

安装前，对装置的型号、规格及性能（特别是热交换效率）等进行核验，应满足设计要求。装置排风进、出口，新风进、出口，应与系统接口正确，不得接错。空气热回收装置安装时，周围应考虑设备的检修和空气过滤器抽取空间。

空气热回收机组的常见功能段构成见图3-61。

7.2.5 空调末端设备的安装应符合下列规定：

1 产品的性能、技术参数应符合设计要求；

2 风机盘管机组、变风量与定风量空调末端装置及地板送风单元等的安装，位置应正确，固定应牢固、

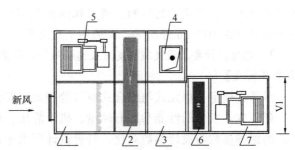

图3-61 空气热回收机组的功能段
1—新风过滤段；2—能量回收段；3—检修段；4—排风入口；5—排风机；6—盘管段；7—送风机段

平整，便于检修；

3 风机盘管的性能复验应按现行国家标准《建筑节能工程施工质量验收规范》GB 50411 的规定执行；

4 冷辐射吊顶安装固定应可靠，接管应正确，吊顶面应平整。

【7.2.5 释义】

本条文规定了多种空调末端设备安装验收主控项目的内容。

风机盘管按空调水接管方向，分为左式和右式，产品订货要予以明确；安装好的风机盘管，周围要有足够的检修空间，特别是接空调水管一侧，要保证电动调节阀、过滤器等安装、检修空间。风机盘管进场时，应对其供冷量、供热量、风量、出口静压、噪声及功率等性能参数进行复验，复验应为见证取样送检；送检数量应满足现行国家标准《建筑节能工程施工质量验收规范》GB 50411[14] 的要求。

变风量末端装置是变风量空调系统的关键设备之一，能根据空调房间的温度变化情况，通过自动调节出口处的送风量，实现室内空气温度参数控制。变风量末端装置常有以下几种形式：串联式风机动力型、并联式风机动力型和单风管型。变风量末端装置进风管一般为圆风管，要求进风口前端有不小于 4 倍风管直径的直管段，保证风量测量处气流稳定，测定数据准确。变风量末端装置处需留检修口，供后期调试及运行时检修使用。变风量末端装置安装的安装示例见图 3-62。

图 3-62 变风量末端装置安装

冷辐射吊顶项目前国内主要采用毛细管辐射空调系统，是温湿度独立调节空调末端系统的一种典型形式。毛细管系统部分或全部承担室内显热负荷，控制室内温度；新风系统承担新风负荷及室内潜热负荷，控制室内湿度及二氧化碳的浓度。系统一般用于高档住宅项目，能显著提高室内温湿度的控制精度，提升空调区域的舒适度。毛细管网一般与精装修相结合，敷设于结构板、吊顶及墙面面层，形成辐射表面，见图 3-63。

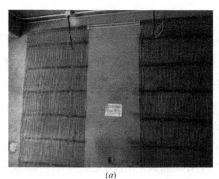

(a) (b)

图 3-63 毛细管网敷设安装

(a) 敷设在墙面面层；(b) 敷设在吊顶面层

7.2.6 除尘器的安装应符合下列规定：

1 产品的性能、技术参数、进出口方向应符合设计要求；

2 现场组装的除尘器壳体应进行漏风量检测，在设计工作压力下允许漏风量应小于 5%，其中离心式除尘器应小于 3%；

3 布袋除尘器、静电除尘器的壳体及辅助设备接地应可靠；

4 湿式除尘器与淋洗塔外壳不应渗漏，内侧的水幕、水膜或泡沫层成形应稳定。

【7.2.6 释义】

本条文规定了除尘器安装验收主控项目的内容。

除尘器是用于捕集、分离悬浮于空气或气体中粉尘粒子的设备，也称为收尘器、集尘器、滤尘器、过滤器等。通风与空调工程常用的除尘器的种类有袋式除尘器、静电除尘器、湿式除尘器、旋风除尘器、过滤层除尘器等。

除尘器的性能、技术参数主要包括处理气体流量、设备阻力、除尘效率、排放浓度、漏风率等。现场组装的除尘器，在安装完毕后，应进行机组的漏风量测试，本条文对设计工作压力下除尘器的允许漏风率作出了规定。

布袋除尘器的内部，由于高浓度粉尘随时在流动过程中相互摩擦、粉尘与滤布相互摩擦都能产生静电，静电的积累会产生火花而引起燃烧。因此，应将除尘器的壳体及辅助设备可靠接地，及时将静电导入接地系统。

除尘器的安装示例见图 3-64。

图 3-64　除尘器安装

7.2.7 在净化系统中，高效过滤器应在洁净室（区）进行清洁，系统中末端过滤器前的所有空气过滤器应安装完毕，且系统应连续试运转 12h 以上后，应在现场拆开包装并进行外观检查，合格后应立即安装。高效过滤器安装方向应正确，密封面应严密，并应按本规范附录 D 的要求进行现场扫描检漏，且应合格。

【7.2.7 释义】

本条文规定了高效过滤器安装验收主控项目的内容。

高效过滤器是洁净室的最主要的末级过滤器，以实现各级空气洁净度等级为目的，其效率习惯以过滤 $0.3\mu m$ 的微粒为准。如果进一步细分，若以实现 $0.1\sim0.3\mu m$ 的空气洁净度等级为目的，则效率以过滤 $0.12\mu m$ 的微粒为准，习惯称为超高效过滤器。

为了保护高效过滤器不受到损坏和污染，安装前做好以下准备工作：

（1）系统新风过滤器与作为末端过滤器的预过滤器安装完毕并且可以运行；

（2）对洁净室（区）内和空调机组进行洁净清扫，空调系统进行空吹 12h 以上，空吹完毕后再次将洁净室（区）清扫干净，可以把回风口加装的白色无纺布不再因吸附大量飞尘而变黑为清洁与否的判定依据；

（3）在安装现场拆开包装进行外观检查，检查内容包括框架、滤材、密封胶是否有损伤，各种尺寸是否符合设计要求，框架有无毛刺和锈斑，有无产品合格证等。

高效过滤器的安装是洁净空调系统安装的关键工序，在安装前要对安装人员进行专业培训，安装时安装人员应穿戴好洁净服、洁净帽、洁净鞋、洁净手套、洁净口罩等防护用品。

高效过滤器安装时，外框上的安装箭头方向应与空调气流方向一致，密封面受力应均匀、严实，安装过程中滤芯不能受力，只能是边框均匀受力。当其竖向安装时，其波纹板应垂直于地面，以免滤纸损坏，见图 3-65。

图 3-65　高效过滤器

高效过滤器是洁净室（区）的重要核心设备，是保证洁净度的关键措施，为保证安装的高效过滤器实际性能达到设计标准，因此要求已安装好的高效过滤器在现场进行全数检漏并必须全数合格。

7.2.8　风机过滤器单元的安装应符合下列规定：

　　1　安装前，应在清洁环境下进行外观检查，且不应有变形、锈蚀、漆膜脱落等现象；

　　2　安装位置、方向应正确，且应方便机组检修；

　　3　安装框架应平整、光滑；

　　4　风机过滤器单元与安装框架接合处应采取密封措施；

　　5　应在风机过滤器单元进风口设置功能等同于高中效过滤器的预过滤装置后，进行试运行，且应无异常。

【7.2.8 释义】

本条文就风机过滤器单元（FFU）安装的主控项目作出了规定。

风机过滤器单元（Fan Filter Units，FFU）是一种空气自净装置，是由风机箱和高效过滤器等组成的用于洁净空间的单元式送风机组。FFU 适用于微电子、光电、生物工程等行业，其工艺生产条件对空气中尘埃粒子有严格控制要求的空间。

FFU 在搬运过程中必须注意成品保护，FFU 安装前，洁净室已进行全面洁净清扫，净化空调系统（MAU 系统或 AHU 系统）已持续稳定运行。FFU 安装前应在洁净环境下进行外观检查，FFU 箱体的外观应无变形等损伤，高效过滤器滤芯应无任何表面损伤，安装人员都必须穿戴全套洁净服等装备，以防止人员对设备造成的污染。

安装FFU时，其高效过滤器边框上气流箭头方向必须和FFU送风方向一致，但垂直安装（包括码放）时，滤纸折痕应垂直于地面。安装后的机组应便于检修，机体上方至少须预留30cm以上的空间。FFU龙骨应安装平整、牢固，FFU和FFU龙骨安装框的接触面应严密无风量泄露，接触面一般采取有弹性的、密实的密封垫进行机械密封。

安装后的风机过滤器单元，应保持整体平整，与FFU龙骨接触密实，见图3-66。风机箱与过滤器之间的连接，必须检查是否全部压在高效过滤器上，是否均匀，紧密；过滤器单元与吊顶框架间应有可靠的密封措施。

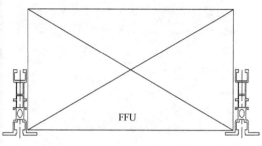

图3-66　FFU安装示意图

FFU初始运行时，应安装预粗效过滤器（G3）对高效过滤器进行保护。

7.2.9 洁净层流罩的安装应符合下列规定：

1 外观不应有变形、锈蚀、漆膜脱落等现象；

2 应采用独立的吊杆或支架，并应采取防止晃动的固定措施，且不得利用生产设备或壁板作为支撑；

3 直接安装在吊顶上的层流罩，应采取减振措施，箱体四周与吊顶板之间应密封；

4 安装后，应进行不少于1h的连续试运转，且运行应正常。

【7.2.9 释义】

本条文就洁净层流罩安装的主控项目作出了规定。

洁净层流罩是一种可提供局部高洁净环境的空气净化设备，广泛应用于制药、电子等洁净厂房有局部百级层流要求的区域。它主要由箱体、风机、空气过滤器、阻尼层、灯具等组成，外框多为SUS等表面光滑、耐腐蚀材质，其外观不应有变形、锈蚀等现象。可以灵活地安装在需要高洁净度的工艺点上方，可以单个使用，也可多个组合成带状洁净区域。它是将空气经风机以一定的风压通过高效空气过滤器后，由阻尼层均压，使洁净空气呈垂直层流型气流送入工作区，从而保证了工作区达到工艺所需的高洁净度。洁净层流罩有风机内装和风机外接两种，安装方式有悬挂式和落地支架式两种。

本条文规定对洁净层流罩的安装，必须采用能防止摇晃的独立支、吊架，并就支、吊架的固定，不得利用生产设备、板壁支撑或吊顶龙骨，作出了明确规定。

洁净层流罩正常运转前应进行试运转，时间不少于1h，且进行风速、洁净度、噪声等指标检查。

7.2.10　静电式空气净化装置的金属外壳必须与 PE 线可靠连接。

【7.2.10 释义】

本条文为强制性条文，必须严格执行。

静电式空气净化装置是利用高压静电电场对空气中的微小浮尘进行有效清除的空气处理装置（设备）。当设备运行时，设备带有高压电，为了防止意外事故的发生，其金属外壳必须与电气工程的专用接地线 PE 线进行可靠连接，见图 3-67。

【实施与检查控制】

（1）实施

静电式空气净化装置金属外壳的接地是防止静电危害的主要措施之一，应按产品说明书的要求执行，接地连接的施工质量应符合设计的规定。工程施工过程中，接地连接应随同静电式空气净化装置的安装一起落实。

（2）检查

在设备安装施工的工艺中，应规定接地的内容和要求，检查接地的连接是否可靠，PE 线的线径、接地电阻、敷设方式应严格按照电气专业的设计进行施工。

【示例】

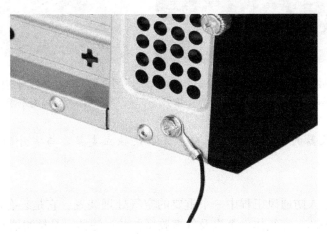

图 3-67　静电式空气净化装置金属外壳的接地线

7.2.11　电加热器的安装必须符合下列规定：

1　电加热器与钢构架间的绝热层必须为不燃材料；　外露的接线柱应加设安全防护罩；

2　电加热器的外露可导电部分必须与 PE 线可靠连接；

3　连接电加热器的风管的法兰垫片，应采用耐热不燃材料。

【7.2.11 释义】

本条文为强制性条文，必须严格执行。

电加热器运行时，一是存在可能对人体产生伤害的高压电，二是存在可能引发着火的高温。对于高压交流电伤害的防止，《规范》规定电加热器外露的接线柱应加设防护罩，电加热器的外露可导电部分必须与 PE 线可靠连接，示例见图 3-68。对于高温着火的防止，本条文规定电加热器与钢结构间的绝热层和连接电加热器的风管的法兰垫片，均必须采用耐热不燃的材料，示例见图 3-69。

【实施与检查控制】

（1）实施

一般电加热器在风管系统内的安装，都采用间接安装的方法。即预先将电加热器组合成一个独立的结构，然后固定在风管上。

（2）检查

其一，在组装过程中应加强对材料的管理和验收，保证所有的材料均为不燃材料。其二，对电加热器外露可导电部分与PE线连接的可靠性应进行核实，PE线的线径、接地电阻、敷设方式应严格按照电气专业的设计进行施工。

【示例】

图 3-68 电加热器外露的接线柱应加设安全防护罩且外露可导电部分必须与PE线可靠连接　　图 3-69 电加热器与钢构架间的绝热层必须为不燃材料

7.2.12 过滤吸收器的安装方向应正确，并应设独立支架，与室外的连接管段不得有渗漏。

【7.2.12释义】

过滤吸收器是人防通风工程中一个重要的空气处理装置。它是装有滤烟和吸毒材料，能同时消除空气中的有害气体、蒸汽及气溶胶微粒的过滤器，是精滤器与滤毒器合为一体的过滤器；具有过滤、吸附有毒有害气体，保障人身安全的作用。

过滤吸收器安装分水平安装和垂直安装两种形式，安装时严格按照说明书要求，设备本体单独设有支架，自身重量不得由进出口管道承担。进出风方向必须与设备标示方向一致；如果安装发生差错，将会使过滤吸收器的功能失效，无法保证系统的安全使用。

过滤吸收器与室外的连接管段如果发生渗漏，室外的有毒有害气体未经过处理将进入室内，造成对室内空气的污染。

3.7.3 一般项目

7.3.1 风机及风机箱的安装应符合下列规定：

1 通风机安装允许偏差应符合表7.3.1的规定，叶轮转子与机壳的组装位置应正确。叶轮进风口插入风机机壳进风口或密封圈的深度，应符合设备技术文件要求或应为叶轮直径的1/100；

表 7.3.1　通风机安装允许偏差

项次	项　　目		允许偏差	检验方法
1	中心线的平面位移		10mm	经纬仪或拉线和尺量检查
2	标高		±10mm	水准仪或水平仪、直尺、拉线和尺量检查
3	皮带轮轮宽中心平面偏移		1mm	在主、从动皮带轮端面拉线和尺量检查
4	传动轴水平度		纵向 0.2‰ 横向 0.3‰	在轴或皮带轮 0°和 180°的两个位置上，用水平仪检查
5	联轴器	两轴芯径向位移	0.05mm	采用百分表圆周法或塞尺四点法检查验证。
		两轴线倾斜	0.2‰	

2　轴流风机的叶轮与筒体之间的间隙应均匀，安装水平偏差和垂直度偏差均不应大于 1‰；

3　减振器的安装位置应正确，各组或各个减振器承受荷载的压缩量应均匀一致，偏差应小于 2mm；

4　风机的减振钢支、吊架，结构形式和外形尺寸应符合设计或设备技术文件的要求。焊接应牢固，焊缝外部质量应符合本规范第 9.3.2 条第 3 款的规定；

5　风机的进、出口不得承受外加的重量，相连接的风管、阀件应设置独立的支、吊架。

【7.3.1 释义】

本条文对风机及风机箱安装的允许偏差项目和减振支架安装的质量验收作出了规定。

风机出厂时，有的是整体出厂，有的解体运至现场。解体的风机现场组装时，为了保证风机运行效率和安全，对各部件的组装质量和精度作出了明确的规定。同时，为满足通风管路接管和设备安装后的美观性，对风机安装的平面位置和标高允许偏差作出了规定。

由于风机的重心不一定在风机的几何中心点，减振器（特别是弹簧减振器）的安装位置应正确，才能保证各组或各个减振器承受荷载的压缩量均匀一致，使各组或各个减振器受力均匀。这样，才能够保证风机运行安全、平稳，见图 3-70。

图 3-70　风机箱的减振器安装

风机的钢支、吊架和减振器，应按其荷载重量、转速和使用场合进行选用，并应符合设计和设备技术文件的规定，以防止两者不匹配而造成减振失效。

风机机壳承受额外的负担，易产生形变而危及其正常的运行，故条文规定与之相连的风管与阀件应设独立支、吊架。

7.3.2　空气风幕机的安装应符合下列规定：

1　安装位置及方向应正确，固定应牢固可靠；

2　机组的纵向垂直度和横向水平度的允许偏差均应为 2‰；

3 成排安装的机组应整齐，出风口平面允许偏差应为 5mm。

【7.3.2 释义】

本条文对空气风幕机安装的验收质量作出了规定。

空气风幕机通过贯流风轮产生的强大气流，形成一面无形的门帘，把室内外的空气隔开，防止室内外冷热空气交换。可分为整装的产品空气风幕机和分装的系统风幕装置两类。空气风幕机的送风形式，一般常用的有上送式、侧送式和下送式三种。

为避免空气风幕机运转时发生不正常的振动，引起设备的异常运行或产生不正常的噪声；因此规定安装应牢固可靠。为充分发挥空气风幕机的功效，对机组安装后喷射气流的角度，需要依据室内外气流的流向、室外风的风向和强弱进行调整。

图 3-71 成排明装空气风幕机实例

空气风幕机一般为明露安装，因此对其垂直度、水平度的允许偏差作出了规定；对于成排安装的机组，为了室内的整体美观效果，对各出风口平面的允许偏差作出了规定。成排明装空气风幕机的实例见图 3-71。

7.3.3 单元式空调机组的安装应符合下列规定：

1 分体式空调机组的室外机和风冷整体式空调机组的安装固定应牢固可靠，并应满足冷却风自然进入的空间环境要求；

2 分体式空调机组室内机的安装位置应正确，并应保持水平，冷凝水排放应顺畅。管道穿墙处密封应良好，不应有雨水渗入。

【7.3.3 释义】

本条文对各类单元式空调机组的安装，作出了规定。

单元式空调机组主要指一体式窗式空调与分体式壁挂、柜机空调。分体式空调机组的室外机和风冷一体式空调机组的安装面应坚固结实，具有足够的承载能力；安装面为建筑物的旧壁或屋顶时，必须具有实心砖、混凝土或与其强度等效的安装面；安装场地应能承受室外机的重量，且应该无振动，不引起噪声的增加。室外机进空气的侧面及后面应留有 10 cm 以上的空间，前面排风方向空间距离应在 70cm 以上；各室外机由于结构不同，所需空间尺寸也不相同应参考说明书中的规定；且排出空气和噪声不影响邻居的场所。分体式空调机组室外机安装实例见图 3-72。

室内机的位置应正确，连接室内、外机的冷媒管尽量短，保证制冷效果；冷凝水盘自身有坡度，室内机安装水平时，保持冷凝水管的畅通，

图 3-72 分体式空调机组室外机安装牢固并留出足够进出风空间

冷凝水就能顺利排放。冷媒管道和冷凝水管道穿墙处必须密封良好，一般用防火胶泥封堵，并在室内侧加装装饰圈的方法。

7.3.4 组合式空调机组、新风机组的安装应符合下列规定：

1 组合式空调机组各功能段的组装应符合设计的顺序和要求，各功能段之间的连接应严密，整体外观应平整；

2 供、回水管与机组的连接应正确，机组下部冷凝水管的水封高度应符合设计或设备技术文件的要求；

3 机组与风管采用柔性短管连接时，柔性短管的绝热性能应符合风管系统的要求；

4 机组应清扫干净，箱体内不应有杂物、垃圾和积尘；

5 机组内空气过滤器（网）和空气热交换器翅片应清洁、完好，安装位置应便于维护和清理。

【7.3.4 释义】

本条文对组合式空调机组、新风机组安装的验收质量作出了规定。

空调机组（组合式空调机组和新风机组）是空调系统的核心末端设备，它担负着对空气进行加热、冷却、加湿、减湿、净化及输送任务。

组合式空调机组主要包括新回风混合段、空气过滤段、表冷（加热）段、加湿段、风机段等，各功能段严格按照设计要求顺序组装，各功能段之间的连接采用厂家配套的密封胶条，连接螺栓紧固良好，机组外观平整、顺直，见图 3-73。

图 3-73　组合式空调机组各功能段连接紧密并
留出足够检修和维护空间

空调供回水管道与空调机组连接要求：首先要确保接管一一对应，特别是四管制系统，冬季用供热管道、夏季用供冷管道不得接错，空调供水管道、回水管道也不得有误；其次，机组与管道连接，一般采用不锈钢软接头，管道接口与机组接口要对正，软接头不得作为变径、变向之用。对于负压运行的空调机组，其冷凝水管水封的高度应大于机组运行时的最大负压值，为机组运行最大负压值再加一定的安全余量（一般按 30～50mm 考虑），见图 3-74；否则冷凝水不能顺利排出，积存在风机箱内，严重影响设备的正常运行。

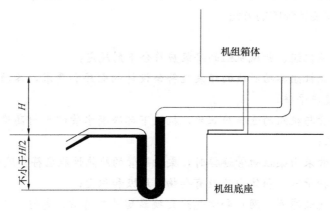

图 3-74 空调机组冷凝水管水封高度示意图

注：H=最大负压（mm）＋余量（一般取值 30～50mm）

空调机组的空气过滤器要定期清洗或更换，目前，空调机房的空调机组数量越来越多，布置更加紧促、空间狭小，因此，在空调机房的综合管线排布和设备布置时，要充分考虑设备日常的维修空间。

7.3.5 空气过滤器的安装应符合下列规定：

1 过滤器框架安装应平整牢固，方向应正确，框架与围护结构之间应严密；

2 粗效、中效袋式空气过滤器的四周与框架应均匀压紧，不应有可见缝隙，并应便于拆卸和更换滤料；

3 卷绕式空气过滤器的框架应平整，上、下筒体应平行，展开的滤料应松紧适度。

【7.3.5 释义】

本条文对空气过滤器安装的验收质量作出了规定。

空气过滤器的作用是将室外或某一空间的含尘空气，经过过滤净化后，使送达室内的空气达到一定的洁净度，以满足生产工艺或舒适生活的需求。按空气尘粒径分组计数效率和阻力性能指标分类，有粗效过滤器、中效过滤器、高中效过滤器、亚高效过滤器和高效过滤器。

空气过滤器（如 LWP 型框式过滤器）安装，应按产品的标示方向，不能装反，以提高过滤效率。

空气过滤器与框架、框架与围护结构之间封堵得不严，会影响过滤器的滤尘效果，所以要求安装时连接严密，无穿透的缝隙，见图 3-75。

卷绕式过滤器的安装，框架应平整，上下筒体应平行，以达到滤料的松紧一

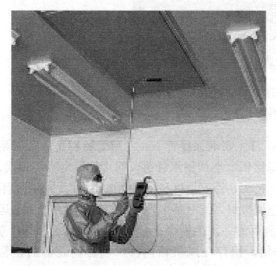

图 3-75 高效过滤器安装严密且框架平整

致，使用时不应发生偏离和跑料，并易于更换滤料检修。

7.3.6 蒸汽加湿器的安装应符合下列规定：

1 加湿器应设独立支架，加湿器喷管与风管间应进行绝热、密封处理；

2 干蒸汽加湿器的蒸汽喷口不应朝下。

【7.3.6 释义】

为防止蒸汽加湿器使用过程中产生不必要的振动，应设置独立支架，并固定牢固，见图 3-76。加湿器的喷管穿越空调机组的壁板或风管的侧壁，为防止漏风及产生冷桥（导致空调机组壁板或风管表面出现冷凝水）现象，应进行绝热、密封处理。

干蒸汽加湿器的蒸汽喷管如果向下安装，会使产生干蒸汽的工作环境遭到破坏。

7.3.7 紫外线与离子空气净化装置的安装应符合下列规定：

1 安装位置应符合设计或产品技术文件的要求，并应方便检修；

2 装置应紧贴空调箱体的壁板或风管的外表面，固定应牢固，密封应良好；

3 装置的金属外壳应与 PE 线可靠连接。

【7.3.7 释义】

本条文对紫外线、离子空气净化装置的安装验收质量作出了规定。

图 3-76　干蒸汽加湿器
设置独立支架

紫外线、离子空气净化装置是为了满足空调系统内的空气清洁度，提高空气品质而加设的，主要是滤尘与杀菌。

空气净化装置安装位置应符合设计或产品技术文件的要求，一般安装在空调机组过滤器后的功能段或总送风管，其紫外线灯和离子发生部件需要定期检查或更换。

它们都有带电和发热的特性，要求安装固定牢固，金属外壳与（PE）线连接良好，PE 线的线径、接地电阻、敷设方式应严格按照电气专业的设计进行施工。

7.3.8 空气热回收器的安装位置及接管应正确，转轮式空气热回收器的转轮旋转方向应正确，运转应平稳，且不应有异常振动与声响。

【7.3.8 释义】

本条文对转轮式换热器安装的验收质量作出了规定。

空气热回收器主要用于室内排风与室外新风之间热交换的设备，排风管进出口、新风管的进出口与设备连接都不能搞错，以防止功能失效和系统空气的污染。

转轮式全热交换器的核心部件是一个以 $10\sim12r/min$ 的速度不断转动的蜂窝状转轮，其工作原理示意图见图 3-77。夏季运行时，室内排风通过热回收转轮时，轮芯吸收房间空气的冷量，温度降低，含湿量降低，当轮芯转到进风侧与室外新鲜空气接触时，转轮向高温的新鲜空气放出冷量及吸收了水分，使新鲜空气降温降湿。冬季与之相反，提高新风

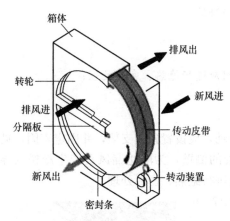

图 3-77 转轮式全热交换器工作原理示意图

温湿度。因此，转轮旋转方向应符合设计或产品说明书的要求，才能正确实现气与气之间的能量转换。

7.3.9 风机盘管机组的安装应符合下列规定：

1 机组安装前宜进行风机三速试运转及盘管水压试验。试验压力应为系统工作压力的 1.5 倍，试验观察时间应为 2min，不渗漏为合格；

2 机组应设独立支、吊架，固定应牢固，高度与坡度应正确；

3 机组与风管、回风箱或风口的连接，应严密可靠。

【7.3.9 释义】

本条文对风机盘管空调器安装的验收质量作出了规定。

风机盘管机组的冷热交换盘管用薄壁铜管、散热用风机、电气线路等均属于易损件，在风机盘管运输、保管、搬运等过程中均有可能造成损坏。因此，风机盘管机组安装前需要对产品的质量进行抽检，这样可使工程质量得到有效的控制，避免安装后发现问题再返工。

风机盘管机组的安装，一般采用单独的吊杆（或按照设计要求加设吊式弹簧减振器）固定；风机盘管属于振动设备，因此需要在吊杆螺母与风机盘管固定点之间设置平垫片和弹簧垫圈。

风机盘管机组的冷凝水不能顺畅排放，冷凝水滴漏造成对装修吊顶的损坏，是目前风机盘管试运行中出现的常见质量问题。主要是由于风机盘管的安装高度不够、风机盘管凝结水托盘本身和冷凝水管道的坡度不当引起的。在风机盘管安装时，要严格控制这几方面的质量。风机盘管机组的安装实例见图 3-78。

风机盘管机组与风管、回风箱或风口的连接，在工程施工中常有在大位差时直接斜管连接，或接管与风口错位，中间空缝等不良现象，造成房间的送风量不满足设计要求。

7.3.10 变风量、定风量末端装置安装时，应设独立的支、吊架，与风管连接前宜做动作试验，且应符合产品的性能要求。

【7.3.10 释义】

本条文对变风量、定风量末端装置安装的验收质量作出了规定。

末端装置是（特别是风机动力型）本身有一定的重量，并会发生振动的设备，因此必须设置单独支、吊架，不能将装置本体重量附加在风管上，见图 3-79。

图 3-78 风机盘管机组设独立吊架且冷凝水管和集水盘坡度适当

图 3-79 VAV 末端装置按规定设置独立支吊架

末端装置安装前，检查箱体是否出现部件松动现象，检查风阀叶片与轴连接是否可靠、转动是否灵活；与风管连接前抽检做动作试验，通电后，观察风阀的开启、关闭是否正常，确认运行正常后再封口，这样可以保证安装后设备的正常运行。

7.3.11 除尘器的安装应符合下列规定：

1 除尘器的安装位置应正确，固定应牢固平稳，除尘器安装允许偏差和检验方法应符合表 7.3.11 的规定；

表 7.3.11 除尘器安装允许偏差和检验方法

项次	项 目		允许偏差（mm）	检验方法
1	平面位移		≤10	经纬仪或拉线、尺量检查
2	标高		±10	水准仪、直线和尺量检查
3	垂直度	每米	≤2	吊线和尺量检查
4		总偏差	≤10	

2 除尘器的活动或转动部件的动作应灵活、可靠，并应符合设计要求；

3 除尘器的排灰阀、卸料阀、排泥阀的安装应严密，并应便于操作与维护修理。

【7.3.11 释义】

本条文对各类除尘器安装通用的验收质量作出了规定。

除尘器安装位置正确，可保证风管镶接的顺利进行。除尘器的组装质量与除尘效率有着密切关系，因此，条文对除尘器安装的允许偏差和检验方法作了具体规定。

除尘器的活动或转动部位，为清灰的主要部件，故强调其动作应灵活、可靠。

除尘器的排灰阀、卸料阀、排泥阀等是系统的重要部件，安装必须严密，否则，易产生粉尘泄漏、污染环境和影响除尘效率。

7.3.12 现场组装静电除尘器除应符合设备技术文件外，尚应符合下列规定：

1 阳极板组合后的阳极排平面度允许偏差应为 5mm，对角线允许偏差应为 10mm；

2 阴极小框架组合后主平面的平面度允许偏差应为 5mm，对角线允许偏差应为 10mm；

3 阴极大框架的整体平面度允许偏差应为 15mm，整体对角线允许偏差应为 10mm；

4 阳极板高度小于或等于 7m 的电除尘器，阴、阳极间距允许偏差应为 5mm。阳极板高度大于 7m 的电除尘器，阴、阳极间距允许偏差应为 10mm；

5 振打锤装置的固定应可靠，振打锤的转动应灵活。锤头方向应正确，振打锤锤头与振打砧之间应保持良好的线接触状态，接触长度应大于锤头厚度的 0.7 倍。

【7.3.12 释义】

静电除尘器是利用静电力将气体中的粉尘或液粒分离出来的除尘设备，也称电除尘器。对现场组装的静电除尘器，本条文强调的是阴、阳电极极板的安装质量。

良好的静电除尘器应当能够从电极上除掉积存的灰尘。清掉积尘不仅对于回收的粉尘是必要的，而且对于维持除尘工艺的最佳电气条件也是必要的；清灰装置决定着除尘器总的除尘效率。因此，要确保振打锤清灰装置的安装质量。

7.3.13 现场组装布袋除尘器的安装应符合下列规定：

1 外壳应严密，滤袋接口应牢固；

2 分室反吹袋式除尘器的滤袋安装应平直。每条滤袋的拉紧力应为 30N/m±5N/m，与滤袋连接接触的短管和袋帽不应有毛刺；

3 机械回转扁袋袋式除尘器的旋臂，转动应灵活可靠；净气室上部的顶盖应密封不漏气，旋转应灵活，不应有卡阻现象；

4 脉冲袋式除尘器的喷吹孔应对准文氏管的中心，同心度允许偏差应为 2mm。

【7.3.13 释义】

袋式除尘器是指利用纤维性滤袋捕集粉尘的除尘设备。滤袋的材质一般为天然纤维、化学合成纤维、金属纤维等，用这些材料织成滤布，再把滤布缝制成各种形状的滤袋。袋式除尘器主要由袋室、滤袋、框架、清灰装置等部分组成，其结构组成示意图见图 3-80。

袋式除尘器按清灰方式分为：振动清灰、反吹清灰、脉冲清灰等。分室反吹袋式除尘器多用内滤式，控制调整好滤袋的拉力，使滤袋的变形收缩不过大也不过小，确保清灰作用比较均匀地分布到整个滤袋上。

脉冲袋式除尘器的清灰作用与大气压力、文氏管构造以及射流中心线和滤袋中心线是否一致等因素相关。

因此，现场组装的布袋除尘器的验收，主要应控制其外壳、布袋与机械落灰装置的安装质量，现场组装的袋式除尘器实例见图 3-81。

图 3-80 袋式除尘器结构组成示意图
1—净气室；2—出风烟道；3—进风烟道；
4—进口风门；5—花板；6—滤袋；
7—检修平台；8—灰斗；9—吹扫装置；
10—清灰臂；11—检修门

7.3.14 洁净室空气净化设备的安装应符合下列规定：

1 机械式余压阀的安装，阀体、阀板的转轴应水平，允许偏差应为 2‰。余压阀的安装位置应在室内气流的下风侧，且不应在工作区高度范围内；

图 3-81 现场组装的袋式除尘器外壳严密
且滤袋接口牢固

2 传递窗的安装应牢固、垂直，与墙体的连接处应密封。

【7.3.14 释义】

本条文对洁净室净化设备安装的验收质量作出了规定。

余压阀是为了维持一定的室内静压、实现空调房间正压的无能耗自动控制而设置的设备，它是一个单向开启的风量调节装置，按静压差来调整开启度，用重锤的位置来平衡风压。该装置由外框、阀板及配重组成，阀板最大开启角度为45°。

洁净室余压阀主要是用在净化房间压力超标时能漏风泄压，起到压力平衡作用，可以防止因风压过高造成对围护结构的破坏。余压阀安装在有压差要求的两个房间的隔墙上，且安装气流方向是从压力高的房间流向压力低的房间；安装应平整，这样余压阀的灵敏度更高，安装的位置应避开工作区的范围，避免因余压阀的泄压形成的气流扰动。

控制机械式余压阀的水平度，目的是确保重锤位置与余压值准确对应；强调余压阀的安装位置，目的是使室内气流方向与余压阀开启后压力差引起的气流方向一致。

传递窗是一种洁净室的辅助设备，主要用于不同洁净度或工艺要求的洁净区与洁净区之间、洁净区与非洁净区之间小件物品的传递，严格控制洁净室的交叉污染，传递窗两侧的门应互锁，不能同时打开。传递窗与墙体间，一般用铝型材收边，接缝处涂抹密封胶，贯穿部位应密封严实，保证洁净室的气密性，其安装实例见图 3-82。

图 3-82 传递窗安装实例

7.3.15 装配式洁净室的安装应符合下列规定：

1 洁净室的顶板和壁板（包括夹芯材料）应采用不燃材料；

2 洁净室的地面应干燥平整，平面度允许偏差应为1‰；

3 壁板的构、配件和辅助材料应在清洁的室内进行开箱，安装前应严格检查规格和质量。壁板应垂直安装，底部宜采用圆弧或钝角交接；安装后的壁板之间、壁板与顶板间的拼缝，应平整严密，墙板垂直度的允许偏差应为2‰，顶板水平度与每个单间的几何尺寸的允许偏差应为2‰；

4 洁净室吊顶在受荷载后应保持平直，压条应全部紧贴。当洁净室壁板采用上、下槽形板时，接头应平整严密。洁净室内的所有拼接缝组装完毕后，应采取密封措施，且密封应良好。

【7.3.15释义】

本条文对装配式洁净室安装的验收质量作出了规定。

图3-83 洁净室彩钢板实物剖面图

洁净室的顶板和壁板，均称为洁净板，采用岩棉、玻璃棉等作为芯层，彩钢板、镀锌板不锈钢等作为面层，用胶粘剂复合而成的一种"三明治"结构板。为保障装配式洁净室的安全使用，规定其顶板和壁板的面层、夹芯层均为不燃材料（燃烧性能等级为A级）。

洁净室彩钢板的实物剖面见图3-83，洁净室洁净板的耐火性能检测报告实例见图3-84。

洁净室地面材料一般为环氧自流坪或PVC等材质，地面平整度、强度、含水

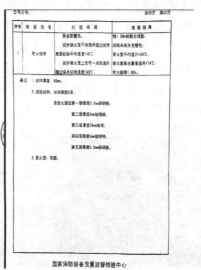

图3-84 洁净室洁净板耐火性能检测报告

率必须满足施工要求。洁净室壁板、顶板安装所需型材一般为铝合金材质，为控制洁净室的安装质量，条文还对壁板、墙板安装的垂直度、顶板的水平度以及每个单间几何尺寸的允许偏差作出了规定。壁板与地面的夹角采用圆弧角，目的是为了防止积灰和便于清洁。

对装配式洁净室的吊顶、壁板的接口等，强调接缝整齐、严密，并在承重后保持平整，见图 3-85。装配式洁净室接缝的密封质量，将直接影响洁净室的洁净等级和压差控制目标的实现，故需特别引起重视。

图 3-85　装配式洁净室内表面平整且圆弧夹角接缝整齐严密

7.3.16 空气吹淋室的安装应符合下列规定：

1　空气吹淋室的安装应按工程设计要求，定位应正确；

2　外形尺寸应正确，结构部件应齐全、无变形，喷头不应有异常或松动等现象；

3　空气吹淋室与地面之间应设有减振垫，与围护结构之间应采取密封措施；

4　空气吹淋室的水平度允许偏差应为 2‰；

5　对产品进行不少于 1h 的连续试运转，设备联锁和运行性能应良好。

【7.3.16 释义】

空气吹淋室是对人和物品的表面净化设备。由箱体、预过滤器、高效过滤器、循环风机及喷嘴组成。由喷嘴吹出高速洁净气流，吹落进入洁净室人员服装表面和物体表面的浮尘，从而减少其带入的尘粒对洁净室的污染。同时，由于进出空气吹淋室的两侧门不能同时开启，所以它也可以防止洁净室外的污染空气直接进入洁净室，从而兼起气闸作用。

空气吹淋室的安装根据设计的坐标位置或土建施工预留的位置就位。

空气吹淋室的规格尺寸应满足工艺需求；其结构部件应齐全、满足强度要求、无形变，喷头的喷嘴应固定牢靠，见图 3-86，数量、位置和风速满足设计要求。

带有通风机的空气吹淋室的振动会对洁净室的环境和设备本身带来不利影响，因此要求设置减振垫。

设备的机械、电气联锁装置，应处于正常状态。如空气吹淋室两侧的门应有联

图 3-86　空气吹淋室喷头喷嘴设置牢靠

图 3-87 空气吹淋室门锁设置

锁功能，当一边的门开启时，另一边的门应不能打开；送风吹淋状态下两侧门均应处于锁闭状态，吹淋停止后，一门才能开启；在断电或互锁功能故障时应有手动开启功能。空气吹淋室的门锁设置实例见图3-87。

7.3.17 高效过滤器与层流罩的安装应符合下列规定：

1 安装高效过滤器的框架应平整清洁，每台过滤器安装框架的平整度允许偏差应为 1mm；

2 机械密封时，应采用密封垫料，厚度宜为 6mm～8mm，密封垫料应平整。安装后垫料的压缩应均匀，压缩率宜为 25％～30％；

3 采用液槽密封时，槽架应水平安装，不得有渗漏现象，槽内不应有污物和水分，槽内密封液高度不应超过 2/3 槽深。密封液的熔点宜高于 50℃；

4 洁净层流罩安装水平度偏差应为 1‰，高度允许偏差应为 1mm。

【7.3.17 释义】

本条文对净化空调系统高效过滤器和洁净层流罩安装的验收质量作出了规定。

高效过滤器的安装框架应平直，接缝处应平整，以保证在同一平面上，保证安装后的密封效果，见图 3-88。

高效过滤器主要采用胶条（机械）密封和液槽密封，不论采用何种密封形式，都必须将填料表面、过滤器边框表面、框架表面及液槽擦拭干净。

采用机械密封时，密封垫料的厚度及安装的接缝处理非常重要，厚度应按条文的规定执行，接头形式和材质可与洁净风管法兰密封垫相同。密封垫料选用弹性好、耐用、不透气、不产尘、单面带黏性的密封垫料制作；不得采用乳胶海绵、泡沫塑料、厚纸板等开孔孔隙和易产尘、易老化的材料制作；接头采用阶梯形或企口形。密封垫料应平整，特别是四条边的搭

图 3-88 高效过滤器安装严密且框架平整

接处应严密，安装后密封垫的压缩应均匀，压缩率宜为 25％～30％。

采用液槽密封时，要注意液槽和边框刀口的匹配，槽架应水平安装，框架各连接处不得有渗液现象，密封液深度以 2/3 槽深为宜，过少会使插入端口处不易密封，过多会造成密封液外溢。

洁净层流罩安装应牢固、平整，其水平度偏差不大于 1‰，高度允许偏差不大于 1mm。

3.8 空调用冷（热）源与辅助设备安装

3.8.1 一般规定

8.1.1 制冷（热）设备、附属设备、管道、管件及阀门等产品的性能及技术参数应符合设计要求，设备机组的外表不应有损伤，密封应良好，随机文件和配件应齐全。

【8.1.1 释义】

本条文规定了空调用冷（热）源与辅助设备及相关管道、配件进场验收的基本要求，这也是《通风与空调工程施工规范》GB 50738[9] 规定的空调冷热源与辅助设备安装前必须具备的施工条件之一。产品的性能及技术参数符合设计规定，随机文件和配件齐全，设备机组完好，是空调用冷（热）源与辅助设备安装得以正确实施的必要前置条件。

8.1.2 与制冷（热）机组配套的蒸汽、燃油、燃气供应系统，应符合设计文件和产品技术文件的要求，并应符合国家现行标准的有关规定。

【8.1.2 释义】

空调制冷系统制冷机组与制热系统锅炉的动力源，已不局限于仅仅使用电能，而是广泛使用多种能源形式。空调制冷设备与锅炉的新式动力源，如燃油、燃气供应系统的安装，均具有较大特殊性。为此，本条文强调该类系统的安装应按照设计要求、有关消防规范和产品技术文件的规定执行。

8.1.3 制冷机组本体的安装、试验、试运转及验收应符合现行国家标准《制冷设备、空气分离设备安装工程施工及验收规范》GB 50274 的有关规定。

【8.1.3 释义】

国家标准《制冷设备、空气分离设备安装工程施工及验收规范》GB 50274 关于制冷机组本体的安装、试验、试运转及验收均有明确规定，故本条文直接引用之。

8.1.4 太阳能空调机组的安装应符合现行国家标准《民用建筑太阳能空调工程技术规范》GB 50787 的有关规定。

【8.1.4 释义】

太阳能空调属于建筑工程空调分部工程的一个子分部工程，太阳能空调机组安装所应执行的技术规范，在国家标准《民用建筑太阳能空调工程技术规范》GB 50787 中已有具体规定，故本条文引用之。

3.8.2 主控项目

8.2.1 制冷机组及附属设备的安装应符合下列规定：

1 制冷（热）设备、制冷附属设备产品性能和技术参数应符合设计要求，并应具有产品合格证书、产品性能检验报告；

2 设备的混凝土基础应进行质量交接验收，且应验收合格；

3 设备安装的位置、标高和管口方向应符合设计要求。采用地脚螺栓固定的制冷设备或附属设备，垫铁的放置位置应正确，接触应紧密，每组垫铁不应超过3块；螺栓应紧固，并应采取防松动措施。

【8.2.1 释义】

本条文对制冷机组及其附属设备的产品性能和技术参数做出了必要规定，同时对设备混凝土基础的质量验收及地脚螺栓固定要求进行了规范，具体实施中应严格执行。

8.2.2 制冷剂管道系统应按设计要求或产品要求进行强度、气密性及真空试验，且应试验合格。

【8.2.2 释义】

本条文规定的制冷剂管道系统，主要指现场安装的制冷剂管路，包括气管、液管及其相关配件。制冷剂管道系统强度与气密性试验合格是系统施工验收中一个最基本的主控项目，也是制冷剂管道系统安全可靠运行的必要保障。同时，制冷剂管道系统进行真空试验的试验压力应与不同制冷剂的压力要求相匹配。

8.2.3 直接膨胀蒸发式冷却器的表面应保持清洁、完整，空气与制冷剂应呈逆向流动；冷却器四周的缝隙应堵严，冷凝水排放应畅通。

【8.2.3 释义】

直接膨胀蒸发式换热器的换热效果，与换热器内、外两侧的换热条件有关。设备安装时保持换热器外表面清洁、完整，换热器四周缝隙封堵严密，以及使被冷却空气与蒸发换热器的制冷剂呈逆向流动均有利于提高换热效果，故在本条文进行强调。

8.2.4 燃油管道系统必须设置可靠的防静电接地装置。

【8.2.4 释义】

本条文为强制性条文，必须严格执行。

燃油管道系统的静电火花，可能会造成巨大危害，必须杜绝。本条文即是针对该问题而做出的规定。燃油管道系统的防静电接地装置，包括整个系统的可靠接地和管道系统管段间的可靠连接两个方面，见图3-89。前者强调整个系统的接地应可靠，后者强调法兰处的连接电阻应尽量小，以构成一个可靠的完整系统，故管道法兰应采用镀锌螺栓连接或在法兰处用铜导线跨接，且应接合严密。

【实施与检查控制】

（1）实施

为了保证管道法兰之间跨接的可靠性，可以采用镀锌螺栓连接或采用铜导线进行跨接。

（2）检查

当采用镀锌螺栓连接时，应强调法兰与镀锌螺栓的连接处无锈蚀和污垢、镀锌螺栓的镀锌层应光洁平整，螺母应紧固、接合严密。当采用铜导线进行跨接时，导线截面积宜不小于4mm²，连接处应紧固、接合严密。系统接地的连接应可靠，PE线的线径、接地电阻、敷设方式应严格按照电气专业的设计进行施工。

【示例】

(a)　　　　　　　　　　　　　(b)

图 3-89　燃油管道系统防静电连接
(a) 防静电接地装置；(b) 管道法兰采用镀锌螺栓连接

8.2.5　燃气管道的安装必须符合下列规定：

1　燃气系统管道与机组的连接不得使用非金属软管；

2　当燃气供气管道压力大于 5kPa 时，焊缝无损检测应按设计要求执行；当设计无规定时，应对全部焊缝进行无损检测并合格；

3　燃气管道吹扫和压力试验的介质应采用空气或氮气，严禁采用水。

【8.2.5 释义】

本条文为强制性条文，必须严格执行。

燃气管道与设备的连接，从使用安全的角度出发，规定不得采用非金属软管。这主要是由非金属软性材料的强度、抗利器损害和较易老化等综合因素决定的。这样做可以防范意外隐患事故的发生。

在压力不大于 400kPa 的燃气管道工程中，钢管道的吹扫与压力试验的介质应采用干燥的空气或氮气，严禁用水。这是为了保证管道气密性试验的真实和清洁。

城市燃气管道向用户供气可分为低压和中压两个类别，供气压力小于或等于 5kPa 的为低压管道，大于 5kPa 小于或等于 400kPa 的为中压管道。规定中压燃气管道的施工不得应用螺纹连接，而应为焊接连接，其焊缝还应进行无损探伤的检测。通常空调用的燃气制冷设备，由于制冷量大而大多采用中压供气。当接入管道属于中压燃气管道时，为了保障使用的安全，其管道焊缝的焊接质量，应按设计的规定进行无损检测。当设计无规定时，应进行 100% 射线或超声波检测，以质量不低于 Ⅱ 级为合格。

【实施与检查控制】

（1）实施

燃气系统用于管道与设备的连接的软管，由工程施工材料的采购、安装和验收等节点实行工序把关的方法，进行质量的控制。对于燃气管道系统的压力试验，应从施工任务单下达和试压方案的批准、实施等环节进行控制，主要是杜绝误操作。

（2）检查

燃气系统对于管道焊接的质量控制，首先应挑选合格的焊工，然后按照压力管道焊接施工的要求进行现场管道的焊接施工。对于管道焊接后的焊缝（见图3-90），按照国家标准《现场设备、工业管道焊接工程施工规范》GB 50236 的要求，先进行外观检查，然后按设计图纸的规定进行无损探伤的检测。当设计无规定时，按本条文规定进行100％无损检测，质量不低于Ⅱ级为合格。

【示例】

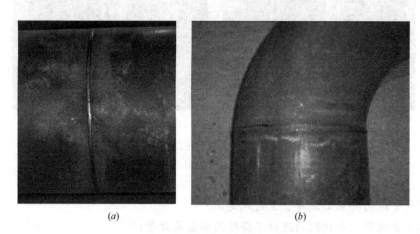

(a)　　　　　　　　　　　　(b)

图 3-90　燃气管道焊缝质量的控制

(a) 燃气管道焊缝实例1；(b) 燃气管道焊缝实例2

8.2.6　组装式的制冷机组和现场充注制冷剂的机组，应进行系统管路吹污、气密性试验、真空试验和充注制冷剂检漏试验，技术数据应符合产品技术文件和国家现行标准的有关规定。

【8.2.6 释义】

对于组装式的制冷机组和现场充注制冷剂的机组，进行系统强度与气密性试验、真空试验和充注制冷剂检漏试验并合格，以及进行系统管路吹污是系统施工验收中基本的主控项目，也是制冷机组安全、高效、可靠运行的必要保障。

制冷机组各项严密性试验是对设备本体质量与安装质量验收的依据，必须引起重视。对于组装式的制冷机组，试验项目应包括本条文所列举的全部项目，并均应符合相关技术文件和标准规定的指标。

8.2.7　蒸汽压缩式制冷系统管道、管件和阀门的安装应符合下列规定：

1　制冷系统的管道、管件和阀门的类别、材质、管径、壁厚及工作压力等应符合设计要求，并应具有产品合格证书、产品性能检验报告；

2　法兰、螺纹等处的密封材料应与管内的介质性能相适应；

3　制冷循环系统的液管不得向上装成"Ω"形；除特殊回油管外，气管不得向下装成"U"形；液体支管引出时，必须从干管底部或侧面接出；气体支管引出时，应从干管顶部或侧面接出；有两根以上的支管从干管引出时，连接部位应错开，间距不应小于2倍支管直径，且不应小于200mm；

4　管道与机组连接应在管道吹扫、清洁合格后进行。与机组连接的管路上应按设计要求及产品技术文件的要求安装过滤器、阀门、部件、仪表等，位置应正确、排列应规整；管道应设独立的支吊架；压力表距阀门位置不宜小于200mm；

5 制冷设备与附属设备之间制冷剂管道的连接，制冷剂管道坡度、坡向应符合设计及设备技术文件的要求。当设计无要求时，应符合表8.2.7的规定；

表8.2.7 制冷剂管道坡度、坡向

管道名称	坡 向	坡 度
压缩机吸气水平管（氟）	压缩机	≥10‰
压缩机吸气水平管（氨）	蒸发器	≥3‰
压缩机排气水平管	油分离器	≥10‰
冷凝器水平供液管	贮液器	(1～3)‰
油分离器至冷凝器水平管	油分离器	(3～5)‰

6 制冷系统投入运行前，应对安全阀进行调试校核，开启和回座压力应符合设备技术文件要求；

7 系统多余的制冷剂不得向大气直接排放，应采用回收装置进行回收。

【8.2.7释义】

本条文对蒸汽压缩式制冷系统管道、管件及阀门安装的质量验收的主控项目作出了明确规定，内容包括制冷系统管道、管件及阀门的类别、材质、管径、壁厚及工作压力等参数的要求，密封材料的性能要求，制冷循环系统气、液管的安装形式及支管引出方式，管道与机组的连接及连接管路的安装要求，制冷剂管道连接的坡度和坡向以及系统管路安全阀调试校核参数要求等内容。条文规定的这些内容对系统的正常和安全稳定运行具有重要影响，故对其相应的验收具体要求加以强调。同时，出于环保考虑，与原规范相比，本条文增加了第7款的内容，即对系统多余的制冷剂不得直接向大气排放，而应采用回收装置予以回收的规定。

8.2.8 氨制冷机应采用密封性能良好、安全性好的整体式冷水机组。除磷青铜材料外，氨制冷剂的管道、附件、阀门及填料不得采用铜或铜合金材料，管内不得镀锌。氨系统管道的焊缝应进行射线照相检验，抽检率应为10%，以质量不低于Ⅲ级为合格。

【8.2.8释义】

氨制冷剂性能良好，广泛应用于工业生产及食品冷冻冷藏等行业，但其意外泄露又会散发恶臭气体并刺激人体呼吸道，高浓度时甚至会对人体造成致命伤害。为了保障氨制冷系统的安全可靠运行，本条文对氨制冷系统主机、管道及其部件的安装作出了严格规定，包括管道焊缝应进行无损检测、制冷剂管道及其配件等不得使用铜或铜合金材料、氨制冷剂管内不得镀锌等，工程实施时必须遵守执行。

8.2.9 多联机空调（热泵）系统的安装应符合下列规定：

1 多联机空调（热泵）系统室内机、室外机产品的性能、技术参数等应符合设计要求，并应具有出厂合格证、产品性能检验报告；

2 室内机、室外机的安装位置、高度应符合设计及产品技术的要求，固定应可靠。室外机的通风条件应良好；

3 制冷剂应根据工程管路系统的实际情况，通过计算后进行充注；

4 安装在户外的室外机组应可靠接地，并应采取防雷保护措施。

【8.2.9 释义】

多联机空调（热泵）系统的应用日益广泛，系统安装质量的好坏直接决定其投运后能否高效、稳定运行。本条文对多联机空调（热泵）系统安装的主要质量及安全控制点，如系统室内机和室外机的性能及技术参数，安装位置及高度，制冷剂管路的充注，以及室外机的防雷接地等内容的实施作出了相应规定，这些规定是多联机空调（热泵）系统安装质量验收的核心内容，应严格执行。

8.2.10 空气源热泵机组的安装应符合下列规定：

1 空气源热泵机组产品的性能、技术参数应符合设计要求，并应具有出厂合格证、产品性能检验报告；

2 机组应有可靠的接地和防雷措施，与基础间的减振应符合设计要求；

3 机组的进水侧应安装水力开关，并应与制冷机的启动开关连锁。

【8.2.10 释义】

本条文对空气源热泵机组安装主控项目的质量验收作出了规定，包括机组产品的性能技术参数、接地和防雷保护以及减振连接固定等要求。机组进水侧的水力开关与制冷机的开启进行连锁是保护主机安全运行的基本要求，故予以强调。

8.2.11 吸收式制冷机组的安装应符合下列规定：

1 吸收式制冷机组的产品的性能、技术参数应符合设计要求；

2 吸收式机组安装后，设备内部应冲洗干净；

3 机组的真空试验应合格；

4 直燃型吸收式制冷机组排烟管的出口应设置防雨帽、防风罩和避雷针，燃油油箱上不得采用玻璃管式油位计。

【8.2.11 释义】

本条文对吸收式制冷机组安装的主控项目的质量验收作出了规定，要求机组安装后，设备内部应冲洗干净且真空试验应合格。为了确保机组的安全可靠运行，规定直燃型吸收式制冷机组排烟管的出口应设置防雨帽、防风罩和避雷针，燃油油箱上不得采用玻璃管式油位计。

3.8.3 一般项目

8.3.1 制冷（热）机组与附属设备的安装应符合下列规定：

1 设备与附属设备安装允许偏差和检验方法应符合表8.3.1的规定；

表8.3.1 设备与附属设备安装允许偏差和检验方法

项次	项目	允许偏差	检验方法
1	平面位置	10mm	经纬仪或拉线或尺量检查
2	标高	±10mm	水准仪或经纬仪、拉线和尺量检查

2 整体组合式制冷机组机身纵、横向水平度的允许偏差应为1‰。当采用垫铁调整机组水平度时，应接触紧密并相对固定；

3 附属设备的安装应符合设备技术文件的要求，水平度或垂直度允许偏差应为1‰；

4 制冷设备或制冷附属设备基（机）座下减振器的安装位置应与设备重心相匹配，各个减振器的压缩量应均匀一致，且偏差不应大于2mm；

5 采用弹性减振器的制冷机组，应设置防止机组运行时水平位移的定位装置；

6 冷热源与辅助设备的安装位置应满足设备操作及维修的空间要求，四周应有排水设施。

【8.3.1释义】

本条文对制冷（热）机组与附属设备安装的一般项目的质量验收作出了规定，主要涉及机组与附属设备的安装允许偏差及检验方法以及设备减振器的安装要求等。

无论是容积式还是吸收式制冷机组，机体安装的水平度和垂直度允许偏差都有严格要求，否则，将给机组的安全稳定运行带来不利影响。另外，机组减振器的安装位置与压缩量的正确设置也是机组高效、稳定运行的必要条件之一，故有必要作出相应规定。

8.3.2 模块式冷水机组单元多台并联组合时，接口应牢固、严密不漏，外观应平整完好，目测无扭曲。

【8.3.2释义】

模块式冷水机组是按一定结构尺寸和形式，将制冷机、蒸发器、冷凝器、水泵及控制机构等组成一个完整制冷系统单元（即模块）的新式冷水机组。它既可单模块使用，也可多个模块并联组成大容量冷水机组联合使用。模块与模块之间的管道，常采用V形夹固定连接。本条文对模块式冷水机组单元多台并联组合时接口安装验收的质量要求作出了规定。

8.3.3 制冷剂管道、管件的安装应符合下列规定：

1 管道、管件的内外壁应清洁干燥，连接制冷机的吸、排气管道应设独立支架；管径小于或等于40mm的铜管道，在与阀门连接处应设置支架。水平管道支架的间距不应大于1.5m，垂直管道不应大于2.0m；管道上、下平行敷设时，吸气管应在下方；

2 制冷剂管道弯管的弯曲半径不应小于3.5倍管道直径，最大外径与最小外径之差不应大于0.08倍管道直径，且不应使用焊接弯管及皱褶弯管；

3 制冷剂管道的分支管，应按介质流向弯成90°与主管连接，不宜使用弯曲半径小于1.5倍管道直径的压制弯管；

4 铜管切口应平整，不得有毛刺、凹凸等缺陷，切口允许倾斜偏差应为管径的1%；管扩口应保持同心，不得有开裂及皱褶，并应有良好的密封面；

5 铜管采用承插钎焊焊接连接时，应符合表8.3.3的规定，承口应迎着介质流动方向。当采用套管钎焊焊接连接时，插接深度不应小于表8.3.3中最小承插连接的规定；当采用对接焊接时，管道内壁应齐平，错边量不应大于0.1倍壁厚，且不大于1mm；

表 8.3.3　铜管承、插口深度

铜管规格	≤DN15 (mm)	DN20 (mm)	DN25 (mm)	DN32 (mm)	DN40 (mm)	DN50 (mm)	DN65 (mm)
承口的扩口深度	9～12	12～15	15～18	17～20	21～24	24～26	26～30
最小插入深度	7	9	10	12	13	14	
间隙尺寸	0.05～0.27			0.05～0.35			

6　管道穿越墙体或楼板时，应加装套管；管道的支吊架和钢管的焊接应按本规范第9章的规定执行。

【8.3.3 释义】

本条文对制冷剂管道及管件安装质量验收的一般项目进行了规定，主要涉及管道的排布及支吊架设置、分支管与主管的连接、铜管切口的质量及焊接要求等内容。准确地理解和执行本条文的规定有助于确保制冷剂管路系统的可靠和畅通连接。其中，铜管采用钎焊承插连接是一种常用焊接方法，见图 3-91，其承插口的加固质量应予以重点关注。

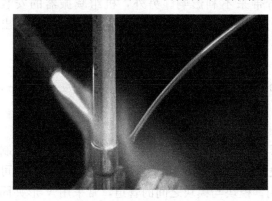

图 3-91　铜管钎焊承插连接实例图

8.3.4　制冷剂系统阀门的安装应符合下列规定：

1　制冷剂阀门安装前应进行强度和严密性试验。强度试验压力应为阀门公称压力的 1.5 倍，时间不得少于 5min；严密性试验压力应为阀门公称压力的 1.1 倍，持续时间 30s 不漏为合格；

2　阀体应清洁干燥、不得有锈蚀，安装位置、方向和高度应符合设计要求；

3　水平管道上阀门的手柄不应向下，垂直管道上阀门的手柄应便于操作；

4　自控阀门安装的位置应符合设计要求。电磁阀、调节阀、热力膨胀阀、升降式止回阀等的阀头均应向上；热力膨胀阀的安装位置应高于感温包，感温包应装在蒸发器出口处的回气管上，与管道应接触良好、绑扎紧密；

5　安全阀应垂直安装在便于检修的位置，排气管的出口应朝向安全地带，排液管应装在泄水管上。

【8.3.4 释义】

各种阀门的正确安装和实施，是制冷剂管路系统安全可靠运行的必要条件。制冷剂系统管路中应用的阀门，在安装前均应进行严格的检查和验收，包括强度和严密性试验等。对于具有产品合格证明文件、进出口封闭良好且在技术文件规定期限内的阀门，可不做解体清洗。对于不符合上述条件的阀门，则应做全面拆卸检查，除污、除锈、清洗、更换垫料，然后重新组装进行强度和密封性试验。同时，根据不同阀门的应用特性，条文对制冷剂系统管路一些常用阀门的安装位置和方向也作出了相应规定，具体实施时，应认真对照执行。

8.3.5 制冷系统的吹扫排污应采用压力为 0.5MPa～0.6MPa（表压）的干燥压缩空气或氮气，应以白色（布）标识靶检查 5min，目测无污物为合格。系统吹扫干净后，系统中阀门的阀芯拆下清洗应干净。

【8.3.5 释义】

本条文之所以规定制冷系统管路的吹扫排污应采用压力为 0.5 MPa～0.6 MPa（表压）的干燥压缩空气或氮气，目的是既能控制管内流速不致过大，又能满足管路清洁与安全、环保施工的要求。管路吹扫排污合格的标准为将白色（布）标识靶置于出口吹扫 5min 目测无污物，且系统管路中阀门的阀芯拆下清洗应干净。

8.3.6 多联机空调系统的安装应符合下列规定：

1 室外机的通风应通畅，不应有短路现象，运行时不应有异常噪声。当多台机组集中安装时，不应影响相邻机组的正常运行；

2 室外机组应安装在设计专用平台上，并应采取减振与防止紧固螺栓松动的措施；

3 风管式室内机的送、回风口之间，不应形成气流短路。风口安装应平整，且应与装饰线条相一致；

4 室内外机组间冷媒管道的布置应采用合理的短捷路线，并应排列整齐。

【8.3.6 释义】

多联机空调系统由于具有安装简易，操控灵活、方便，可小范围独立使用等优点，应用广泛。同时，安装质量直接影响系统的实际使用性能，例如机组室内机送、回风口的气流短路、室外机排风被阻挡、不畅通等都可能严重影响系统的效能。

为此，本条文对多联机空调系统安装的验收质量的一般项目内容作出了规定，主要涉及室外机的安装空间布置及基础紧固，室内机送、回风口以及冷媒管路的合理布置，不仅包括质量要求，同时也包括了美观方面的要求。

8.3.7 空气源热泵机组除应符合本规范第 8.3.1 条的规定外，尚应符合下列规定：

1 机组安装的位置应符合设计要求。同规格设备成排就位时，目测排列应整齐，允许偏差不应大于 10mm。水力开关的前端宜有 4 倍管径及以上的直管段；

2 机组四周应按设备技术文件要求，留有设备维修空间。设备进风通道的宽度不应小于 1.2 倍的进风口高度；当两个及以上机组进风口共用一个通道时，间距宽度不应少于 2 倍的进风口高度；

3 当机组设有结构围挡和隔音屏障时，不得影响机组正常运行的通风要求。

【8.3.7 释义】

本条文对空气源热泵机组安装质量验收的一般项目的内容作出了规定。根据以往的工程实施经验，条文明确规定机组的安装应预留足够的空间以满足设备冷却风的进出风要求，保障机组的平稳运行，同时方便设备的检修与保养。

8.3.8 燃油系统油泵和蓄冷系统载冷剂泵安装时，纵、横向水平度允许偏差应为 1‰，联轴器两轴芯轴向倾斜允许偏差应为 0.2‰，径向允许位移不应大于 0.05mm。

【8.3.8 释义】

对于燃油系统油泵和蓄冷系统载冷剂泵的安装，其水平度偏差，尤其是联轴器轴心的轴向倾斜偏差直接影响泵的实际运行效能，故本条文对这些偏差参数作出了明确规定，应严格遵照执行。

8.3.9 吸收式制冷机组安装除应符合本规范第 8.3.1 的规定外，尚应符合下列规定：

1 吸收式分体机组运至施工现场后，应及时运入机房进行组装，并应清洗、抽真空；

2 机组的真空泵到达指定安装位置后，应进行找正、找平。抽气连接管应采用直径与真空泵进口直径相同的金属管，当采用橡胶管时，应采用真空用的胶管，并应对管接头处采取密封措施；

3 机组的屏蔽泵到达指定安装位置后，应进行找正、找平，电线接头处应采取防水密封措施；

4 机组的水平度允许偏差应为 2‰。

【8.3.9 释义】

本条文对吸收式制冷机组安装质量验收的一般项目内容作出了规定，主要涉及分体机组的现场组装与维护、机组真空泵与屏蔽泵的找平、找正，以及连接管的材质选用与接头密封处理要求。这些安装质量要求的实现是保障吸收式制冷机组，特别是吸收式分体机组运行效能的必要条件，故予以强调。

3.9 空调水系统管道与设备安装

3.9.1 一般规定

9.1.1 镀锌钢管及带有防腐涂层的钢管不得采用焊接连接，应采用螺纹连接。当管径大于 DN100 时，可采用卡箍或法兰连接。

【9.1.1 释义】

镀锌钢管表面的镀锌层，是管道防腐的主要保护层，为不破坏镀锌层，故提倡采用螺纹连接。根据国内工程施工的情况，当管径大于或等于 DN100 时，螺纹的加工与连接质量不太稳定，不如采用法兰、沟槽式或其他连接方法更为合适。

9.1.2 金属管道的焊接施工，企业应具有相应的焊接工艺评定，施焊人员应持有相应类别焊接的技能证明。

【9.1.2 释义】

空调工程水系统金属管道的焊接，是施工作业中必须具备的一个基本技术条件。企业应具有相应焊接管道材料与焊接条件合格的工艺评定，尤其对于同时属于压力管道范畴的空调水系统金属管道焊接必须具有相应的焊接工艺评定。施焊人员应具有相应类别焊接考核合格且在有效期内的资格证书，压力管道焊工必须具有特种设备焊工资格证书。这是保证管道焊接施工质量的前提条件，应予以遵守。

9.1.3 空调用蒸汽管道工程施工质量的验收应符合现行国家标准《建筑给水排水及采暖工程施工质量验收规范》GB 50242 的有关规定。温度高于 100℃ 的热水系统应按国家有关压力管道工程施工的规定执行。

【9.1.3 释义】

空调工程的蒸汽管道或蒸汽加湿管道，其施工要求与供暖工程的规定相同，故应执行现行国家标准《建筑给水排水及采暖工程施工质量验收规范》GB 50242 中的相关规定。温度高于 100℃ 的热水管道及蒸汽管道（且公称直径大于或等于 50mm）属于压力管道，同时还应遵守国家有关压力管道工程施工的相关规定执行，施工前应向特种设备监督部门告知，过程中接受监检。

9.1.4 当空调水系统采用塑料管道时，施工质量的验收应按国家现行标准的规定执行。

【9.1.4 释义】

空调水系统采用塑料管道时，其施工质量的验收，还应结合国家现行相应塑料管道技术规范、标准的规定。

3.9.2 主控项目

9.2.1 空调水系统设备与附属设备的性能、技术参数，管道、管配件及阀门的类型、材质及连接形式应符合设计要求。

【9.2.1 释义】

空调水系统中使用的设备与附属设备、管道、管道部件和阀门的材质、型号和规格，是在设计之初根据水系统所输送工质的种类、温度、压力、外部环境等各个条件综合选定，符合与否关系到系统能否按照设计意图发挥作用，因此必须符合设计的基本规定。应在空调水系统设备与附属设备选择生产厂家及订购之时就将设计要求与生产厂家的符合性进行落实。只能选择能满足设计要求的生产厂家。并将设计要求在订购合同中明确，必要时进行设备监造。设备进场时，对照设计要求和订购合同的约定对设备参数进行核实检查。

9.2.2 管道的安装应符合下列规定：

1 隐蔽安装部位的管道安装完成后，应在水压试验合格后方能交付隐蔽工程的施工；

2 并联水泵的出口管道进入总管应采用顺水流斜向插接的连接形式，夹角不应大于 60°；

3 系统管道与设备的连接，应在设备安装完毕后进行。管道与水泵、制冷机组的接口应为柔性接管，且不得强行对口连接。与其连接的管道应设置独立支架；

4 判定空调水系统管路冲洗、排污合格的条件是目测排出口的水色和透明度与入口的水对比应相近，且无可见杂物。当系统继续运行 2h 以上，水质保持稳定后，方可与设备相贯通；

5 固定在建筑结构上的管道支、吊架，不得影响结构体的安全。管道穿越墙体或楼板处应设钢制套管，管道接口不得置于套管内，钢制套管应与墙体饰面或楼板底部平齐，上部应高出楼层地面 20mm～50mm，且不得将套管作为管道支撑。当穿越防火分区时，应采用不燃材料进行防火封堵；保温管道与套管四周的缝隙，应使用不燃绝热材料填塞紧密。

【9.2.2 释义】

在工程施工中，空调水系统的管道局部埋地或隐蔽铺设时，在为其实施覆土、浇捣混凝土或其他隐蔽施工之前，必须对被隐蔽的管段进行水压试验，并合格；如有防腐与绝热施工的，则应该完成全部的施工，并经现场监理责任人的认可和签字；办妥手续后，方可进行下道工程的施工。隐蔽工程施工的验收是强制性的规定，必须遵守。

图 3-92　并联连接水泵的出口进入总管
不应采用 T 形连接方法

对于并联连接水泵的出口，进入总管不应采用 T 形的连接方法（见图 3-92），是在工程实践中总结出来的经验，应予以执行。

管道与空调设备的连接，应在设备定位和管道冲洗合格后进行。一是可以保证接管的质量，二是可以防止管路内的垃圾堵塞空调设备。

空调水管道冲洗的目的是把管道内的杂物冲洗干净，避免损坏设备或者影响设备使用效果，为保证冲洗合格，应尽量加大冲洗水的流速。对大口径与特大口径的冷热水管道，在管道水冲洗前应采取措施，清洁管道内杂物。为方便清除管道污物宜在管路低处设置排污口。

管道穿楼板、穿墙套管做法分别见图 3-93 及图 3-94。

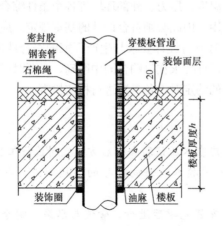

图 3-93　管道穿楼板套管做法

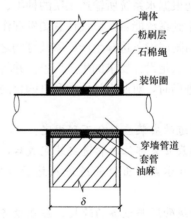

图 3-94　管道穿墙套管做法

9.2.3　管道系统安装完毕，外观检查合格后，应按设计要求进行水压试验。当设计无要求时，应符合下列规定：

1　冷（热）水、冷却水与蓄能（冷、热）系统的试验压力，当工作压力小于或等于 1.0MPa 时，应为 1.5 倍工作压力，最低不应小于 0.6MPa；当工作压力大于 1.0MPa 时，应为工作压力加 0.5MPa；

2　系统最低点压力升至试验压力后，应稳压 10min，压力下降不应大于 0.02MPa，然后应将系统压力降至工作压力，外观检查无渗漏为合格。对于大型、高层建筑等垂直位差较大的冷（热）水、冷却水管道系统，当采用分区、分层试压时，在该部位的试验压力下，应稳压 10min，压力不得下降，再将系统压力降至该部位的工作压力，在 60min 内压力不得下降、外观检查无渗漏为合格；

3 各类耐压塑料管的强度试验压力（冷水）应为 1.5 倍工作压力，且不应小于 0.9MPa；严密性试验压力应为 1.15 倍的设计工作压力；

4 凝结水系统采用通水试验，应以不渗漏，排水畅通为合格。

【9.2.3 释义】

空调工程管道水系统安装后必须进行水压试验（凝结水系统除外），试验压力根据工程系统的设计工作压力分为两种。冷热水、冷却水系统的试验压力，当工作压力小于或等于 1.0MPa 时，为 1.5 倍工作压力，最低不小于 0.6MPa；当工作压力大于或等于 1.0MPa 时，为工作压力加 0.5MPa。

一般建筑的空调工程，绝大部分建筑高度不会很高，空调水系统的工作压力大多不会大于 1.0MPa。符合常规的压力试验条件，即试验压力为 1.5 倍的工作压力，并不得小于 0.6MPa，稳压 10min，压降不大于 0.02MPa，然后降至工作压力做外观检查。因此，完全可以按该方法进行验收。

对于大型或高层建筑的空调水系统，其系统下部受建筑高度水压力的影响，工作压力往往很高，采用常规 1.5 倍工作压力的试验方法极易造成设备和零部件损坏。因此，对于工作压力大于 1.0MPa 的空调水系统，条文规定试验压力为工作压力加上 0.5MPa。这是因为现在空调水系统绝大多数为闭式循环系统，水泵的增压主要是克服水系统运行阻力。根据一些典型系统的设计复合计算和工程实例，最大值都不大于 0.5MPa。故条文规定之。本试压方法多年来在国内高层建筑工程中试用，效果良好，符合工程实际情况。

试压压力是以系统最高处，还是最低处的压力为准，这个问题以前一直没有明确过，本条文明确了应以最低处的压力为准。这是因为，如果以系统最高处压力试压，那么系统最低处的试验压力等于 1.5 倍的工作压力再加上高度差引起的静压差值。这在高层建筑中，最低处压力甚至会再增大几兆帕，将远远超出了管配件的承压能力。所以，取点为最高处是不合适的。此外，在系统设计时，计算系统最高压力也是在系统最低处，随着管道位置的提高，内部的压力也逐步降低。在系统实际运行时，高度—压力变化关系同样是这样；因此一个系统只要最低处的试验压力比工作压力高出一个 ΔP，那么系统管道的任意处的试验压力也比该处的工作压力同样高出一个 ΔP，也就是说系统管道的任意处都是有安全保证的。所以条文明确了这一点。

系统强度试验压力为工作压力的 1.5 倍或为工作压力加 0.5MPa，这个试验压力应用在高层建筑系统管道进行压力试验时，还应注意不能超过管道和组成部件的承受压力。

对于各类耐压非金属（塑料）管道系统的试验压力规定为 1.5 倍的工作压力，（试验）工作压力为 1.15 倍的设计工作压力，这是考虑非金属管道的强度，随着温度的上升而下降，故适当提高了（试验）工作压力的压力值。

9.2.4 阀门的安装应符合下列规定：

1 阀门安装前应进行外观检查，阀门的铭牌应符合现行国家标准《通用阀门　标志》

GB 12220 的有关规定。工作压力大于 1.0MPa 及在主干管上起到切断作用和系统冷、热水运行转换调节功能的阀门和止回阀，应进行壳体强度和阀瓣密封性能的试验，且应试验合格。其他阀门可不单独进行试验。壳体强度试验压力应为常温条件下公称压力的 1.5倍，持续时间不应少于 5min，阀门的壳体、填料应无渗漏。严密性试验压力应为公称压力的 1.1 倍，在试验持续的时间内应保持压力不变，阀门压力试验持续时间与允许泄漏量应符合表 9.2.4 的规定；

表 9.2.4　阀门压力试验持续时间与允许泄漏量

公称直径 DN（mm）	最短试验持续时间（s）	
	严密性试验（水）	
	止回阀	其他阀门
≤50	60	15
65～150	60	60
200～300	60	120
≥350	120	120
允许泄漏量	3 滴×（DN/25）/min	小于 DN65 为 0 滴，其他为 2 滴×（DN/25）/min

注：压力试验的介质为洁净水。用于不锈钢阀门的试验水，氯离子含量不得高于 25mg/L。

2　阀门的安装位置、高度、进出口方向应符合设计要求，连接应牢固紧密；

3　安装在保温管道上的手动阀门的手柄不得朝向下；

4　动态与静态平衡阀的工作压力应符合系统设计要求，安装方向应正确。阀门在系统运行时，应按参数设计要求进行校核、调整；

5　电动阀门的执行机构应能全程控制阀门的开启与关闭。

【9.2.4 释义】

空调水系统中的阀门质量，是系统工程质量验收的一个重要项目。但是，从国家整体质量管理的角度来说，阀门的本体质量应归属于产品的范畴，不能因为产品质量的问题而要求在工程施工中负责产品的检验工作。《规范》从职责范围和工程施工的要求出发，对阀门的检验规定为阀门安装前必须进行外观检查，其外表应无损伤、阀体无锈蚀，阀体的铭牌应符合现行国家标准《工业阀门　标志》GB 12220 的规定。管道阀门的强度与严密性试验，不应在施工过程中占用大量的人力和物力。为此，条文根据各种阀门的不同要求予以区别对待：

（1）对于工作压力高于 1.0MPa 的阀门规定按 I 方案抽检。

（2）对于安装在主干管上起切断作用的阀门，条文规定按全数检查。

（3）其他阀门的强度检验工作可结合管道的强度试验工作一起进行。条文规定的阀门强度试验压力（1.5 倍工作压力）和压力持续时间（5min）均符合现行国家标准《阀门的检验和试验》GB/T 26480 的规定。

如此，不但减少了阀门检验的工作量，而且提高了检验的要求。既保证了工程质量，又易于实施。

9.2.5 补偿器的安装应符合下列规定：

1 补偿器的补偿量和安装位置应符合设计文件的要求，并应根据设计计算的补偿量进行预拉伸或预压缩；

2 波纹管膨胀节或补偿器内套有焊缝的一端，水平管路上应安装在水流的流入端，垂直管路上应安装在上端；

3 填料式补偿器应与管道保持同心，不得歪斜；

4 补偿器一端的管道应设置固定支架，结构形式和固定位置应符合设计要求，并应在补偿器的预拉伸（或预压缩）前固定；

5 滑动导向支架设置的位置应符合设计与产品技术文件的要求，管道滑动轴心应与补偿器轴心相一致。

【9.2.5 释义】

补偿器主要用于补偿管道受温度变化而产生的热胀冷缩。如果温度变化时管道不能完全自由地膨胀或收缩，管道中将产生热应力。在管道设计中必须考虑这种应力，否则它可能导致管道的破裂，影响正常生产的进行。作为管道工程的一个重要组成部分，补偿器在保证管道长期正常运行方面发挥着重要的作用。空调水系统管道补偿器常用金属波纹补偿器、套筒补偿器、方形补偿器等，每种管道补偿器的安装既有共同点又有不同点。补偿器安装前应按设计文件校核补偿器的补偿量和安装位置，并进行预拉伸或预压缩。对带内套筒的补偿器应注意使内套筒子的方向与介质流动方向一致，有流向标记（箭头）的补偿器，箭头方向代表介质流动的方向，不得装反。

9.2.6 水泵、冷却塔的技术参数和产品性能应符合设计要求，管道与水泵的连接应采用柔性接管，且应为无应力状态，不得有强行扭曲、强制拉伸等现象。

【9.2.6 释义】

本条规定了空调水系统中水泵、冷却塔的安装，必须遵守的主控项目的内容。

水泵与冷却塔是空调水系统中的常用设备，设备的技术参数和产品性能符合工程设计的要求，才能使系统发挥预期的效果。为达到此要求，需要在选择生产厂家、设备制造、进场检验等环节进行控制。

管道与水泵的连接采用柔性接管是目前普遍采用的隔振方法，利用柔性接管将水泵与管道隔离，避免水泵的振动传递到管道上。将有利于系统与设备的正常运行。当水泵安装在减振台座上时，应留有泵运行时减振台座下沉的余量。由于柔性接管在管道系统中属于薄弱环节，在系统运行中常出现损坏的现象，导致增加了维护工作和产生系统因柔性接管损坏更换而导致系统停运的损失。为了尽量避免柔性接管在系统运行中的损坏，安装时柔性接管应为无应力状态，不得有强行扭曲、强制拉伸的现象。水泵隔振与减振安装的实例图见图 3-95。

9.2.7 水箱、集水器、分水器与储水罐的水压试验或满水试验应符合设计要求，内外壁防腐涂层的材质、涂抹质量、厚度应符合设计或产品技术文件的要求。

【9.2.7 释义】

本条规定了空调水系统其他附属设备安装必须遵守的主控项目的内容。

 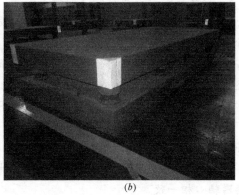

(a)　　　　　　　　　　　(b)

图 3-95　水泵隔振减振安装实例图

(a) 管道与水泵采用软接头；(b) 水泵减振台座

9.2.8　蓄能系统设备的安装应符合下列规定：

1　蓄能设备的技术参数应符合设计要求，并应具有出厂合格证、产品性能检验报告；

2　蓄冷（热）装置与热能塔等设备安装完毕后应进行水压和严密性试验，且应试验合格；

3　储槽、储罐与底座应进行绝热处理，并应连续均匀地放置在水平平台上，不得采用局部垫铁方法校正装置的水平度；

4　输送乙烯乙二醇溶液的管路不得采用内壁镀锌的管材和配件；

5　封闭容器或管路系统中的安全阀应按设计要求设置，并应在设定压力情况下开启灵活，系统中的膨胀罐应工作正常。

【9.2.8 释义】

所谓蓄能，就是电力需求低谷时启动制冷、制热设备，将产生的冷或热储存在某种媒介中；在电力需求高峰时，将储存的冷或热释放出来使用，从而减少高峰用电量。蓄能技术又称为"移峰填谷"，冰蓄冷系统原理图见图 3-96。

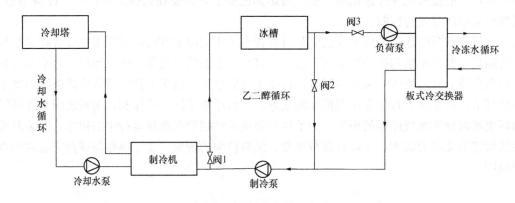

图 3-96　冰蓄冷系统原理图

蓄能系统的分类按蓄存能量温度高低分为蓄热和蓄冷系统；按蓄能介质分为水蓄热/冷、冰蓄冷等系统。水蓄能系统设备主要有开式系统的蓄水池（箱、槽、罐）和闭式系统的立式承压蓄能罐、卧式承压蓄能罐、水泵。冰蓄冷系统设备主要有蓄冰槽、独立乙二醇系统管路、低温板式换热器等。

蓄能设备的技术参数符合设计要求，是保证最终系统正常运行的基本要求。所以在设备进场开箱检查时，必须将设备的铭牌参数与设计文件一一核对，并核查设备随机所附带的合格证、产品性能检测报告等附件，符合要求方可接收。

蓄冷（热）装置与热能塔等设备安装完毕后进行水压强度和严密性试验，目的是确保设备、管路的安全和正常运行时不发生渗漏。

蓄能系统的储罐、储槽中储存热水、低温冷水或冰水混合体，为了防止冷、热量的损失及发生结露现象，储槽、储罐与底座应进行绝热处理；同时，为了能充分发挥其蓄能的作用，系统的绝热施工质量将是关键控制的工序。由于蓄能系统的储罐、储槽都具有较大的容量，《规范》要求由设备基础平台自身的水平度，来满足设备安装后的水平度和垂直度。乙烯乙二醇溶液一般腐蚀性较强，造成内壁镀锌层的腐蚀和脱落，脱落后的锌层将附着在板式换热器内壁，极大地影响换热效率；同时，内壁镀锌层脱落的管材和配件，抗腐蚀能力比同规格焊接钢管还低很多。

9.2.9 地源热泵系统热交换器的施工应符合下列规定：

1 垂直地埋管应符合下列规定：

1）钻孔的位置、孔径、间距、数量与深度不应小于设计要求，钻孔垂直度偏差不应大于 1.5%；

2）埋地管的材质、管径应符合设计要求。埋管的弯管应为定型的管接头，并应采用热熔或电熔连接方式与管道相连接。直管段应采用整管；

3）下管应采用专用工具，埋管的深度应符合设计要求，且两管应分离，不得相贴合；

4）回填材料及配比应符合设计要求，回填应采用注浆管，并应由孔底向上满填；

5）水平环路集管埋设的深度距地面不应小于 1.5m，或埋设于冻土层以下 0.6m；供、回环路集管的间距应大于 0.6m。

2 水平埋管热交换器的长度、回路数量和埋设深度应符合设计要求；

3 地表水系统热交换器的回路数量、组对长度与所在水面下深度应符合设计要求。

【9.2.9 释义】

地源热泵系统是以岩土体、地下水或地表水为低温热源，由水源热泵机组、地热能交换系统、建筑物内系统组成的供热空调系统。根据地热能交换系统形式的不同，地源热泵系统分为地埋管地源热泵系统、地下水地源热泵系统和地表水地源热泵系统。

本条文要求垂直地埋管钻孔的位置、孔径、间距、数量与深度满足设计要求，主要是为满足换热需要；一般垂直孔径宜为 150～180mm，孔深宜大于 20m，孔距宜为 3～6m。

地埋管采用化学稳定性好、耐腐蚀、导热系数大、流动阻力小的塑料管材及管件，如聚乙烯管（PE 管）或聚丁烯管（PB 管），管件与管材必须为相同材料。地埋管弯管接头采用定型的 U 形弯头成品件，不得采用直管煨制弯头；与管材之间采用热熔或电熔连接，不得采用粘接的连接方式。

地埋管下管时，可以采用每隔 2～4m 设一弹簧卡（或固定支卡）的方式将 U 形管两支管分开，防止两管贴合在一起，影响换热效果。U 形管安装完毕后，需要灌浆回填封孔，灌浆回填料一般为膨润土（膨润土的比例宜占 4%～6%）和细砂（或水泥）的混合浆或其他专用灌浆材料；当地埋管设在密实或坚硬的岩土体中时，宜采用水泥基料灌浆，目的是防止孔隙水因冻结膨胀损坏膨润土灌浆材料而导致管道被挤压节流。灌浆时，需保证灌浆的连续性，应根据机械灌浆的速度将灌浆管逐渐抽出，使灌浆液自下而上灌浆封孔，确保灌浆密实、无空腔，否则会降低传热效果，影响工程质量。水平环路集管的深度距地面不应小于 1.5m 或埋设在冻土层以下 0.6m，由于此深度以下土壤温度变化小，能保证集管几乎不会向外有热损失；供、回环路集管的间距大于 0.6m，是为了减少供回水管间的热传递。

本条文强调了有关水平环路集管的埋设深度，供、回水管之间的距离必须引起重视，否则会影响使用效果。一般要求水平埋管最上层埋管顶部应在冻土层以下 0.4m，且距地面不宜小于 0.8m；水平地埋管管沟间最小距离 1.5m，水平地埋管间距应大于 0.6m。

强调地表水系统热交换器所在水面下深度要求，是为了防止风浪、结冰及船舶可能对换热盘管造成的损害，要求地表水换热盘管应安装在水体底部，地表水的最低水位与换热盘管距离不得小于 1.5m。

地埋管换热器埋管方式见图 3-97。

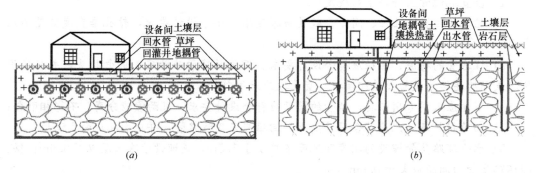

(a)   *(b)*

图 3-97 地埋管换热器埋管方式
(a) 水平地埋管换热器埋管方式；*(b)* 垂直地埋管换热器埋管方式

3.9.3 一般项目

9.3.1 采用建筑塑料管道的空调水系统，管道材质及连接方法应符合设计和产品技术的要求，管道安装尚应符合下列规定：

1 采用法兰连接时，两法兰面应平行，误差不得大于 2mm。密封垫为与法兰密封面相配套的平垫圈，不得突入管内或突出法兰之外。法兰连接螺栓应采用两次紧固，紧固后的螺母应与螺栓齐平或略低于螺栓；

2 电熔连接或热熔连接的工作环境温度不应低于 5℃。插口外表面与承口内表面应作小于 0.2mm 的刮削，连接后同心度的允许误差应为 2%；热熔熔接接口圆周翻边应饱满、匀称，不应有缺口状缺陷、海绵状的浮渣与目测气孔。接口处的错边应小于 10% 的管壁厚。承插接口的插入深度应符合设计要求，熔融的胞浆在承、插件间形成均匀的凸缘，不得有裂纹凹陷等缺陷；

3 采用密封圈承插连接的胶圈应位于密封槽内，不应有皱折扭曲。插入深度应符合产品要求，插管与承口周边的偏差不得大于2mm。

【9.3.1 释义】

根据当前有机类化学新型材料管道的发展，为了适应工程新材料施工质量的监督和检验，本条对非金属管道和管道部件安装的基本质量要求作出了规定。

9.3.2 金属管道与设备的现场焊接应符合下列规定：

1 管道焊接材料的品种、规格、性能应符合设计要求。管道焊接坡口形式和尺寸应符合表9.3.2-1的规定。对口平直度的允许偏差应为1%，全长不应大于10mm。管道与设备的固定焊口应远离设备，且不宜与设备接口中心线相重合。管道的对接焊缝与支、吊架的距离应大于50mm；

表 9.3.2-1 管道焊接坡口形式和尺寸

项次	厚度 T (mm)	坡口名称	坡口形式	坡口尺寸			备 注
				间隙 C (mm)	钝边 P (mm)	坡口角度 α (°)	
1	1～3	I 形坡口		0～1.5 单面焊	—	—	内壁错边量≤0.25T，且≤2mm
	3～6			0～2.5 双面焊			
2	3～9	V 形坡口		0～2.0	0～2	60～65	
	9～26			0～3.0	0～3	55～60	
3	2～30	T 形坡口		0～2.0	—	—	

2 管道现场焊接后，焊缝表面应清理干净，并应进行外观质量检查。焊缝外观质量应符合下列规定：

1）管道焊缝外观质量允许偏差应符合表9.3.2-2的规定；

表 9.3.2-2 管道焊缝外观质量允许偏差

序号	类别	质量要求
1	焊缝	不允许有裂缝、未焊透、未熔合、表面气孔、外露夹渣、未焊满等现象
2	咬边	纵缝不允许咬边；其他焊缝深度≤0.10T（T为板厚），且≤1.0mm，长度不限
3	根部收缩（根部凹陷）	深度≤0.2+0.04T，且≤2.0mm，长度不限
4	角焊缝厚度不足	应≤0.3+0.05T，且≤2.0mm；每100mm焊缝长度内缺陷总长度≤25mm
5	角焊缝焊脚不对称	差值≤2+0.20t（t为设计焊缝厚度）

135

2）管道焊缝余高和根部凸出允许偏差应符合表9.3.2-3的规定。

表9.3.2-3　管道焊缝余高和根部凸出允许偏差

母材厚度 T（mm）	≤6	>6，≤13	>13，≤50
余高和根部凸出（mm）	≤2	≤4	≤5

3　设备现场焊缝外部质量应符合下列规定：

1）设备焊缝外观质量允许偏差应符合表9.3.2-4的规定；

表9.3.2-4　设备焊缝外观质量允许偏差

序号	类别	质量要求
1	焊缝	不允许有裂缝、未焊透、未熔合、表面气孔、外露夹渣、未焊满等现象
2	咬边	咬边深度≤0.10T，且≤1.0mm，长度不限
3	根部收缩（根部凹陷）	根部收缩（根部凹陷）深度≤0.2+0.02T，且≤1.0mm，长度不限
4	角焊缝厚度不足	应≤0.3+0.05T，且≤2.0mm；每100mm焊缝长度内缺陷总长度≤25mm
5	角焊缝焊脚不对称	差值≤2+0.20t（t为设计焊缝厚度）

2）设备焊缝余高和根部凸出允许偏差应符合表9.3.2-5的规定。

表9.3.2-5　设备焊缝余高和根部凸出允许偏差

母材厚度 T（mm）	≤6	>6，≤25	>25
余高和根部凸出（mm）	≤2	≤4	≤5

【9.3.2释义】

金属管道与现场设备的焊接质量，直接影响空调水系统的正常运行和安全使用，故本条对空调水系统金属管道安装焊接质量检验标准作出了规定。即管道焊接焊口的组对和坡口应符合本条文第1、2款的规定，设备焊接焊口的组对和坡口应符合本条文第1、3款的规定。这与国家标准《现场设备、工业管道焊接工程施工质量验收规范》GB 50683中第8.1.2条中的管道焊缝外观质量第Ⅴ级和第8.1.1条中设备焊缝外观质量第Ⅲ级的要求相一致。

9.3.3　螺纹连接管道的螺纹应清洁规整，断丝或缺丝不应大于螺纹全扣数的10%。管道的连接应牢固，接口处的外露螺纹应为2扣~3扣，不应有外露填料。镀锌管道的镀锌层应保护完好，局部破损处应进行防腐处理。

【9.3.3释义】

本条对采用螺纹连接管道施工质量验收的一般要求作出了规定。

9.3.4　法兰连接管道的法兰面应与管道中心线垂直，且应同心。法兰对接应平行，偏差不应大于管道外径的1.5‰，且不得大于2mm。连接螺栓长度应一致，螺母应在同一侧，并应均匀拧紧。紧固后的螺母应与螺栓端部平齐或略低于螺栓。法兰衬垫的材料、规格与厚度应符合设计要求。

【9.3.4释义】

本条对采用法兰连接的管道施工质量验收的一般要求作出了规定。

9.3.5 钢制管道的安装应符合下列规定：

1 管道和管件安装前，应将其内、外壁的污物和锈蚀清除干净。管道安装后应保持管内清洁；

2 热弯时，弯制弯管的弯曲半径不应小于管道外径的 3.5 倍；冷弯时，不应小于管道外径的 4 倍。焊接弯管不应小于管道外径的 1.5 倍；冲压弯管不应小于管道外径的 1 倍。弯管的最大外径与最小外径之差，不应大于管道外径的 8%，管壁减薄率不应大于 15%；

3 冷（热）水管道与支、吊架之间，应设置衬垫。衬垫的承压强度应满足管道全重，且应采用不燃与难燃硬质绝热材料或经防腐处理的木衬垫。衬垫的厚度不应小于绝热层厚度，宽度应大于或等于支、吊架支承面的宽度。衬垫的表面应平整、上下两衬垫接合面的空隙应填实；

4 管道安装允许偏差和检验方法应符合表 9.3.5 的规定。安装在吊顶内等暗装区域的管道，位置应正确，且不应有侵占其他管线安装位置的现象。

表 9.3.5 管道安装允许偏差和检验方法

项目			允许偏差 （mm）	检查方法
坐标	架空及地沟	室外	25	按系统检查管道的起点、终点、分支点和变向点及各点之间的直管。
		室内	15	
	埋地		60	
标高	架空及地沟	室外	±20	用经纬仪、水准仪、液体连通器、水平仪、拉线和尺量度
		室内	±15	
	埋地		±25	
水平管道平直度	$DN \leqslant 100mm$		$2L‰$，最大 40	用直尺、拉线和尺量检查
	$DN > 100mm$		$3L‰$，最大 60	
立管垂直度			$5L‰$，最大 25	用直尺、线锤、拉线和尺量检查
成排管段间距			15	用直尺尺量检查
成排管段或成排阀门在同一平面上			3	用直尺、拉线和尺量检查
交叉管的外壁或绝热层的最小间距			20	用直尺、拉线和尺量检查

注：L—管道的有效长度（mm）。

【9.3.5释义】

本条对空调水系统钢制管道、管道部件等施工质量验收的一般要求作出了规定。对于管道安装的允许偏差和支、吊架衬垫的检查方法等也作了说明。

9.3.6 沟槽式连接管道的沟槽与橡胶密封圈和卡箍套应为配套，沟槽及支、吊架的间距应符合表 9.3.6 的规定。

表 9.3.6 沟槽式连接管道的沟槽及支、吊架的间距

公称直径（mm）	沟槽		端面垂直度允许偏差（mm）	支、吊架的间距（m）
	深度（mm）	允许偏差（mm）		
65～100	2.20	0～+0.3	1.0	3.5
125～150	2.20	0～+0.3	1.5	4.2
200	2.50	0～+0.3		4.2
225～250	2.50	0～+0.3		5.0
300	3.0	0～+0.5		5.0

注：1 连接管端面应平整光滑、无毛刺；沟槽深度在规定范围。

2 支、吊架不得支承在连接头上。

3 水平管的任两个连接头之间应设置支、吊架。

【9.3.6 释义】

空调水系统中采用沟槽式连接时，管道的配件也应为无缝钢管管件。沟槽式连接管道的沟槽与连接使用的橡胶密封圈和卡箍套也必须为配套合格产品。这点应该引起重视，否则不易保证施工质量。管道的沟槽式连接为弹性连接，不具有刚性管道的特性，故规定支、吊架不得支承在连接卡箍上，其间距应符合《规范》表 9.3.6 的规定。水平管的任两个连接卡箍之间必须设有支、吊架。

9.3.7 风机盘管机组及其他空调设备与管道的连接，应采用耐压值大于或等于 1.5 倍工作压力的金属或非金属柔性接管，连接应牢固，不应有强扭和瘪管。冷凝水排水管的坡度应符合设计要求。当设计无要求时，管道坡度宜大于或等于 8‰，且应坡向出水口。设备与排水管的连接应采用软接，并应保持畅通。

【9.3.7 释义】

风机盘管和末端空调设备是空调工程中常用设备。为隔振而在空调水管和冷凝水管与设备连接处设置了柔性接管，见图 3-98。

图 3-98 风机盘管与管道的连接采用软接

空调冷热水管与设备连接的柔性接管的强度应能承受大于或等于 1.5 倍的工作压力。并且，为了保证隔振效果和保证流通能力，不得强扭该柔性接管作为管口对正的措施。柔性接管不应有瘪管的现象。

冷凝水排水管保持一定的坡度是保证冷凝水排放顺畅的前提条件。从工程实际来看，尤其要注意风机盘管的冷凝水排放的解决方案。可通过灌水试验来检测冷凝水排放的顺畅。由于冷凝水排水管是自流管，压力较低，所以对设备与排水管的连接仅要求采用软接隔振，而不要求该软接的耐压程度，但仍然应保证不得使该软管扭曲而影响流通能力。

9.3.8 金属管道的支、吊架的形式、位置、间距、标高应符合设计要求。当设计无要求时，应符合下列规定：

1 支、吊架的安装应平整牢固，与管道接触应紧密，管道与设备连接处应设置独立支、吊架。当设备安装在减振基座上时，独立支架的固定点应为减振基座；

2 冷（热）媒水、冷却水系统管道机房内总、干管的支、吊架，应采用承重防晃管架，与设备连接的管道管架宜采取减振措施。当水平支管的管架采用单杆吊架时，应在系统管道的起始点、阀门、三通、弯头处及长度每隔15m处设置承重防晃支、吊架；

3 无热位移的管道吊架的吊杆应垂直安装；有热位移的管道吊架的吊杆应向热膨胀（或冷收缩）的反方向偏移安装。偏移量应按计算位移量确定；

4 滑动支架的滑动面应清洁平整，安装位置应满足管道要求，支承面中心应向反方向偏移1/2位移量或符合设计文件要求；

5 竖井内的立管应每二层或三层设置滑动支架。建筑结构负重允许时，水平安装管道支、吊架的最大间距应符合表9.3.8的规定，弯管或近处应设置支、吊架；

6 管道支、吊架的焊接应符合本规范第9.3.2条第3款的规定。固定支架与管道焊接时，管道侧的咬边量，应小于0.1管壁厚度，且小于1mm。

表9.3.8　水平安装管道支、吊架的最大间距

公称直径 （mm）		15	20	25	32	40	50	70	80	100	125	150	200	250	300
支架的 最大间距 （m）	L_1	1.5	2.0	2.5	2.5	3.0	3.5	4.0	5.0	5.0	5.5	6.5	7.5	8.5	9.5
	L_2	2.5	3	3.5	4	4.5	5.0	6.0	6.5	6.5	7.5	7.5	9.0	9.5	10.5

注：1　适用于工作压力不大于2.0MPa，不保温或保温材料密度不大于200kg/m³的管道系统。

　　2　L_1用于保温管道，L_2用于不保温管道。

　　3　洁净区（室内）管道支吊架应采用镀锌或采取其他的防腐措施。

　　4　公称直径大于300mm的管道，可参考公称直径为300mm的管道执行。

【9.3.8释义】

本条对空调水系统金属管道支、吊架安装的基本质量要求作出了规定。这个规定已经通过了多年的工程应用，证明切实可行有效。本条规定的金属管道的支、吊架的最大间距，是以工作压力不大于2.0MPa，现在工程常用的绝热材料和管道的公称直径为条件的。表9.3.8中规定的最大口径为DN300，保温管道的间距为9.5m。对于大于DN300的管道口径也按这个间距执行。这是因为空调水系统的管道，绝大多数为室内管道，更长的支、吊架距离不符合施工现场的条件。

沟槽式连接管道的支、吊架距离，不宜执行本条文的规定，宜根据《规范》第9.3.6条的规定执行。

9.3.9 采用聚丙烯 (PP-R) 管道时，管道与金属支、吊架之间应采取隔绝措施，不宜直接接触，支、吊架的间距应符合设计要求。当设计无要求时，聚丙烯 (PP-R) 冷水管支、吊架的间距应符合表 9.3.9 的规定；使用温度大于或等于 60℃热水管道应加宽支承面积。

表 9.3.9 聚丙烯 (PP-R) 冷水管支、吊架的间距

公称外径 Dn (mm)	20	25	32	40	50	63	75	90	110
水平安装 (mm)	600	700	800	900	1000	1100	1200	1350	1550
垂直安装 (mm)	900	1000	1100	1300	1600	1800	2000	2200	2400

【9.3.9 释义】

按设计要求采用聚丙烯 (PP-R) 管道时，若采用金属卡或吊架，金属管卡与管道之间应采取隔绝措施，应采用塑料带或橡胶等软物隔垫，在实际操作中常以同材质的管材或 PVC-U 排水管材作垫圈。表 9.3.9 与《建筑给水塑料管道工程技术规程》CJJ/T 98 中的要求一致，热水系统的聚丙烯 (PP-R) 管道，其强度与温度成反比，故要求增加其支、吊架支承面的面积，一般宜加倍。

9.3.10 除污器、自动排气装置等管道部件的安装应符合下列规定：

1 阀门安装的位置及进、出口方向应正确，且应便于操作。连接应牢固紧密，启闭应灵活。成排阀门的排列应整齐美观，在同一平面上的允许偏差不应大于 3mm；

2 电动、气动等自控阀门安装前应进行单体调试，启闭试验应合格；

3 冷 (热) 水和冷却水系统的水过滤器应安装在进入机组、水泵等设备前端的管道上，安装方向应正确，安装位置应便于滤网的拆装和清洗，与管道连接应牢固严密。过滤器滤网的材质、规格应符合设计要求；

4 闭式管路系统应在系统最高处及所有可能积聚空气的管段高点设置排气阀，在管路最低点应设有排水管及排水阀。

【9.3.10 释义】

本条仅对空调水管道阀门及部件安装的基本质量要求作出了规定。

9.3.11 冷却塔安装应符合下列规定：

1 基础的位置、标高应符合设计要求，允许误差应为 ± 20mm，进风侧距建筑物应大于 1m。冷却塔部件与基座的连接应采用镀锌或不锈钢螺栓，固定应牢固；

2 冷却塔安装应水平，单台冷却塔的水平度和垂直度允许偏差应为 2‰。多台冷却塔安装时，排列应整齐，各台开式冷却塔的水面高度应一致，高度偏差值不应大于 30mm。当采用共用集管并联运行时，冷却塔集水盘 (槽) 之间的连通管应符合设计要求；

3 冷却塔的集水盘应严密、无渗漏，进、出水口的方向和位置应正确。静止分水器的布水应均匀；转动布水器喷水出口方向应一致，转动应灵活，水量应符合设计或产品技术文件的要求；

4 冷却塔风机叶片端部与塔身周边的径向间隙应均匀。可调整角度的叶片，角度应

一致，并应符合产品技术文件要求；

5　有水冻结危险的地区，冬季使用的冷却塔及管道应采取防冻与保温措施。

【9.3.11 释义】

本条文主要对空调系统应用的冷却塔及附属设备安装的基本质量要求作出了规定。

为保证冷却塔安装和运行的质量，冷却塔所使用的基础或支座的质量是必须保证的，应确保基础或支座的平面位置和尺寸、标高、平整度符合要求。当采用混凝土基础时，基础的质量应符合现行国家标准《混凝土结构工程施工质量验收规范》GB 50204 的有关规定，并应有验收资料和记录。混凝土设备基础不应有影响结构性能和设备安装的尺寸偏差。基础的坐标位置的允许偏差应为 ± 20mm，不同平面的标高的允许偏差应为 —20~0mm。

冷却塔设置位置应通风良好，这点在工程设计阶段就应加以考虑，特别是处于地下或用围墙、顶板等遮挡时，应由设计方配合生产厂进行冷却塔气流组织计算，避免热空气回流、确保足够的进风面积。本款提出的进风侧距建筑物大于 1m，为施工阶段提供了一个直观判断的值。

冷却塔属于大型的轻型结构设备，运行时既有水的循环，又有风的循环。因此，在设备安装验收时，应强调安装的固定质量和连接质量。由于一般处于室外环境或是高湿度环境，因此要求固定螺栓采用镀锌螺栓或不锈钢螺栓防锈蚀。

多台开式冷却塔并联安装时，常出现的质量通病是在运行时某台冷却塔发生溢水现象，原因是各台冷却塔在安装时未使水面高度偏差在允许范围内。因此保证各台冷却塔的水面高度一致是施工中需要关注的重点。

对于在冬季使用，有冻结可能的冷却塔应增加相应的保暖和防冻措施。防冻措施可采用：（1）塔体的设计具有防止水滴飞溅至塔外的措施。（2）在进风口上下缘及易结冰部位设热水化冰管。（3）冬季在进风口加挡风板等措施。在冬季停用，有冻结可能的冷却塔应有泄空措施。

9.3.12　水泵及附属设备的安装应符合下列规定：

1　水泵的平面位置和标高允许偏差应为 ±10mm，安装的地脚螺栓应垂直，且与设备底座应紧密固定；

2　垫铁组放置位置应正确、平稳，接触应紧密，每组不应大于 3 块；

3　整体安装的泵的纵向水平偏差不应大于 0.1‰，横向水平偏差不应大于 0.2‰。组合安装的泵的纵、横向安装水平偏差不应大于 0.05‰。水泵与电机采用联轴器连接时，联轴器两轴芯的轴向倾斜不应大于 0.2‰，径向位移不应大于 0.05mm。整体安装的小型管道水泵目测应水平不应有偏斜；

4　减振器与水泵及水泵基础的连接，应牢固平稳、接触紧密。

【9.3.12 释义】

本条文对水泵及其附属设备安装施工质量验收的一般要求作出了规定。

第 1 款，本款是对水泵安装的位置和标高的允许偏差的要求。

第 2 款，本款是对采用垫铁组找平找正或采用垫铁组承受设备重量的方式安装设备的要求。

第3款，整体安装的泵安装水平，应在泵的进、出口法兰面或其他水平面上进行检测。组合安装的泵的安装水平，应在水平中分面、轴的外露部分、底座的水平加工面上纵、横方向放置水平仪进行检测。

第4款，泵的各个减振器的压缩量应均匀一致，其偏差应符合随机技术文件的规定。

9.3.13 水箱、集水器、分水器、膨胀水箱等设备安装时，支架或底座的尺寸、位置应符合设计要求。设备与支架或底座接触应紧密，安装应平整牢固。平面位置允许偏差应为15mm，标高允许偏差应为±5mm，垂直度允许偏差应为1‰。

【9.3.13释义】

对水箱等静置型容器设备，着重关注的是设备的平面位置、标高、垂直度允许偏差的保证，当无其他规定时，可以以设备上应为水平或垂直的主要轮廓面作为找正、调平的测量位置。由于装水后，容器整体重量较重，因此支架或底座应符合设计要求，平整牢固，支架或底座以及基础应能完全承受容器设备的重量。

9.3.14 补偿器的安装应符合下列规定：

1 波纹补偿器、膨胀节应与管道保持同心，不得偏斜和周向扭转；

2 填料式补偿器应按设计文件要求的安装长度及温度变化，留有5mm剩余的收缩量。两侧的导向支座应保证运行时补偿器自由伸缩，不得偏离中心，允许偏差应为管道公称直径的5‰。

【9.3.14释义】

管路中补偿器的安装，保持与管道的同心尤为重要，允许偏差不应超过5‰。

9.3.15 地源热泵系统地埋管热交换系统的施工应符合下列规定：

1 单U管钻孔孔径不应小于110mm，双U管钻孔孔径不应小于140mm；

2 埋管施工过程中的压力试验，工作压力小于或等于1.0MPa时应为工作压力的1.5倍，工作压力大于1.0MPa时应为工作压力加0.5MPa，试验压力应全数合格；

3 埋地换热管应按设计要求分组汇集连接，并应安装阀门；

4 建筑基础底下地埋水平管的埋设深度，应小于或等于设计要求，并应延伸至水平环路集管连接处，且应进行标识。

【9.3.15释义】

本条文规定竖直地埋管单U管钻孔孔径不应小于110mm，双U管钻孔孔径不应小于140mm，主要是保证单U管或双U管的布置空间，满足各支管布置间距，不得贴合在一起；是为提高地埋管换热管的换热效果。

地埋管过程中的压力试验属于在竖直或水平地埋管换热器与环路集管装配完成后，回填前应进行第二次水压试验。在试验压力下，稳压至少30min，稳压后压力降不应大于3%，且无泄漏现象。水压试验时应缓慢升压，升压过程中应随时观察与检查，不得有渗漏；不得以气压试验代替水压试验。

埋地换热管按设计要求分组汇集连接并安装阀门，是为了能分组安装完成后进行水压试验，并在水压试验合格后，及时回填。

9.3.16 地表水地源热泵系统换热器的长度、形式尺寸应符合设计要求，衬垫物的平面定位允许偏差应为 200mm，高度允许偏差应为 ± 50mm。绑扎固定应牢固。

【9.3.16 释义】

本条文提及的地表水换热管，主要适用于将换热盘管置于江、湖、河、海进行间接换热形式的工程，不适用于直接取地表水的形式。

为利于系统的水力平衡，闭式地表水换热系统一般设计为同程系统，每个环路集管内的换热路数宜相同，且宜并联连接；环路集管布置与水体形状相适应。换热盘管一般固定在排架上，要求绑扎牢固，并在下部安装衬垫物，衬垫物可采用轮胎等。对衬垫物的平面定位及高度规定了允许偏差，是为了保证换热盘管安装位置的准确。

9.3.17 蓄能系统设备的安装应符合下列规定：

1 蓄能设备（储槽、罐）放置的位置应符合设计要求，基础表面应平整，倾斜度不应大于 5‰。同一系统中多台蓄能装置基础的标高应一致，尺寸允许偏差应符合本规范第 8.3.1 条的规定；

2 蓄能系统的接管应满足设计要求。当多台蓄能设备支管与总管相接时，应顺向插入，两支管接入点的间距不宜小于 5 倍总管管径长度；

3 温度和压力传感器的安装位置应符合设计要求，并应预留检修空间；

4 蓄能装置的绝热材料与厚度应符合设计要求。绝热层、防潮层和保护层的施工质量应符合本规范第 10 章的规定；

5 充灌的乙二醇溶液的浓度应符合设计要求；

6 现场制作钢制蓄能储槽等装置时，应符合现行国家标准《立式圆筒形钢制焊接储罐施工规范》GB 50128、《钢结构工程施工质量验收规范》GB 50205 和《现场设备、工业管道焊接工程施工规范》GB 50236 的有关规定；

7 采用内壁保温的水蓄冷储罐，应符合相关绝热材料的施工工艺和验收要求。绝热层、防水层的强度应满足水压的要求；罐内的布水器、温度传感器、液位指示器等的技术性能和安装位置应符合设计要求；

8 采用隔膜式储罐的隔膜应满布，且升降应自如。

【9.3.17 释义】

蓄能设备（储槽、罐）具有较大的体积和重量，因此安装前必须对设备基础进行验收，按照设计及厂家的技术文件要求对基础的定位位置、外形尺寸、标高、基础表面的平整度及强度等——复核，满足要求后方可进行就位安装。

多台蓄能设备支管与总管相接采取顺向插入，而不采用 T 形接入，是为了减少局部阻力，保证系统的正常运行；要求两支管接入点的间距不宜小于 5 倍总管管径长度，是为了减少两支管水流的相互影响，保证系统的总流量不受大的损失，见图 3-99。

温度和压力传感器的安装位置应符合设计要求，安装位置要便于检修，表盘面的高度和朝向要便于读数。温度传感器要求插入到管道内流体的中心区域，从而测量到流体的真实温度；压力传感器要安装在流速稳定的直管段上，压力传感器前后的直管段长度一般不得小于安装管道公称直径的 5 倍和 3 倍。

蓄能装置的绝热是一道非常关键的工序，要从材料种类、材料性能、厚度及施工质量等方面进行控制,施工中做到管路及设备绝热密实不间断,尽量减少系统的冷、热损失,特别是要防止冷桥的产生。

冰蓄冷系统中常用的载冷剂为乙烯乙二醇水溶液,经常采用的乙烯乙二醇水溶液浓度为25%~30%(质量比)。

采用内壁保温的水蓄冷储罐,槽侧壁及底板设保温层,由里向外依次是找平层、防水层、增强防水层、保温层、找平层、防水层,保温层为发泡聚氨酯,做法见图3-100。

图3-99 设备支管与总管采用顺水相接

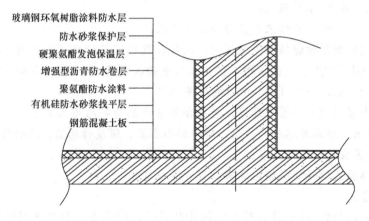

图3-100 蓄冷槽内壁保温防水做法示意图

3.10 防 腐 与 绝 热

3.10.1 一般规定

10.1.1 空调设备、风管及其部件的绝热工程施工应在风管系统严密性检验合格后进行。

【10.1.1 释义】

本条文规定了风管与部件及空调设备进行绝热工程施工的前提条件。绝热施工完成后，这类管道与设备均被绝热材料覆盖，成为隐蔽工程。根据隐蔽工程的要求，所有工程内容在隐蔽前必须保证它的所有质量指标是合格的；对于空调设备、风管及其部件来讲，它们的风管系统严密性检验合格后才能进行。风管系统的严密性检验，是指对风管系统所进行的外观质量与漏风量指标，均应合格。

10.1.2 制冷剂管道和空调水系统管道绝热工程的施工，应在管路系统强度和严密性检验合格和防腐处理结束后进行。

【10.1.2 释义】

本条文规定了空调制冷剂管道和空调水系统管道进行绝热施工的前提条件。绝热施工完成后，这类管道均被绝热材料覆盖，成为隐蔽工程；工程内容在隐蔽前必须保证它的所有质量指标是合格的；这里的质量指标包括管道系统强度（耐压能力、支吊架设置等）、严密性及防腐处理。从施工程序来看，管道的绝热施工是管道安装工程的后道工序，只有当前道工序完成，质量指标合格后才能进行。

10.1.3 防腐工程施工时，应采取防火、防冻、防雨等措施，且不应在潮湿或低于5℃的环境下作业。绝热工程施工时，应采取防火、防雨等措施。

【10.1.3 释义】

本条文对通风与空调工程的设备、管路及部件和配件进行防腐和绝热施工时应采取的质量和安全保障措施进行了规定。

对于防腐工程施工，为了保证防腐涂料的使用安全并保障施工质量，规定应采取防火、防冻、防雨等措施。油漆施工时采用防火、防冻、防雨等措施是一般油漆工程施工必须达到的基本要求，但一些操作人员对此并未引起足够重视，这不但会对油漆施工的质量造成不利影响，还可能引发火灾事故而对操作人员的人身安全带来严重威胁。另外，大部分油漆在低温时（通常指5℃以下）黏度增大，使得喷涂不易进行，并易造成喷涂厚薄不匀、不易干燥、起皮等缺陷，影响防腐效果。如果在潮湿环境下（一般指相对湿度大于85%）进行防腐施工，金属表面积聚的水汽易使涂膜附着能力降低并易产生气孔等喷涂质量缺陷，造成防腐效果不能达到预期要求。

对于绝热工程施工，采取防火、防雨等措施也是为了保障绝热施工安全和质量。如离心玻璃棉、矿物岩棉、酚醛发泡等绝热保温材料在绝热工程施工过程中受潮或雨淋，易造成保温材料保温性能下降或粘结面上粘结不牢靠产生空隙等问题；又如离心玻璃棉、柔性泡沫橡塑、酚醛发泡、聚氨酯发泡等绝热材料在储存与施工过程中遇到明火或高温，易被烧毁或材料变形、变性，甚至形成火灾。诸如此类的情况，不仅会使得绝热材料质量及施工质量大大下降，达不到应有绝热效果，甚至造成重大损失。

10.1.4 风管、管道的支、吊架应进行防腐处理，明装部分应刷面漆。

【10.1.4 释义】

本条文对风管、管道支、吊架的防腐与明装部分的涂装工程提出了要求。目前风管、管道的支、吊架基本上还是采用以钢材为主的金属型材制作，这些材料在周边环境的化学作用、电化学作用与细菌作用下，会产生金属腐蚀，因此其表面必须进行防腐处理。鉴于防腐要求、施工成本与施工条件因素，对于风管、管道的支、吊架通常采用涂刷保护层方法，通常称为刷油漆的方法。油漆可分为底漆和面漆。底漆以附着和防锈蚀的性能为主，因此无论是隐蔽还是明露的金属表面，都应进行底漆防腐处理；面漆以保护底漆、增加抗老化性能和调节表面色泽为主；非隐蔽明装部分的支、吊架应再进行刷面漆处理，如不刷面漆会使防腐底漆很快老化失效，且不美观。

10.1.5 防腐与绝热工程施工时，应采取相应的环境保护和劳动保护措施。

【10.1.5 释义】

本条文对风管、管道及其支、吊架的防腐绝热工程中的环境保护和劳动保护提出了原则上的要求。

涂装作业中的安全问题，主要指涂料及溶剂所引起的火灾、爆炸和中毒现象。涂料一般为易燃性液体，其危险程度因涂料的种类、使用量、使用场所的条件而异，如用易燃性的涂料或溶剂时，发生爆炸或火灾的危险性就非常大。在室内进行涂装时，若通风不良，整个房间充满散发出来的溶剂蒸气，则会引起爆炸事故，因而需要安装排气或通风装置；同样，存放涂料的场所也应具有良好的通风条件。大多数涂料、溶剂及其辅料，不但易燃，还有毒性，这是导致漆工中毒的主要原因，这些化学品对眼、鼻、喉、肺有刺激作用，并能引发呼吸、神经、造血系统疾病。因此，操作人员必须根据不同场合使用要求，穿戴防毒面罩、面具和工作服等必要的防护用品，并注意个人卫生及保护措施。

绝热施工中的安全问题有几个方面。首先是常用绝热材料中有些会散发纤维或粉尘的危害；然后是绝热施工中常用一些胶粘剂，其挥发物具有一定的刺激性或可燃性；再就是大量管道设备的绝热工作是在高空作业，就有高空作业的安全性的要求。因此施工中应针对这些情况做好安全防护工作。通常的方法有：改善通风条件，配备必要的劳动保护用品（安全帽、安全带、防滑工作鞋、手套、防尘口罩，防毒面具等）和高空作业防护措施等。

3.10.2 主控项目

10.2.1 风管和管道防腐涂料的品种及涂层层数应符合设计要求，涂料的底漆和面漆应配套。

【10.2.1 释义】

本条文对风管和管道防腐涂料的品种、底漆和面漆应配套性能和涂层层数提出了质量要求。防腐工作的质量对整个管道系统寿命周期中是否能正常使用起到了关键的作用。

本条主控内容包括：

（1）防腐材料的品种。防腐涂料的品种很多，适用于不同材料的防腐，有钢铁、有色金属、木材等等；也有适用于不同的环境，有耐大气涂层、防潮涂层、耐水涂层、耐油涂层、耐热涂层等等，所以选择涂层必须符合设计要求。检查方法：根据设计图纸要求，现场查对检查。

（2）涂层的层数和厚度。这是保证漆膜厚度与生成质量的关键因素之一，也必须符合设计要求。防腐涂层全部涂层结束后，应养护 7d 后交付使用。检查方法：现场观察检查。

（3）涂料的底漆和面漆应能相互兼容性。这是为保证涂层的附着力及质量，通常来说品种宜相同，尽量采用同一厂家的产品，必要时应确认其亲溶性。

10.2.2　风管和管道的绝热层、绝热防潮层和保护层，应采用不燃或难燃材料，材质、密度、规格与厚度应符合设计要求。

【10.2.2 释义】

本条文规定了管道与设备的绝热层、防潮层和保护层材质等的质量验收要求。

主控项目内容包括：

（1）绝热层：材质、密度、实施厚度、燃烧性。

（2）绝热防潮层：材质、燃烧性。

（3）保护层：材质、燃烧性。

绝热材料的材质的选用与使用条件有关，其中包括管道介质温度、周围温度、湿度、辐射等环境条件；绝热材料的绝热性能与绝热材料的导热性能、密度、厚度有关。绝热层的使用寿命与防潮层和保护层性能有关，因此设计人员在进行绝热设计时均有所考虑，必须满足设计要求。

管道绝热材料在工程应用上具有连续安装的特性，因此各种规范中都特别重视上述绝热材料的燃烧性能。《建筑设计防火规范》GB 50016 对于设备和风管的绝热材料有严格规定；一般场合下，管道绝热材料最低应具有难燃特性；特殊情况下，还应满足更高的不燃要求。除绝热材料本身必须是不燃或难燃材料外，其外包的防潮层和保护层也必须是不燃或难燃材料；牛皮纸铝膜等属于可燃材料，不得采用。

10.2.3　风管和管道的绝热材料进场时，应按现行国家标准《建筑节能工程施工质量验收规范》GB 50411 的规定进行验收。

【10.2.3 释义】

绝热材料的进场验收是保证施工质量的首要条件，绝热材料必须符合设计要求及国家有关标准的规定，严禁使用国家明令禁止与淘汰产品。现行国家标准《建筑节能工程施工质量验收规范》GB 50411[14]对材料、构件和设备的进场验收有如下规定：

（1）对材料和设备的品种、规格、包装、外观和尺寸等进行检查验收，并应经监理（建设）单位代表确认，形成相应的验收记录。

（2）对材料、构件和设备的质量证明文件进行核查，并应经监理工程师（建设单位代表）确认，纳入工程技术档案。进入施工现场的材料、构件和设备均应具有出厂合格证、中文说明书及相关性能检测报告。

（3）涉及建筑节能效果的重要材料、构件和设备应按照《规范》的规定在施工现场随机抽样复验，复验应为见证取样送检。当复验的结果出现不合格时，可增加一倍抽样数量再次检验，仍不合格时，则该材料、构件和设备不得使用。

（4）经产品认证或标识符合要求的节能材料，进场验收时，其检验数量可以减少一倍。在同一工程中，同一厂家、同一牌号、同一规格的节能材料连续三次进场检验均一次检验合格时，其后的检验数量可以减少一倍。

（5）进口材料和设备应按规定进行出入境商品检验。

10.2.4 洁净室（区）内的风管和管道的绝热层，不应采用易产尘的玻璃纤维和短纤维矿棉等材料。

【10.2.4 释义】

本条文对用于洁净区内的绝热材料进行了规定。洁净室控制的主要对象就是空气中的浮尘数量，室内风管与管道的绝热材料如采用易产尘的材料（如玻璃纤维、岩棉、酚醛发泡等），显然对洁净室内的洁净度达标不利。故条文规定不应采用易产尘的材料。

通常采用直接观察检查方法，不能采用易产尘的绝热材料，这部分材料常有玻璃纤维、岩棉、酚醛发泡等；更不能用这些材料直接制作洁净系统用的风管。

3.10.3 一般项目

10.3.1 防腐涂料的涂层应均匀，不应有堆积、漏涂、皱纹、气泡、掺杂及混色等缺陷。

【10.3.1 释义】

本条文是对空调工程中防腐涂料、油漆涂层施工的基本质量要求作出的规定。根据国家《工业设备及管道防腐蚀工程施工规范》GB 50726 的要求，为保证涂料涂层的质量，通常应注重涂料的贮存与管理、涂料的正确配置、施工场所环境温度和相对湿度、涂层层数、涂覆间隔时间等各个环节。

10.3.2 设备、部件、阀门的绝热和防腐涂层，不得遮盖铭牌标志和影响部件、阀门的操作功能；经常操作的部位应采用能单独拆卸的绝热结构。

【10.3.2 释义】

空调工程施工中，一些空调设备或风管与管道的部件，需要进行涂料涂刷防腐。在此类操作中应注意对设备标志的保护与对风口等的转动轴、叶片活动面的防护，以免造成标志无法辨认或叶片粘连，影响正常使用等问题。本条文还提议对管道系统中的法兰、阀门及 Y 形水过滤器等部位的绝热施工，应采用单独可拆卸的结构。

10.3.3 绝热层应满铺，表面应平整，不应有裂缝、空隙等缺陷。当采用卷材或板材时，允许偏差应为 5mm；当采用涂抹或其他方式时，允许偏差应为 10mm。

【10.3.3 释义】

本条文对风管部件绝热施工的基本质量要求作出了规定。现行国家标准《工业设备及管道绝热工程施工质量验收规范》GB 50185 中为了保证绝热材料的施工质量，保证绝热效果，对绝热材料的敷设有如下要求：

（1）保温厚度大于或等于 100mm，保冷厚度大于或等于 80mm 时，绝热层应分层错缝进行，各层厚度应接近；

（2）保温层的拼缝宽度不得大于 5mm，保冷层的拼缝宽度不得大于 2mm；同层绝热层的拼缝应错缝，上下层应压缝，且搭接长度应大于 100mm；

（3）厚度分层的绝热层拼缝应规则，错缝应整齐，表面应平整；

（4）采用嵌装法、填充法、喷涂法等方法施工时，其绝热安装厚度应保证在允许范围内，见表 3-13。

绝热层安装厚度允许偏差和检验方法　　　　　　　表 3-13

<table>
<tr><td colspan="3">项目</td><td>允许偏差</td><td>检验方法</td></tr>
<tr><td rowspan="4">厚
度</td><td rowspan="3">嵌装层铺法、
捆扎法、拼砌法
及粘贴法</td><td rowspan="2">保
温
层</td><td>硬质制品</td><td>+10mm
−5mm</td><td>尺量检查</td></tr>
<tr><td>半硬质及
软质制品</td><td>+10%，但不得大于+10mm；
−5%，但不得小于−8mm</td><td>针刺，尺量检查</td></tr>
<tr><td colspan="2">保冷层</td><td>+5mm</td><td>针刺，尺量检查</td></tr>
<tr><td rowspan="2">填充法、浇注
法及喷涂法</td><td colspan="2">绝热厚度>50mm</td><td>+10%</td><td rowspan="2">填充法用尺测量固
形层与工件间距检
查；浇注及喷涂法用
针刺、尺量检查</td></tr>
<tr><td colspan="2">绝热厚度≤50mm</td><td>+5mm</td></tr>
</table>

10.3.4 橡塑绝热材料的施工应符合下列规定：

1 粘结材料应与橡塑材料相适用，无溶蚀被粘结材料的现象；

2 绝热层的纵、横向接缝应错开，缝间不应有孔隙，与管道表面应贴合紧密，不应有气泡；

3 矩形风管绝热层的纵向接缝宜处于管道上部；

4 多重绝热层施工时，层间的拼接缝应错开。

【10.3.4 释义】

本条文对空调工程中采用橡塑绝热材料施工的基本质量要求作出了规定。涉及三方面内容：

（1）粘结材料的选择：通风与空调工程绝热施工中可使用的粘接材料品种繁多，它们的理化性能各不相同。胶粘剂的选择，必须符合环境卫生的要求，并与绝热材料相匹配，不应发生溶蚀被粘结材料和产生有毒气体等不良现象。

（2）橡塑绝热材料的粘贴要求：与管道表面应贴合紧密，不应有气泡；接缝处不应有空隙。由于柔软的橡塑发泡具有可压塑性，裁剪橡塑材料时可稍稍放些尺寸，保证接缝无孔隙。

（3）橡塑绝热层粘贴时的接缝要求：纵、横向接缝应错开，纵向接缝应在管道上部，如图 3-101(a) 所示；多层绝热层施工，层间拼接缝应错位，如图 3-101(b) 所示。

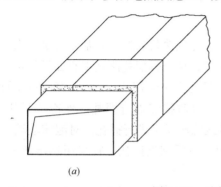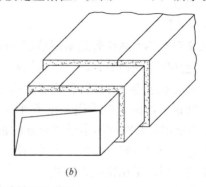

(a)　　　　　　　　　　　　　(b)

图 3-101　绝热层粘贴拼缝示意图

(a) 绝热层纵、横接缝错位布置；(b) 多层绝热层拼接缝错位布置

10.3.5 风管绝热材料采用保温钉固定时，应符合下列规定：

1 保温钉与风管、部件及设备表面的连接，应采用粘结或焊接，结合应牢固，不应脱落；不得采用抽芯铆钉或自攻螺丝等破坏风管严密性的固定方法；

2 矩形风管及设备表面的保温钉应均布，风管保温钉数量应符合表10.3.5的规定。首行保温钉距绝热材料边沿的距离应小于120mm，保温钉的固定压片应松紧适度、均匀压紧；

表10.3.5 风管保温钉数量

隔热层材料	风管底面	侧面	顶面
铝箔岩棉保温板（个/m²）	≥20	≥16	≥10
铝箔玻璃棉保温板（毡）（个/m²）	≥16	≥10	≥8

3 绝热材料纵向接缝不宜设在风管底面。

【10.3.5释义】

本条文对空调风管绝热层采用保温钉进行固定连接施工的基本质量要求作出了规定。涉及三方面内容：

(1) 保温钉与风管的连接方法：保温钉与风管连接应采用粘结或焊接，不得采用抽芯铆钉或自攻螺丝等破坏风管严密性的固定方法。采用保温钉固定绝热层的施工方法，其钉的固定将直接影响施工质量。在工程中保温钉脱落的现象时有发生，究其主要原因有胶粘剂选择不当、粘接处不清洁（有油污、灰尘或水汽等）、胶粘剂过期失效，或粘接后未完全固化就敷设绝热层等。也有金属风管采用金属螺柱焊，然后插入绝热材料予以固定的方法；焊接时金属风管表面应清洁，以免影响焊接质量。

(2) 保温钉的分布：根据《规范》表10.3.5的要求均布。

(3) 为保证风管底部绝热材料长期具有绝热性能，采用保温钉固定的绝热层纵向接缝不宜设置在风管底部。受风管绝热材料宽度的限制，风管底部的横向接缝不可避免，而纵向接缝可以避免，因此作如此规定。

10.3.6 管道采用玻璃棉或岩棉管壳保温时，管壳规格与管道外径应相匹配，管壳的纵向接缝应错开，管壳应采用金属丝、粘结带等捆扎，间距应为300mm～350mm，且每节至少应捆扎两道。

【10.3.6释义】

本条文对空调水系统管道采用玻璃棉或岩棉管壳绝热材料施工的基本质量要求作出了规定。对绝热层采用镀锌铁丝、不锈钢丝、金属带、粘胶带捆扎法施工有如下规定：

(1) 应根据绝热层的材料和绝热后设备、管径的大小选用φ0.8mm～φ2.5mm的镀锌铁丝或不锈钢丝，保温应采用宽度不小于40mm的粘胶带进行捆扎，保冷应采用12～25mm的不锈钢带和宽度不小于25mm的粘胶带或感压丝带进行捆扎。对泡沫玻璃、聚氨酯、酚醛泡沫塑料等脆性材料不宜采用镀锌铁丝、不锈钢丝捆扎，宜采用感压丝带捆扎，分层施工的内层可采用粘胶带捆扎。

(2) 捆扎间距：对硬质绝热制品不应大于400mm；对半硬质绝热制品不应大于300mm；对软质绝热制品宜为200mm。

(3) 每块绝热制品上的捆扎件不得少于两道；对有振动的部位应加强捆扎。

(4) 不得采用螺旋式缠绕捆扎。

(5) 绝热管壳的接缝应错开布置，如图 3-102 所示。

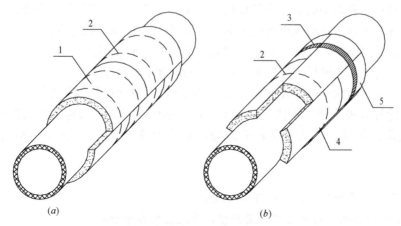

图 3-102　绝热管壳的错位布置示意图

(a) 管道半圆绝热瓦错位布置；(b) 管道扇形绝热瓦错位布置

1—半圆绝热管壳；2—绑扎金属丝；3—粘接带；4—扇形管壳（整块）；5—扇形管壳（半截）

10.3.7　风管及管道的绝热防潮层（包括绝热层的端部）应完整，并应封闭良好。立管的防潮层环向搭接缝口应顺水流方向设置；水平管的纵向缝应位于管道的侧面，并应顺水流方向设置；带有防潮层绝热材料的拼接缝应采用粘胶带封严，缝两侧粘胶带粘结的宽度不应小于 20mm。胶带应牢固地粘贴在防潮层面上，不得有胀裂和脱落。

【10.3.7 释义】

本条文对绝热防潮层和带有防潮层绝热材料施工的基本质量要求作出了规定。防潮层是防止大气中水蒸气渗入或阻止在保冷层中产生凝结水。故防潮层的基本要求有：

(1) 必须完整严密、厚薄均匀，无气孔、裂缝、脱层、皱褶等缺陷。

(2) 立管的防潮层环向搭接缝口应顺水流方向设置；水平管的纵向缝应位于管道的侧面，并应顺水流方向设置。

对于采用不同施工方法的施工质量，还有一些特别要求：

(1) 当防潮层采用玻璃纤维布（或塑料网格布）复合胶泥涂抹施工时，应符合下列规定：1) 胶泥应涂抹至规定厚度，其表面应均匀平整；2) 玻璃纤维布（或塑料网格布）应随第一层胶泥层边涂边贴，其环向、纵向缝的搭接宽度不应小于 50mm，搭接处必须粘贴密实，不得出现气泡或空鼓；3) 待第一层胶泥干燥后，应在玻璃纤维布表面再涂抹第二层胶泥。

(2) 对于防潮层采用缠绕法施工时，应符合下列规定：1) 缠绕应紧密，搭接应均匀，障碍开口处应进行密封处理；2) 卷材的环向、纵向接缝搭接宽度不应小于 20mm，或应符合产品使用说明书的要求；接口搭接应大于 100mm。搭接处胶粘剂应饱满密实。

(3) 当防潮层采用复合铝箔、涂膜弹性体及其他复合材料施工时，接缝处应严密，厚度或层数应符合设计文件的要求。

10.3.8 绝热涂抹材料作绝热层时，应分层涂抹，厚度应均匀，不得有气泡和漏涂等缺陷，表面固化层应光滑牢固，不应有缝隙。

【10.3.8 释义】

绝热涂料是一种新型的不燃绝热材料，可在被绝热对象处于运行状态下进行施工。施工时直接涂抹在风管、管道或设备的表面，经干燥固化后即形成绝热层。该材料的施工，主要是涂抹性的湿作业，故规定要涂层均匀，不应有气泡和漏涂等缺陷。当涂层较厚时，应分层施工，待上层干燥后再涂敷下层，每层的厚度不宜过厚。

对于采用直接喷涂聚氨酯发泡材料的绝热施工时，其涂层均匀是关键。

无论是涂抹或喷涂施工方法，其施工基面必须干净。绝热层与工件或管道粘贴应牢固，应无脱落、发脆、收缩、发软等现象，表面宜平整。可以通过观察与剥离进行检查。

10.3.9 金属保护壳的施工应符合下列规定：

1 金属保护壳板材的连接应牢固严密，外表应整齐平整；

2 圆形保护壳应贴紧绝热层，不得有脱壳、褶皱、强行接口等现象。接口搭接应顺水流方向设置，并应有凸筋加强，搭接尺寸应为 20mm～25mm。采用自攻螺钉紧固时，螺钉间距应匀称，且不得刺破防潮层；

3 矩形保护壳表面应平整，楞角应规则，圆弧应均匀，底部与顶部不得有明显的凸肚及凹陷；

4 户外金属保护壳的纵、横向接缝应顺水流方向设置，纵向接缝应设在侧面。保护壳与外墙面或屋顶的交接处应设泛水，且不应渗漏。

【10.3.9 释义】

本条文对绝热层金属保护壳安装的基本质量要求作出了规定。金属保护壳一是起到保护绝热层的作用，二是起到提高绝热管道观感和清洁的作用。前者强调接口的连接严密、顺水不渗漏，后者强调的是外表应平整、美观。目前常用金属保护壳材料有镀锌薄钢板、薄铝合金板、彩钢板和不锈钢板等。

本条文以尺量和观察检查为主，但部分检查内容需要特别注意：

（1）直管段金属护壳外圆周长的下料，应比绝热层外圆周长加长 30～50mm。护壳环向及纵向搭接一边应压出凸筋，环向搭接及纵向搭接尺寸均应符合本条文要求。

（2）水平管道金属保护层的环向接缝应沿管道坡向，搭向低处，其纵向接缝宜布置在水平中心线下方的 15°～45°处，并应缝口朝下。当侧面或底部有障碍物时，纵向接缝可移至管道水平中心线上方 60°以内。

（3）固定冷管道金属保护壳的自攻螺钉不得刺破防潮层，对于可疑处可打开保护层进行检查。

10.3.10 管道或管道绝热层的外表面，应按设计要求进行色标。

【10.3.10 释义】

对于空调各管路系统，应根据设计要求，进行色标的标识，以便工程的运行和维修管理。

目前，管道或管道绝热层的外表面色标的标识方法有很多，有刷色环、印字母、印文字等各种方法；但通常应能反映出以下两方面内容：（1）管道内介质及使用性质，如 CHS（冷水供水），CHR（冷水回水）；（2）管内介质的流向。管内介质通常用颜色或颜色加文字（或字母）表示，介质流向通常采用箭头方向进行标示。同时，色标之间的距离也有规定，不能太远，以便于分辩。色标应设置在显眼位置，标识要求不褪色、耐腐蚀、不开裂、不老化、耐高温；通常采用刷油漆，定制的胶带粘贴，绑扎金属标牌、丙烯酸质标牌等方法。

这部分内容都应按设计规定的方法进行。

3.11 系 统 调 试

3.11.1 一般规定

11.1.1 通风与空调工程竣工验收的系统调试，应由施工单位负责，监理单位监督，设计单位与建设单位参与和配合。系统调试可由施工企业或委托具有调试能力的其他单位进行。

【11.1.1 释义】

本条文明确规定通风与空调工程完工后竣工验收的系统调试，应以施工单位为主，监理单位监督，设计单位、建设单位参与配合。

这个规定符合建筑工程项目管理的基本准则，施工单位应将通过调试，符合设计使用功能的系统交付给业主或业主委托的管理单位。通风与空调工程竣工验收的系统调试，必须要有设计单位的参与，因为工程系统调试是实现设计功能的必要过程和手段，除应提供工程设计的性能参数外，还应对调试过程中出现的问题提供明确的修改意见。至于监理、建设单位参加调试是职责所在，既可起到工程的协调作用，又有助于工程的管理和质量的验收。

对有的施工单位，本身不具备工程系统调试的能力，则可以采用委托给具有相应调试能力的其他单位或施工企业。

11.1.2 系统调试前应编制调试方案，并应报送专业监理工程师审核批准。系统调试应由专业施工和技术人员实施，调试结束后，应提供完整的调试资料和报告。

【11.1.2 释义】

本条文对通风与空调工程的调试，作出了必须编制调试方案的规定。

通风与空调工程的系统调试是一项技术性很强的工作，调试的质量会直接影响到设备的运行及工程系统功能的实现。因此，本条文规定调试前必须编制调试方案，并经监理审核通过后施行。方案可指导、组织调试人员按规定的程序、正确方法与进度实施调试，同时，也利于监理和建设单位对调试过程的监督。

调试方案内容一般应包括：

（1）工程概况。

（2）调试范围（工作内容）。

（3）调试工作部署（保证措施）：调试组织架构、调试工艺流程、调试工作组织管理措施、调试阶段与其他专业之间的协调与管理措施、调试阶段与相关方配合与协调等。

（4）设备单机调试步骤、方法。具体调试工艺要求应符合《通风与空调工程施工规范》GB 50738[9]的规定。

（5）系统非设计满负荷条件下的联合试运行步骤、方法，包括空调风系统、空调水系统、室内参数测试、空调设备监控系统等。具体调试内容及工艺要求应符合《通风与空调工程施工规范》GB 50738[9]或《规范》附录E的规定。

（6）资源投入。包括测试仪器设备、机具的配备，调试人员的配备。测试仪器设备的配备要求列出一览表，明确采用仪器型号、名称、用途、数量、精度、分度值。

（7）调试进度安排。

（8）调试安全/环境保护措施及事故应急措施。调试方案必须包含现场安全措施与事故应急处理方案，因为通风与空调系统安装完毕，其是否能正常运行处于未知状态，因此必须预先考虑好应急方案，以确保调试过程人身与设备的安全。

（9）调试过程拟使用的相关原始记录表格及竣工技术资料表格。

鉴于通风与空调工程的系统调试是一项技术性很强的工作，因此系统调试应由专业施工和技术人员实施，要求调试人员已经过培训，熟悉调试内容、工艺流程，掌握调试方法。

11.1.3 系统调试所使用的测试仪器应在使用合格检定或校准合格有效期内，精度等级及最小分度值应能满足工程性能测定的要求。

【11.1.3 释义】

本条文对应用于通风与空调工程调试的仪器、仪表性能和精度要求作出了规定。

（1）根据已批准的调试方案内已列明的仪器设备投入一览表，按型号规格和数量配齐系统调试所使用的测试仪器。其本身量程范围、精度误差应能满足调试要求。

1）仪表精度等级

又称准确度级，是按国家统一规定的允许误差大小划分成的等级，并标志在仪表刻度标尺或铭牌上。引用误差的百分数分子作为等级标志，后须有标识%FS，级数越小，精度（准确度）就越高。

仪表精度是指表征仪表对被测量值的测量结果（示值）与被测量的真值的一致程度。

准确度等级是衡量仪表质量优劣的重要指标之一。目前，我国生产的仪表常用的精确度等级有0.005、0.02、0.05，0.1、0.2、0.4、0.5、1.0、1.5、2.5、4.0等。如果某台测温仪表的基本误差为±1.0%，则认为该仪表的精确度等级符合1.0级。如果某台测温仪表的基本误差为±1.3%，则认为该仪表的精确度等级符合1.5级。

科学实验用的仪表精度等级在0.05级以上；工业检测用仪表多在0.1～4.0级，其中校验用的标准表多为0.1级或0.2级，现场用多为0.5～5.0级。

2）仪表分度值

在计量器具的刻度标尺上，最小格所代表的被测尺寸的数值叫做分度值，分度值又称刻度值。如：温度计的分度值是指相邻的两条刻线（每一小格）表示的温度值，记录分度值也要有单位。分度值就是测量仪器所能测量的最小值。测量仪器的分度值越小，表示测量仪器的精密程度越高。

（2）对系统调试所使用的测试仪器，要检查仪表仪器是否已检定合格或校准检验是否已确认通过，并在检定/校准合格有效期内。

举例说明：如图 3-103 所示，叶轮风速仪送检定合格后，按计量管理要求，应在仪表仪器上贴上绿色检定合格证，使用时检查是否在标签规定的检定合格有效期内，是则可正常使用。

（3）舒适性空调系统常用调试仪器仪表测量性能要求可按表 3-14 选用。

图 3-103　贴在叶轮风速仪上的检定合格证

仪器仪表测量性能要求　　　　　　　　　　　　　　　　表 3-14

类别	测量参数（单位）	测试仪器	仪表测量性能要求	
			精度等级	最小分度值
通风与空调风系统	温度（℃）	玻璃液体温度计、热电阻温度计、热电偶温度计、红外线温度计等		≤0.5℃
	风速（m/s）	热风速仪、叶轮风速仪、毕托管与微压计等	≤5%（测量值）	≤0.5m/s
	风量（m³/h）	风量罩、风速仪、毕托管与微压计等	≤5%（测量值）	
	动压、静压（Pa）	毕托管和补偿式微压计、斜管微压计、电子压差计、机械式压差计等		≤1.0 Pa
	大气压力（Pa）	大气压力计、玻璃水银柱压力计		≤2hPa
空调水系统	水温度（℃）	玻璃液体温度计、铂电阻温度计等		≤0.5℃
	水流量（m³/h）	超声波流量计或其他形式流量计	≤2%（测量值）	
	水压（kPa）	压力表（仪）	≤5%（测量值）	
室内空气环境	温度（℃）	玻璃液体温度计、热电阻温度计等		≤0.5℃
	相对湿度（%RH）	毛发湿度计、干湿球湿度计、通风干湿球温度仪	≤5%（测量值）	
	噪声[dB（A）]	声级计		≤0.5 dB（A）
	静压差（Pa）	微压计		≤1.0 Pa
	截面风速（m/s）	热风速仪、叶轮风速仪、3维超声风速仪		≤0.1m/s

续表

类别	测量参数（单位）	测试仪器	仪表测量性能要求	
			精度等级	最小分度值
电参数	电流（A）	交流电流表、交流钳形电流表	1.5级	
	电压（V）	电压表	1.5级	
	功率（kW）	功率表	1.5级	
其他参数	转速（r/min）	各类接触式、非接触式转速表	1.5级	

11.1.4 通风与空调工程系统非设计满负荷条件下的联合试运转及调试，应在制冷设备和通风与空调设备单机试运转合格后进行。系统性能参数的测定应符合本规范附录E的规定。

【11.1.4 释义】

通风与空调工程系统调试包括设备单机试运转和系统非设计满负荷条件下的联合试运转及调试，且两者有严格的先后顺序，即先进行通风空调设备单机试运转，合格后方可进行非设计满负荷条件下的联合试运转及调试。

设计满负荷工况条件是指在建筑室内设备与人和室外自然环境都处于最大负荷的条件。在现实工程建设交工验收阶段很难实现，即使在工程已经投入使用，还需要有室外气象条件的配合。为方便验收，通常进行非设计满负荷条件下的联合试运转及调试，当竣工季节与设计条件相差较大时，仅做不带冷（热）源试运转。

为规范通风空调系统联合试运转及调试基本参数测定方法，结合多年通风空调系统调试工作实践，本次规范修订增加了"附录E 通风空调系统运行基本参数测定"，对风管风量测量、风口风量测量、空调水流量及水温检测、室内环境温度/湿度检测、室内环境噪声检测、空调设备机组运行噪声检测等系统运行基本参数，规定了其测量方法及测量数据处理要求。

11.1.5 恒温恒湿空调工程的检测和调整，应在空调系统正常运行24h及以上，达到稳定后进行。

【11.1.5 释义】

恒温恒湿空调系统的调试，需要有一个逐步进入稳定状态的过程。检测工作必须在恒温恒湿空调系统运行稳定和可靠之后进行，空调系统连续正常运行24h及以上，应已适应了周围环境对系统的影响，可以认为达到了稳定的状态。

11.1.6 净化空调系统运行前，应在回风、新风的吸入口处和粗、中效过滤器前设置临时无纺布过滤器。净化空调系统的检测和调整，应在系统正常运行24h及以上，达到稳定后进行。工程竣工洁净室（区）洁净度的检测，应在空态或静态下进行。检测时，室内人员不宜多于3人，并应穿着与洁净室等级相适应的洁净工作服。

【11.1.6 释义】

净化空调系统运行前，为保护已安装的粗、中效过滤器需在所有回风口、新风口安装临时无纺布过滤器。净化空调系统的检测和调试应在系统运行稳定以后进行，一般应在系统正常运行24h以上。工程验收时洁净度的检测应在空态（测试房间内无工作人员和无工艺设备）或静态（测试房间内无工作人员，工艺设备未运转）下进行，或按合同约定的状态下进行检测。洁净室形成后，人员是较大的产尘源，加强人员的管控也是减少洁净室污染源的重要措施，检测时测试人员不宜超过3人，测试人员应穿着与洁净室等级相适应的洁净工作服。

3.11.2 主控项目

11.2.1 通风与空调工程安装完毕后，应进行系统调试。系统调试应包括下列内容：

    1 设备单机试运转及调试；

    2 系统非设计满负荷条件下的联合试运转及调试。

【11.2.1释义】

    通风与空调工程完工后，为了使工程达到预期的目标，规定必须进行系统的测定和调整（简称调试）。它包括设备的单机试运转和调试及非设计满负荷条件下的联合试运转及调试两大内容。这是必须进行的工艺过程，其中，系统非设计满负荷条件下的联合试运转及调试，还可分为单个或多个子分部工程系统的联合试运转与调试，及整个分部工程系统的联合试运转与平衡调整。

    （1）舒适性通风空调系统设备包括风系统设备、水系统设备、冷热源设备三大类，具体设备见表3-15，这些设备的单机试运转和调试工艺要求应符合《通风与空调工程施工规范》GB 50738[9]的规定。

通风空调主要设备   表 3-15

序号	设备类别	设备名称
1	风系统设备	（1）通风机（轴流风机、离心风机、屋顶通风机、射流风机等） （2）空气处理机组（AHU）、组合式处理机组、新风机组 （3）风阀（风量调节阀、电动防火阀、电动排烟阀、组合风阀） （4）变风量末端装置、诱导器、风机盘管机组 （5）多联式空调室内机
2	水系统设备	（1）空调水泵（冷水水泵、热水水泵、冷却水泵） （2）冷却塔 （3）电动阀
3	冷热源设备	（1）电制冷（热泵）机组（活塞式冷水机组、螺杆式冷水机组、离心式冷水机组、热泵等） （2）吸收式制冷机组 （3）水环热泵机组 （4）多联式空调室外机、分体式冷暖空调机 （5）蓄能设备（蓄冷设备、蓄热设备）

    （2）舒适性通风空调系统非设计满负荷条件下的联合试运转及调试内容一般包括：

    1）监测与控制系统的检验、调整与联动运行；

    2）系统风量的测定和调整；

3）空调水系统的测定和调整

4）变制冷剂流量多联机系统联合试运行与调试；

5）变风量（VAV）系统联合试运行与调试；

6）室内空气参数的测定和调整；

7）防排烟系统测定和调整。具体调试工艺要求应符合《通风与空调工程施工规范》GB 50738[9]或《规范》附录 E 的规定。

11.2.2 设备单机试运转及调试应符合下列规定：

1 通风机、空气处理机组中的风机，叶轮旋转方向应正确、运转应平稳、应无异常振动与声响，电机运行功率应符合设备技术文件要求。在额定转速下连续运转 2h 后，滑动轴承外壳最高温度不得大于 70℃，滚动轴承不得大于 80℃；

2 水泵叶轮旋转方向应正确，应无异常振动和声响，紧固连接部位应无松动，电机运行功率应符合设备技术文件要求。水泵连续运转 2h 滑动轴承外壳最高温度不得超过 70℃，滚动轴承不得超过 75℃；

3 冷却塔风机与冷却水系统循环试运行不应小于 2h，运行应无异常。冷却塔本体应稳固、无异常振动。冷却塔中风机的试运转尚应符合本条文第 1 款的规定；

4 制冷机组的试运转除应符合设备技术文件和现行国家标准《制冷设备、空气分离设备安装工程施工及验收规范》GB 50274 的有关规定外，尚应符合下列规定：

1）机组运转应平稳、应无异常振动与声响；

2）各连接和密封部位不应有松动、漏气、漏油等现象；

3）吸、排气的压力和温度应在正常工作范围内；

4）能量调节装置及各保护继电器、安全装置的动作应正确、灵敏、可靠；

5）正常运转不应少于 8h。

5 多联式空调（热泵）机组系统应在充灌定量制冷剂后，进行系统的试运转，并应符合下列规定：

1）系统应能正常输出冷风或热风，在常温条件下可进行冷热的切换与调控；

2）室外机的试运转应符合本条文第 4 款的规定；

3）室内机的试运转不应有异常振动与声响，百叶板动作应正常，不应有渗漏水现象，运行噪声应符合设备技术文件要求；

4）具有可同时供冷、热的系统，应在满足当季工况运行条件下，实现局部内机反向工况的运行。

6 电动调节阀、电动防火阀、防排烟风阀（口）的手动、电动操作应灵活可靠，信号输出应正确；

7 变风量末端装置单机试运转及调试应符合下列规定：

1）控制单元单体供电测试过程中，信号及反馈应正确，不应有故障显示；

2）启动送风系统，按控制模式进行模拟测试，装置的一次风阀动作应灵敏可靠；

3）带风机的变风量末端装置，风机应能根据信号要求运转，叶轮旋转方向应正确，运转应平稳，不应有异常振动与声响；

4）带再热的末端装置应能根据室内温度实现自动开启与关闭。

8 蓄能设备（能源塔）应按设计要求正常运行。

【11.2.2 释义】

本条文对通风与空调工程系统 8 类典型设备的单机试运转应达到的主控项目及要求作出了规定。

第 1 款，规定通风机（包括空气处理机组中的风机）单机试运转及调试应达到的主控项目验收标准。

（1）检查风机叶轮旋转方向应正确。通风机安装和叶轮旋转是有方向性的，试运转时必须根据风机铭牌上的标示方向检查是否正确，如图 3-104 所示。目前风机电动机一般采用三相异步电机，电机接线时三相进线相序的不同，会使电机有正反转之分。因此，在进行风机试运转时，在风机首次启动时先"点动"，通过观察检查风机叶轮旋转方向是否与铭牌标示方向一致，若不一致（反转）则通过调整电机接线三相进线相序来解决。

（2）检查风机运转应平稳、应无异常振动与声响。风机异常振动主要是由于风机安装不当（如固定不牢，减振措施不当等），或风机叶轮平衡不佳，或缺相等原因造成的不正常振动；风机异常声响可能是风机壳内有杂物或风机叶轮擦壳造成的。必须加以重视，找出问题原因加以解决方可连续运行。风机正常运行过程应是平稳、无异常振动与声响。

（3）检查电机运行功率应符合设备技术文件要求。风机正常运行后，一般通过钳表检查电机输入（三相）电压和运行电流，如图 3-105 所示，电压在额定电压正常波动范围内，（三相）运行电流没有超过额定电流且三相运行电流之间偏差在允许范围内。也可直接使用功率表直接测量电机运行功率验证没有超出额定功率，则说明电机运行电参数符合设备技术文件要求。

图 3-104　通风机铭牌上标示有风机安装方向和叶轮旋转方向

图 3-105　用钳表检查地铁隧道风机电机输入三相电压、启动电流和运行电流

（4）检查风机轴承最高温度。本项检查不适用于叶轮直接与电机转轴连接的风机（如轴流风机）。检测时一般用红外线温度计直接测量风机轴承处金属外壳的温度，合格标准为在额定转速下连续运转 2h 后，滑动轴承外壳最高温度不得大于 70℃，滚动轴承不得大于 80℃。

第 2 款，规定空调水泵单机试运转及调试应达到的主控项目验收标准。

（1）检查水泵叶轮旋转方向应正确。水泵叶轮旋转是有方向性的，试运转时必须根据水泵机壳上的标示方向检查是否正确，如图 3-106 所示。试运转时，在水泵首次启动时先"点动"，通过观察检查水泵电机旋转方向是否与泵壳标示方向一致，若不一致（反转）则通过调整电机接线三相进线相序来解决。

图 3-106　在水泵机壳上的标示水泵叶轮旋转方向

（2）检查水泵运转应无异常振动与声响，紧固连接部位应无松动。水泵异常振动与声响主要是由于水泵安装不当（如固定不牢，减振措施不当等），或水泵机壳内有异物，或水泵及管道未注满水，或水泵进出管道阀门未打开，或过滤器堵塞，或水泵轴承润滑不佳，或水泵联轴器同轴度没有找正对中等原因造成的。必须加以重视，找出问题原因加以解决方可连续运行。水泵正常运行过程应是平稳、无异常振动与声响，试运转完毕应检查水泵紧固连接部位应无松动。

图 3-107　用红外线温度计直接测量水泵轴承处金属外壳的温度

（3）检查电机运行功率应符合设备技术文件要求。水泵正常运行后，一般通过钳表检查电机输入（三相）电压和运行电流，电压在额定电压正常波动范围内，（三相）运行电流没有超过额定电流且三相运行电流之间偏差在允许范围内。也可直接使用功率表直接测量电机运行功率验证没有超出额定功率，则说明电机运行电参数符合设备技术文件要求。

（4）检查水泵轴承最高温度。检测时一般用红外线温度计直接测量水泵轴承处金属外壳的温度，如图 3-107 所示。合格标准为水泵连续运转 2h 后，滑动轴承外壳最高温度不得超过 70℃，滚动轴承不得超过 75℃。

第 3 款，规定冷却塔单机试运转及调试应达到的主控项目验收标准。

（1）检查冷却塔中风机的试运转，应符合通风机单机试运转及调试应达到的主控项目验收标准。即风机叶轮旋转方向应正确、运转应平稳、应无异常振动与声响，电机运行功率应符合设备技术文件要求。在额定转速下连续运转 2h 后，滑动轴承外壳最高温度不得大于 70℃，滚动轴承不得大于 80℃。

（2）检查冷却塔风机与冷却水系统循环试运行不应小于 2h，运行应无异常；冷却塔本体应稳固、无异常振动。为了正确判断冷却塔的运转性能，需有一定的运行时间，故条文规定不应少于 2h。冷却塔及冷却水系统循环试运行检查包括：分水器布水是否均匀；布水器的转动部分是否灵活；冷却塔（多台冷却塔并联运行）进水量是否平衡，有无溢水、飘水现象等（见图 3-108 和图 3-109）。

第 4 款，规定制冷机组单机试运转及调试应达到的主控项目验收标准。

图 3-108　两台冷却塔并联运行时　　　　图 3-109　多台冷却塔并联运行进水分配
　　　　　水量分配不均　　　　　　　　　　　　　　不均有溢水现象

空调工程使用的制冷机组，一般均由设备生产商负责调试，施工单位配合。试运转时要求控制下列关键点：

（1）检查机组运转应平稳、应无异常振动与声响。机组不应反向运转，机组启动前应对供电电源进行相序测定，确定供电相位是否符合要求。运行过程中，检查设备工作状态是否正常，有无异常的噪声、振动、阻滞等现象，特别是部分负荷时，离心式冷水机组容易出现喘振现象。在压缩机渐渐减速至完全停止的过程中，注意倾听是否有异常声音从压缩机或齿轮箱中传出。

（2）检查机组各连接和密封部位不应有松动、漏气、漏油等现象。机组运转过程中自身不可避免地产生振动，因此要求在运转时要检查与机组各连接和密封部位是否有松动、漏气、漏油等不正常现象出现。

（3）吸、排气的压力和温度应在正常工作范围内。机组试运转时应记录机组运转情况及主要参数，并应符合设计及产品技术文件的要求，包括制冷剂液位、压缩机油位、蒸发压力和冷凝压力、油压、冷却水进/出口温度及压力、冷冻（热）水进/出口温度及压力、冷凝器出口制冷剂温度、压缩机进气和排气温度等。本条强调制冷机组运转时，压缩机进气和排气压力、进气和排气温度均应在正常工作范围内。

（4）能量调节装置及各保护继电器、安全装置的动作应正确、灵敏、可靠。对于单螺杆式压缩机，其能量调节机构有滑阀式、转动环式、薄膜式三种；对于单螺杆式压缩机，其能量调节机构主要是滑阀。对于离心式压缩机，其能量调节机构有导流叶片调节、热气旁通调节、变频调节三种。制冷机组单机试运转及调试时，可通过控制屏操作检查能量调节装置动作是否正确、灵敏、可靠。

为确保冷水机组安全可靠地运行，常规的冷水机组设置了以下安全保护措施：1）压缩机吸气压力或蒸发器压力过低，报警停机保护；2）压缩机排气压力或冷凝器压力过高，报警停机保护；3）压缩机排气温度过高，报警停机保护；4）油压差保护；5）冷水、冷却水断流保护；6）过电压、欠电压保护；7）缺相、断相保护；8）过电流保护；9）电机绕组温度过高保护。当机组的参数达到切断值时机组能报警并自动停机。

（5）机组正常运转不应少于 8h。为了正确判断制冷机组的运转性能，需有一定的运行时间，故条文规定不应少于 8h。

第 5 款，规定多联式空调（热泵）机组单机试运转及调试应达到的主控项目验收标准。

多联式空调是指由一台（组）空气（水）源制冷或热泵机组配置多台室内机，通过改变制冷剂流量适应各房间负荷变化的直接膨胀式空调系统，如图 3-110 所示。

与传统集中式空调相比，多联机既可单机独立控制，又可群组控制，克服了传统集中空调只能整机运行、调节范围有限、低负荷时运行效率不高的弊端；与水系统中央空调相比，没有送回水管漏水隐患；同时，与传统中央空调相比，操作简单，灵活性强。在一个机组系统中，可实现同时供冷与供热，满足不同房间的需要。

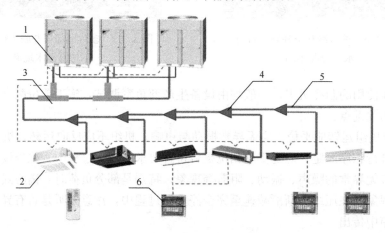

图 3-110　多联式空调系统组成示意图

1—室外机；2—室内机；3—室外机之间连接接头；4—冷媒铜管；

5—分歧接头；6—遥控器

试运转要求控制下列关键点：

（1）检查系统应能正常输出冷风或热风，在常温条件下可进行冷热的切换与调控。

调试时，应分别按系统进行室外机与室内机的调试。

对于单冷型多联式空调机组，系统应只能正常输出冷风，并对室内空调温度进行（降温）调控。

对于热泵型多联式空调机组，机组可以制冷或制热。因此系统能对室内空调温度进行升/降调控，并根据指令实现冷热的切换，正常输出冷风或热风。

（2）检查室外机的试运转应符合制冷机组单机试运转的规定。

多联式空调室外机主要由压缩机、热交换器或冷凝器（单冷型）、风机、控制系统等组成，其中，压缩机试运转应符合《规范》制冷机组单机试运转的规定，风机试运转可参照《规范》通风机单机试运转的规定。

试运转时，在所有室内机开启运行 60min 后，测试主机电源电压和运转电压、运转电流、运转频率、制冷系统运转压力、吸排风温差、压缩机吸排气温度、机组噪声等，应符合设计与产品技术文件要求。

（3）检查室内机的试运转不应有异常振动与声响，百叶板动作应正常，不应有渗漏水现象，运行噪声应符合设备技术文件要求。

多联式空调室内机主要由热交换器或蒸发器（单冷型）、风机、控制系统等组成。室内机试运转时，风机试运转可参照《规范》通风机单机试运转的规定，不应有异常振动与声响；百叶板动作检查应正常；室内机冷凝水排放顺畅，不应有渗漏水现象。

（4）具有可同时供冷、热的系统，应在满足当季工况运行条件下，检查实现局部内机反向工况的运行。

对于具有同时分别供冷、供热的多联式空调系统，在空调过渡季节（如春季、秋季），通过调控系统内部分室内机反向工况的运行（即部分室内机供冷，部分室内机供热），检测验证空调系统能实现同时供冷、热的功能。

第6款，规定通风空调各类电动风阀单机试运转及调试应达到的主控项目验收标准。

对通风空调系统中使用的各类电动调节阀、电动组合风阀、电动防火阀、防排烟风阀（口），分别进行手动、（模拟送电/正式送电）电动操作试验检查，要求风阀动作应灵活可靠，启/闭、联锁等信号输出应正确。

（1）防火阀、排烟防火阀的单机试运转及调试应符合下列规定：1）进行手动关闭、复位试验，阀门动作应灵敏、可靠，关闭应严密；2）模拟火灾，相应区域火灾报警后，同一防火区域内阀门应联动关闭；3）阀门关闭后的状态信号应能反馈到消防控制室；4）阀门关闭后应能联动相应的风机停止。

（2）常闭送风口、排烟阀或排烟口的单机试运转及调试应符合下列规定：1）进行手动开启、复位试验，阀门动作应灵敏、可靠，远距离控制机构的脱扣钢丝连接应不松弛、不脱落；2）模拟火灾，相应区域火灾报警后，同一防火区域内阀门应联动开启；3）阀门开启后的状态信号应能反馈到消防控制室；4）阀门开启后应能联动相应的风机启动。

第7款，规定变风量末端装置单机试运转及调试应达到的主控项目验收标准。

变风量系统（简称VAV）是一种通过改变进入空调区域的送风量来适应区域内负荷变化的全空气空调系统。

变风量空调系统有各种类型，它们均由四个基本部分构成：变风量末端装置、空气处理及输送设备、风管系统及自动控制系统。图3-111显示了变风量空调系统四个基本部分的构成、作用与相互关系。

变风量末端装置是变风量空调系统的关键设备之一。空调系统通过末端装置调节一次风送风量，跟踪负荷变化，维持室温。常用变风量末端装置分类如图3-112所示。

变风量末端装置试运转要求控制下列关键点：

（1）变风量末端装置控制单元单体供电测试。要求信号及反馈应正确，不应有故障显示。

（2）检查变风量末端装置一次风阀动作。启动送风系统，按不同控制模式进行模拟测

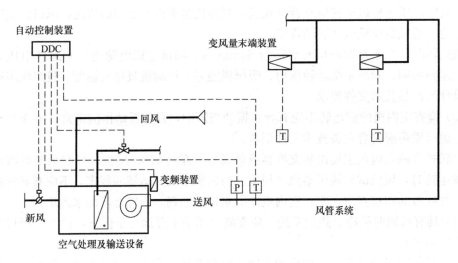

图 3-111　变风量空调系统基本构成

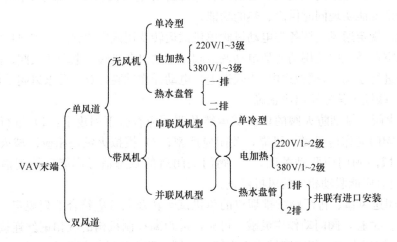

图 3-112　常用变风量末端装置分类示意图

试，变风量末端装置的一次风阀动作应灵敏、正确。

（3）对带风机的变风量末端装置，可参照《规范》中通风机单机试运转的规定检查其风机试运转。要求变风量末端装置内的风机应能根据信号要求运转，叶轮旋转方向应正确，运转应平稳，不应有异常振动与声响。

（4）带再热的变风量末端装置，应应检查其实现再热功能运行。用专用调试设备（如手提电脑、温控器）分别输入不同的模拟室内温度信号，变风量末端装置控制器能根据预设控制指令要求自动开启/关闭再热功能。对于采用电加热再热模式的变风量末端装置，可用万用表直接检测其电加热器通/断电来验证再热功能运行；对于采用热水再热模式的变风量末端装置，可检查与变风量末端装置连接的热水管上二通阀的启/闭来验证再热功能运行。

双风道变风量空调系统的一次风分为冷、热两路送至末端装置，通过调节空调冷、热风的送风量实现不同的室内空调要求。如今，该类系统很少应用，不予详细叙述。

第 8 款，规定蓄能设备（能源塔）单机试运转及调试应达到按设计要求的正常运行。

蓄能设备包括空调供冷用蓄冷设备、供暖用蓄热设备。蓄热设备由蓄热装置及相关附件组成的能够以显热和（或）潜热蓄存能量的装置（不含化学能量）。如图 3-113 所示，空调蓄冷系统的蓄冷设备有水蓄冷设备、盘管式蓄冰（内融冰、外融冰）设备、封装式蓄冰设备、冰片滑落式蓄冰设备、冰晶式蓄冰设备等。

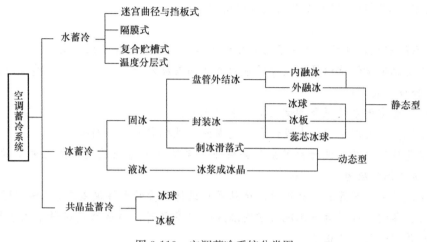

图 3-113 空调蓄冷系统分类图

蓄能设备是蓄能空调系统中的主要设备，设备单机试运转及调试一般以设备生产厂家技术人员为主，建设单位、监理单位、设计单位及施工单位共同参与，做好调试记录并进行最终验收。

（1）蓄冷设备 24h 冷损失应小于蓄冷量的 2%；蓄热设备 24h 热损失应小于蓄热量的 3%。

（2）蓄冰设备单机试运转及调试的重点是保证蓄冰设备的制冰及融冰能力满足设计要求。

蓄冷量、释冷量的测试。蓄冷量的测试应恒定蓄冷流量、蓄冷进口温度，当蓄冷设备进出口温差＜0.5℃或蓄冷时间满足 8h，即认为蓄冷循环结束。释冷量的测试应恒定释冷流量（同蓄冷流量）、蓄冷设备出口温度在 4℃ 的情况下，确定总释冷量及所需的时间。当蓄冷设备进出口温差＜0.5℃时，认为释冷循环结束；蓄冷速率、释冷速率通过蓄冷量、释冷量的测试过程得出。

蓄冰设备的铭牌应明确注明潜热容量、显热容量、载冷剂容积、运行重量、最高运行温度、最大运行承压、外形尺寸。

（3）水蓄冷设备单机试运转及调试要保证蓄冷温度、蓄冷温差、斜温层的测试符合设计要求，水流分布器孔口出口流速宜小于 0.6m/s；液位显示装置工作正常等。

（4）蓄热设备单机试运转及调试除了保证设备性能符合设计要求，重点是保证设备安全运行。

1）对于水蓄热装置，分为常压常温、承压常温或承压高温蓄热。常压常温蓄热的最高蓄热温度不应高于 95℃，承压常温蓄热的最高蓄热温度不应高于 95℃，承压高温蓄热的最高蓄热温度不应高于 150℃，承压高温蓄热设备，设置的安全保护装置、液位显示装置、压力显示装置应工作正常。

2) 对于一体化蓄热设备的出口水温与设置值的偏差应小于±3℃；一体化蓄热设备安装的超高温自动保护、超压自动保护、压力安全阀保护、低水位或缺水保护，漏电、短路及过载保护等工作正常；一体化蓄热设备的铭牌上应标明蓄热量、蓄热容积、电功率、电流、外形尺寸、运输重量。一体化蓄热设备单位时间取热量，应按最大取热状态运行，采用设备单位时间进出口温差及流量计算得出。

11.2.3 系统非设计满负荷条件下的联合试运转及调试应符合下列规定：

1 系统总风量调试结果与设计风量的允许偏差应为−5%～+10%，建筑内各区域的压差应符合设计要求；

2 变风量空调系统联合调试应符合下列规定：

1) 系统空气处理机组应在设计参数范围内对风机实现变频调速；

2) 空气处理机组在设计机外余压条件下，系统总风量应满足本条文第1款的要求，新风量的允许偏差应为0～+10%；

3) 变风量末端装置的最大风量调试结果与设计风量的允许偏差应为0～+15%；

4) 改变各空调区域运行工况或室内温度设定参数时，该区域变风量末端装置的风阀（风机）动作（运行）应正确；

5) 改变室内温度设定参数或关闭部分房间空调末端装置时，空气处理机组应自动正确地改变风量；

6) 应正确显示系统的状态参数。

3 空调冷（热）水系统、冷却水系统的总流量与设计流量的偏差不应大于10%；

4 制冷（热泵）机组进出口处的水温应符合设计要求；

5 地源（水源）热泵换热器的水温与流量应符合设计要求；

6 舒适空调与恒温、恒湿空调室内的空气温度、相对湿度及波动范围应符合或优于设计要求。

【11.2.3释义】

本条文规定了通风与空调工程系统非设计满负荷条件下的联动试运转及调试，应达到的主要控制项目及要求。

第1款，规定风系统调试应达到的主控项目验收标准。

(1) 系统总风量经测试调整后，其检测值与设计风量的偏差范围控制在−5%～+10%。

与原规范相比，风系统总风量调试的允许偏差范围由原来的±10%，调整为−5%～+10%，要求更加严格。调试前应与设计沟通，明确各个风系统的设计风量值。

对于空调系统来说，都有一个空气过滤器，在使用后由于积尘会增加系统的阻力的特性，空调系统调试的初始风量，宜大于或等于设计风量，即最好为正偏差。但考虑我国对通风机出厂名义风量偏差允许范围，非施工单位所能控制，因此《规范》将系统总风量调试结果与设计风量的偏差范围控制在−5%～+10%。

系统总风量调试经常会遇到系统实测总风量过小或过大的现象，这与系统的风机选型、系统风管阻力、风量调节阀设置、空气过滤器阻力等因素密切相关，要结合现场实际情况分析原因。

系统总风量测定方法见《规范》附录 E.1 节的规定。

（2）建筑内各区域的压差应符合设计要求。

建筑内各区域的压差控制是保证实现空调效果的前提之一，需要调试人员根据设计图纸要求对空调风系统的送风量、回风量、排风量进行测定调整。若空调房间内静压过大，在门、窗及结构缝隙处因有气流高速渗漏产生吹哨似的噪声，房门打开非常费力甚至打不开，影响人员正常工作及休息，且增加系统能耗。若空调房间静压过小甚至产生负压，室外或走廊空气渗进室内过多，使室内的空气温度、湿度波动而达不到设计要求。

调试时，应按照设计工况，从静压高的区域（或房间）向静压低的区域（或房间）逐级测定调整，此方法有利于风系统的平衡。

室内静压差的测定方法见《规范》附录 D.2 节的规定。

第 2 款，规定变风量空调系统非设计满负荷条件下的联合试运转及调试应达到的主控项目验收标准。

变风量空调系统工作原理如图 3-114 所示。相对于定风量空调系统，所谓变风量空调系统有两层含义：1）空调系统总风量可变；2）空调区域内末端装置的一次风送风量可变。通常变风量末端装置安装在房间内，通过控制一次风的流量维持房间内温度恒定。空气处理机（AHU）一般安装在机房内，对新回风进行冷（热）处理后向变风量末端装置提供一次风，并根据负荷调整送风量。

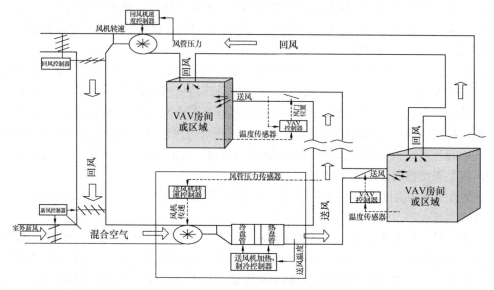

图 3-114　变风量空调系统工作原理图

（1）系统空气处理机组应在设计参数范围内对风机实现变频调速。

变风量空调系统要实现空调系统总风量可变，一般是由变风量空调控制系统综合/监控系统内各变风量末端装置负荷需求变化情况，按系统预设控制程式计算确定系统空气处理机组（AHU）内送风机最佳运转频率，发出空气处理机组（AHU）变频指令来调整系统总送风量。

送风机的风量调节方法有：风阀调节、风机入口导叶调节和变频调速，大型轴流风机也可采用翼角调节。其中最佳的调节方法是采用变频装置调节风机转速，目前几乎都采用变频调速方式。

因此，为保证变风量空调系统顺利实现空调系统总风量可变，VAV 系统联合调试要对空气处理机组风机变频调速（分成若干频率段）的风量进行现场检测，以检查确定空气处理机组风机的风量在符合设计参数范围内的可调频率范围。

（2）空气处理机组在设计机外余压条件下，系统总风量应满足本条文第 1 款的要求，新风量的允许偏差应为 0～+10%。

由于变风量系统正常运行时，系统总送风量随系统负荷变化而变化，为验证检查空气处理机组一次送风能力是否满足设计要求，因此条文规定在保证变风量系统风管在设计静压的前提条件下，系统总送风量（空气处理机组送风机风量）经测试调整后，其检测值与设计风量的偏差范围控制在 -5%～+10%，新风量偏差范围控制在 0～+10%。

（3）变风量末端装置的最大风量调试结果与设计风量的允许偏差应为 0～+15%。

变风量末端装置出厂前，一般按设计参数要求设定一次风阀的最大和最小开度，以满足变风量末端装置最大送风量和最小送风量符合设计规定。

变风量末端装置一次风的最大送风量是按所服务空调区域的逐时显热冷负荷综合最大值和送风温差经计算确定，即该变风量末端装置所服务空调区域在设计满负荷时的最大送风量，因此为保证变风量空调在设计满负荷时的效果，《规范》强调系统内每一个变风量末端装置的最大风量调试结果与设计风量的偏差必须为正偏差，偏差范围为 0～+15%。

（4）改变各空调区域运行工况或室内温度设定参数时，该区域变风量末端装置的风阀（风机）动作（运行）应正确。

按变风量空调工作原理，空调区域内变风量末端装置的一次风送风量可变。通常变风量末端装置安装在房间内，通过控制一次风的流量维持房间内温度恒定。因此，为检测验证此项功能，调试时需要通过改变各空调区域运行工况或室内温度设定参数方法，模拟负荷变化，检查该区域内变风量末端装置的一次风阀是否按设计控制要求正确动作（最大、最小或中间开度），若是风机动力型变风量末端装置，还需要进一步检查变风量末端装置内的风机是否按控制设计要求投入/停止运行。

（5）改变室内温度设定参数或关闭部分房间空调末端装置时，空气处理机组应自动正确地改变风量。

按变风量空调工作原理，空调系统总风量可变。通常空气处理机组（AHU）安装在机房内，对新回风进行冷（热）处理后向变风量末端装置提供一次风，并根据负荷调整送风量。因此，为检测验证此项功能，调试时需要通过改变室内温度设定参数或关闭部分房间空调末端装置的方法，模拟负荷变化，检查空气处理机组是否按设计控制要求自动正确地改变送风量，即空调区域负荷减小，变风量末端装置一次风量减少时，控制器依照某种系统风量控制方法减小系统风量；反之，当空调区域负荷增加、变风量末端装置一次风量增加时，控制器将增大系统风量。

（6）应正确显示系统的状态参数。

按《变风量空调系统工程技术规程》JGJ 343[15]，变风量空调系统的监测包括：1）室内温控区的温度；2）室外空气的温、湿度；3）末端装置的送风量；4）空调机组的送风温度；5）空调机组的回风温、湿度；6）空气过滤器进出口的静压差；7）风机及变频器、水阀、风阀的启停状态和运行参数。8）宜监测送风管静压点的静压值；9）宜监测空气冷却器进出口的冷水温度；10）宜监测空气加热器进出口的热水温度；11）宜监测室内空气品质及二氧化碳浓度等参数；12）宜监测新风量。

调试时，结合变风量系统现场实际使用的监测状态参数，逐一检查系统的状态参数是否能在控制屏上正确显示。

第 3 款，规定水系统调试应达到的主控项目验收标准。

合格标准为空调冷（热）水系统、冷却水系统的总流量测试结果与设计流量的偏差不应大于 10%，与原规范要求一致，经过十多年实践证明，这一规定只要通过精心调试（先水力平衡调试，后调整干管平衡阀）是可以达到的，也有利于空调系统的节能运行。

空调水流量测定方法见《规范》附录 E.3 节的规定。

第 4 款，规定冷/热源系统在非设计满负荷条件下的联合试运转及调试应达到的主控项目验收标准。

合格标准为制冷（热泵）机组进出口处的水温应符合设计要求。

水温测定方法见《规范》附录 E.3 节的规定。

采用冷水机组直接供冷时，空调冷水供水温度不宜低于 5℃，空调冷水供回水温差不应小于 5℃。

第 5 款，规定地源（水源）热泵在非设计满负荷条件下的联合试运转及调试应达到的主控项目验收标准。

合格标准为地源（水源）热泵换热器的水温与流量应符合设计要求。

第 6 款，规定空调室内参数在非设计满负荷条件下的联合试运转及调试应达到的主控项目验收标准。

合格标准为：对于舒适性空调，室内的空气温度、相对湿度应符合或优于设计要求。对于恒温、恒湿空调，室内的空气温度、相对湿度及波动范围应符合或优于设计要求。

因为本项测试是在非设计满负荷条件下进行的，因此测试结果必须符合或优于设计要求。

室内环境温度、湿度测定方法见《规范》附录 E.4 节的规定。

11.2.4 防排烟系统联合试运行与调试后的结果，应符合设计要求及国家现行标准的有关规定。

【11.2.4 释义】

通风与空调工程中的防排烟系统是建筑内的安全保障救生设备系统，施工单位调试的最终结果必须符合设计和消防的验收规定。目前，与防排烟系统联合试运行与调试相关的国家现行标准的有《建筑设计防火规范》GB 50016 与《通风与空调工程施工规范》GB 50738[9]等。

（1）机械正压送风系统联合试运行与调试

机械加压送风系统的调试应根据设计模式，开启送风机，分别在系统的不同位置打开送风口，测试送风口处的风速，以及楼梯间、前室、合用前室、消防电梯前室、封闭避难层（间）的余压值，应分别达到设计要求。

1) 加压送风口的风速不宜大于 7m/s。

2) 任选一层模拟火灾，打开送风口，联锁启动加压送风机，当封闭楼梯间、防烟楼梯间、前室、合用前室、消防电梯前室及封闭避难层（间）门全闭时，测试该层的防烟楼梯间、前室、合用前室、消防电梯前室及封闭避难层（间）的余压。从走廊到前室再到楼梯间的余压值应依次呈递增分布；前室、合用前室、消防电梯前室、封闭避难层（间）与走道之间的压差应符合要求；封闭楼梯间、防烟楼梯间与走道间压差应符合要求。

若设计没明确，合格判定标准为机械加压送风量应满足走廊至前室至楼梯间的压力呈递增分布，其中前室、合用前室、消防电梯前室、封闭避难层（间）与走道之间的压差为 25～30Pa；防烟楼梯间、封闭楼梯间与走道之间的压差为 40～50Pa。

3) 打开模拟着火楼层前室、合用前室、消防电梯前室的防火门，对于地上楼梯间，当机械加压送风系统负担层数小于 15 层时，同时打开模拟着火楼层及其上一层楼梯间的防火门；当机械加压送风系统负担层数大于或等于 15 层时，同时打开模拟着火楼层及其上、下一层楼梯间的防火门；对于地下楼梯间，同时打开模拟着火楼层楼梯间的防火门；测试各门洞处的风速不应小于 0.7m/s，也不宜大于 1.2m/s。

4) 封闭避难层（间）的机械加压送风量应按避难层（间）净面积每平方米不少于 30m³/h。

5) 对机械加压送风系统进行联动试运转应包括下列项目：当任何一个常闭送风口开启时，送风机均能联动启动；与火灾自动报警系统联动调试时，当火灾自动报警探测器发出火警信号后，应启动有关部位的送风口、送风机，启动的送风口、送风机应与设计和规范要求一致，其状态信号应反馈到消防控制室。

（2）机械排烟系统测试与调整

机械排烟系统的调试应根据设计模式，开启排烟风机和相应的排烟阀或排烟口，测试风机排烟量和排烟阀或排烟口处的风速应达到设计要求；测试机械排烟系统，还应开启补风机和相应的补风口，测试送风口处的风量值和风速应到设计要求。

1) 当采用金属风道时，管道风速不应大于 20m/s；当采用非金属材料管道时，管道风速不应大于 15m/s；当采用土建风道时，管道风速不应大于 10m/s。排烟口的风速不宜大于 10m/s。

2) 走道（廊）排烟系统：打开模拟火灾层及上、下一层的走道排烟阀，启动走道排烟风机，测试排烟口处平均风速，根据排烟口截面（有效面积）及走道排烟面积计算出每平方米面积的排烟量，应符合设计要求。测试宜与机械加压送风系统同时进行，若系统采用砖或混凝土风道，测试前还应对风道进行检查。

3) 中庭排烟系统：启动中庭排烟风机，测试排烟口处风速，根据排烟口截面计算出排烟量（若测试排烟口风速有困难，可直接测试中庭排烟风机风量），并按中庭净空换算成换气次数，应符合设计要求。

4) 地下车库排烟系统：若与车库排风系统合用，须关闭排风口，打开排烟口。启动车库排烟风机，测试各排烟口处风速，根据排烟口截面计算出排烟量，并按车库净空换算成换气次数，应符合设计要求。

5) 设备用房排烟系统：若排烟风机单独担负一个防烟分区的排烟时，应把该排烟风机所担负的防烟分区中的排烟口全部打开；如排烟风机担负两个以上防烟分区时，则只须把最大防烟分区及次大的防烟分区中的排烟口全部打开，其他一律关闭。启动机械排烟风机，测定通过每个排烟口的风速，根据排烟口截面计算出排烟量，符合设计要求为合格。

6）设有补风要求的场所，测试补风量、补风口的风速并符合设计要求。

7）对机械排烟系统进行联动试运转应包括下列项目：①当任何一个常闭排烟阀或排烟口开启时，排烟风机均能联动启动；②与火灾自动报警系统联动调试。当火灾报警后，机械排烟系统应启动有关部位的排烟阀或排烟口、排烟风机；启动的排烟阀或排烟口、排烟风机应与设计和规范要求一致，其状态信号应反馈到消防控制室；③有补风要求的机械排烟场所，当火灾报警探测器发出火警信号后，补风系统应启动；④排烟系统与通风、空调系统合用，当火灾报警探测器发出火警信号后，由通风、空调系统转换排烟系统的时间应符合设计的规定。

11.2.5　净化空调系统除应符合本规范第 11.2.3 条的规定外，尚应符合下列规定：

1　单向流洁净室系统的系统总风量允许偏差应为 0～＋10％，室内各风口风量的允许偏差应为 0～＋15％；

2　单向流洁净室系统的室内截面平均风速的允许偏差应为 0～＋10％，且截面风速不均匀度不应大于 0.25；

3　相邻不同级别洁净室之间和洁净室与非洁净室之间的静压差不应小于 5Pa，洁净室与室外的静压差不应小于 10Pa；

4　室内空气洁净度等级应符合设计要求或为商定验收状态下的等级要求；

5　各类通风、化学实验柜、生物安全柜在符合或优于设计要求的负压下运行应正常。

【11.2.5 释义】

本条文规定了洁净空调系统无生产负荷的联动试运转及调试，应达到的主控项目及要求。洁净室洁净度的测定，一般应以空态或静态为主，并应符合设计的规定等级。另外，也可以采用与业主商定验收状态条件下，进行室内的洁净度的测定和验证。

净化空调系统对其风量、风速、风压、洁净度等参数有严格要求：

第 1、2 款，百级层流洁净室一般均为单向气流，其总风量应为正偏差，允许偏差应为 0～＋10％，室内各风口风量的允许偏差应为 0～＋15％。截面平均风速的允许偏差应为 0～＋10％，且截面风速不均匀度不应大于 0.25。

第 3 款，洁净室形成的一个重要指标就是压差的建立，只有压差形成以后，普通房间或低级别洁净度的房间就不会污染高洁净度级别的房间，为保证一定的压差标准，相邻不同级别洁净室之间和洁净室与非洁净室之间的静压差不应小于 5Pa，洁净室与室外的静压差不应小于 10Pa。

第 4 款，室内空气洁净度等级应不低于设计要求或为商定验收状态下的等级要求。

第 5 款，各类通风实验柜、安全生物柜为保障操作人员的安全，不被污染的气流所交叉感染，一般要保持相对负压。

11.2.6　蓄能空调系统的联合试运转及调试应符合下列规定：

1　系统中载冷剂的种类及浓度应符合设计要求；

2　在各种运行模式下系统运行应正常平稳；运行模式转换时，动作应灵敏正确；

3 系统各项保护措施反应应灵敏,动作应可靠;

4 蓄能系统在设计最大负荷工况下运行应正常;

5 系统正常运转不应少于一个完整的蓄冷—释冷周期。

【11.2.6释义】

本条文规定了蓄能空调系统联动试运转及调试,应达到的主控项目及要求。

蓄能空调系统将冷量或热量以显热或潜热的形式储存在某种介质中,并能够在需要时释放出冷量或热量。其中,储存、释放冷量的系统称为蓄冷空调系统,储存、释放热量的系统称为蓄热空调系统。"蓄能"的概念是对"蓄冷"和"蓄热"的统称。

蓄冷空调系统由制冷蓄冷系统与供冷系统所组成。制冷蓄冷系统由制冷设备、蓄冷装置、辅助设备、控制调节设备四部分,通过管道和导线(包括控制导线和动力电缆等)连接组成。通常以水或乙二醇水溶液为载冷剂,除了能用于常规制冷外,还能在蓄冷工况下运行,从蓄冷介质中移出热量(显热和潜热)。待需要供冷时,可由制冷设备制冷供冷,或蓄冷装置单独释冷供冷,或二者联合供冷。

供冷系统以空调为目的,是空气处理、输送、分配以及控制其参数的所有设备、管道及附件、仪器仪表的总称,其中包括空调末端设备、输送载冷剂的泵与管道、输送空气的风机、风管和附件以及控制和监控的仪器仪表等。

第1款,规定载冷剂的性能参数应符合设计要求。

载冷剂在蓄冷系统中,用以传递制冷、蓄冷装置冷量的介质。载冷剂的性能参数是保证冰蓄冷系统正常运行的重要环节,要严格地按照设计文件及厂家技术文件的要求进行载冷剂的配制及充注。

(1)冰蓄冷空调系统中最常用的载冷剂为乙烯乙二醇水溶液。应选用专门配方的工业级缓蚀性乙烯乙二醇水溶液(非缓蚀性乙烯乙二醇溶液一般腐蚀性较强,不要采用)。其配比浓度应根据蓄冰系统工作温度范围确定,冰蓄冷系统经常采用的乙烯乙二醇水溶液浓度为25%～30%(质量比)。不同浓度的乙烯乙二醇水溶液,其密度、黏度、比热、传热系数等特性参数也不同。对管路系统的水力计算影响较大,不应按常规的水管路进行水力计算。对制冷机的制冷量和板式换热器的传热系数也有影响。一般而言,蓄冰双工况主机制冷量和板式换热器传热系数随乙烯乙二醇浓度的增加均有下降,所以在满足蓄冰温度的前提下,应尽可能降低溶液的浓度。

(2)乙烯乙二醇水溶液宜采用蒸馏水兑制,现场不具备条件的应满足本条规定的水质要求。乙烯乙二醇—水溶液兑制一般应在乙烯乙二醇补水箱中进行,采用比重计进行比重检测。载冷剂的性能参数是保证冰蓄冷系统正常运行的重要环节,应严格按照设计文件及厂家技术文件的要求进行载冷剂的配制及充注。

(3)采用乙烯乙二醇补水泵进行乙烯乙二醇水溶液的充注,要使系统充满并达到设计工作压力。载冷剂充灌前管路系统需进行多次清洗,直到检查过滤器无脏物为止。

(4)载冷剂的浓度检测及调整时,应开启载冷剂循环泵,从不同的泄水点取液进行比重检测,并根据浓度进行补液调整,系统中载冷剂的浓度应达到设计要求。

第2款,规定按设计文件要求对各运行模式单独进行调试,系统运行应正常、平稳。

(1)蓄冷空调系统运行包括制冷机蓄冷模式、制冷机蓄冷同时供冷模式、制冷机单独供冷模式、蓄冷装置单独供冷模式、制冷机与蓄冷装置联合供冷模式。蓄冷空调系统联合调试前，应按设计文件要求的各运行模式进行试运转。当系统冷热兼蓄时，应对蓄冷和蓄热工况分别进行试运转。

（2）制冷机单独供冷工况运行模式调试要求：系统连续运行应正常、平稳，水泵压力及电流不应出现大幅波动，系统运行噪声应符合设计要求；空调冷水及冷却水系统压力、温度、流量应满足设计要求；多台制冷机及冷却塔并联运行时，各制冷机及冷却塔的水流量与设计流量的偏差不应大于10％。

（3）制冷机蓄冷及蓄冷装置单独供冷运行模式的调试要求：1）系统载冷剂的流量、压力、温度应与设计参数相符；2）系统实际蓄冷量和释冷量应达到设计要求；3）系统的蓄冷速率和释冷速率应满足设计要求；4）系统在蓄冷、释冷过程中应运行正常、平稳，水泵压力及电流不应出现大幅波动，系统运行噪声应符合设计要求。5）多台蓄冰设备并联时，应在首次制冰循环完成时，检查每个蓄冰槽中的液位保证一致，调节冰槽入口阀门使每个冰槽的流量保持均衡。

第3、4、5款，规定蓄能空调系统的联合试运转及调试其他应达到的主控项目及要求。

内容包括：

（1）系统各项保护措施反应应灵敏，动作应可靠。

（2）蓄能系统在设计最大负荷工况下运行应正常。

（3）系统正常运转不应少于一个完整的蓄冷—释冷周期。

11.2.7　空调制冷系统、空调水系统与空调风系统的非设计满负荷条件下的联合试运转及调试，正常运转不应少于8h，除尘系统不应少于2h。

【11.2.7释义】

本条文规定了空调系统非设计满负荷条件下的无故障正常联动试运转的时间。

空调工程一般包括空调制冷系统、空调水系统与空调风系统，涉及的系统较多且复杂，规定的正常的联合试运转的时间为8h。通风工程相对较单一，定为2h。

3.11.3　一般项目

11.3.1　设备单机试运转及调试应符合下列规定：

　　1　风机盘管机组的调速、温控阀的动作应正确，并应与机组运行状态一一对应，中档风量的实测值应符合设计要求；

　　2　风机、空气处理机组、风机盘管机组、多联式空调（热泵）机组等设备运行时，产生的噪声不应大于设计及设备技术文件的要求；

　　3　水泵运行时壳体密封处不得渗漏，紧固连接部位不应松动，轴封的温升应正常，普通填料密封的泄漏水量不应大于60mL/h，机械密封的泄漏水量不应大于5mL/h；

　　4　冷却塔运行产生的噪声不应大于设计及设备技术文件的规定值，水流量应符合设计要求。冷却塔的自动补水阀应动作灵活，试运转工作结束后，集水盘应清洗干净。

【11.3.1释义】

本条文对通风、空调系统设备单机试运转的基本质量要求作出了规定。

第1款，规定风机盘管机组单机试运转及调试应达到的一般项目验收标准。

（1）调节风机盘管机组温控器上高、中、低档转速送风，机组运行送风与温控器指令一一对应。实际测试时，可用绑有绸布条等轻软物的测杆紧贴风机盘管的出风口，目测绸布条迎风飘动角度，检查转速控制是否正常。

（2）调节风机盘管机组温控器上室内温度设定值，温控器内感温装置应按温度要求正常动作，输出电信号，安装在机组回水管处的电动二通阀应能根据室内温度设定值开启/关闭。

（3）用仪器检测机组中档风量，实测值应符合设计要求或设备技术文件要求。

第 2 款，规定通风、空调设备产生的噪声不应大于设计及设备技术文件的要求。

（1）通风、空调设备正常运行，设备不可避免地产生振动和噪声。其中噪声包括空气动力性噪声和机械性噪声，但这些噪声必须处于受控状态，应在设计及设备技术文件的要求范围内，因为设计者是基于该噪声指标来进行工程减振降噪措施设计的（包括减振、隔声、消声、吸声）。

（2）空调设备机组运行噪声检测方法见《规范》附录 E.6 节的规定。

（3）若通风、空调设备产生的噪声大于设计及设备技术文件的要求，则有可能导致空调房间的环境噪声不能满足设计要求。这时必须予以重视，找出问题原因加以解决，或是设备自身制造质量原因（如叶轮不平衡），或是设备安装不到位原因（如减振措施没有按图施工、设备安装不牢等）。

第 3 款，规定空调水泵单机试运转及调试应达到的一般项目验收标准。

（1）水泵运行时壳体密封处不得渗漏。在无特殊要求的情况下，普通填料密封的泄漏水量不应大于 60mL/h，机械密封的泄漏水量不应大于 5mL/h。

（2）水泵紧固连接部位不应松动。

（3）轴封的温升应正常。由于水泵运转时，泵轴与轴封（有机械密封、填料密封）产生摩擦会引起轴封处温度上升。水泵正常运行时，这种轴封的温升是有限的，并不影响轴封功能。但轴封处非正常温度过高，则说明水泵工作已出现异常，轴封会因温度过高而失效。

第 4 款，规定冷却塔单机试运转及调试应达到的一般项目验收标准。

（1）冷却塔运行产生的噪声不应大于设计及设备技术文件的规定值。冷却塔运行噪声检测方法见《规范》附录 E.6 节的规定。

（2）冷却塔水流量应符合设计要求。同一循环系统的所有冷却塔试运行时，还要调整每台冷却塔进出水阀门开度，避免水量分配不均，造成部分冷却塔回水量小于给水量，产生冷却水从冷却塔积水盘中往外溢出的问题。

（3）冷却塔的自动补水阀应动作灵活。通过检查冷却塔内在补水、溢水不同水位时自动补水阀的动作来确认。

（4）试运转工作结束后，集水盘应清洗干净。试运行结束后，在冷却塔集水池及过滤器中积聚很多灰尘泥浆（被水在波纹片冲洗下来）及其他杂物，因此要及时应清洗。

11.3.2 通风系统非设计满负荷条件下的联合试运行及调试应符合下列规定：

1 系统经过风量平衡调整，各风口及吸风罩的风量与设计风量的允许偏差不应大于 15%；

2 设备及系统主要部件的联动应符合设计要求，动作应协调正确，不应有异常现象；

3 湿式除尘与淋洗设备的供、排水系统运行应正常。

【11.3.2 释义】

本条文对通风系统非设计满负荷条件下的联动试运转及调试的基本质量要求作出了规定。

第1款，规定系统风量平衡调试应达到的一般项目验收标准。

系统风量的调整，即风量平衡，一般靠改变阀门或风口人字阀的叶片开启度使阻力发生变化，从而风量也发生变化，达到调节的目的。系统风量调整后，应达到新风量、排风量、回风量的实测值与设计风量的偏差不应大于10%；风口风量的实测值与设计风量的偏差不应大于15%。新风量与回风量之和应近似等于总的送风量或各送风量之和。

系统风量的调整方法有两种：流量等比分配法、基准风口调整法。由于每种方法都有各自的适应性，在风量调整过程中，可根据管网系统的具体情况，选用相应的方法。

风口风量测定方法见《规范》附录E.2节的规定。

第2款，规定设备及系统主要部件的联动调试应达到的一般项目验收标准。

合格标准为设备与系统主要部件（如电动风阀）的联动符合设计要求（如风机启动顺序：风阀先开，再启动风机；风机停止顺序：先停风机，再关闭风阀），动作应协调正确，不应有异常现象。

第3款，规定湿式除尘与淋洗设备调试应达到的一般项目验收标准。

合格标准为湿式除尘与淋洗设备的供、排水系统运行正常。

11.3.3 空调系统非设计满负荷条件下的联合试运转及调试应符合下列规定：

1 空调水系统应排除管道系统中的空气；系统连续运行应正常平稳；水泵的流量、压差和水泵电机的电流不应出现10%以上的波动；

2 水系统平衡调整后，定流量系统的各空气处理机组的水流量应符合设计要求，允许偏差应为15%；变流量系统的各空气处理机组的水流量应符合设计要求，允许偏差应为10%；

3 冷水机组的供回水温度和冷却塔的出水温度应符合设计要求；多台制冷机或冷却塔并联运行时，各台制冷机及冷却塔的水流量与设计流量的偏差不应大于10%；

4 舒适性空调的室内温度应优于或等于设计要求；恒温恒湿和净化空调的室内温、湿度应符合设计要求；

5 室内（包括净化区域）噪声应符合设计要求，测定结果可采用Nc或dB（A）的表达方式；

6 环境噪声有要求的场所，制冷、空调设备机组应按现行国家标准《采暖通风与空气调节设备噪声声功率级的测定 工程法》GB/T 9068的有关规定进行测定；

7 压差有要求的房间、厅堂与其他相邻房间之间的气流流向应正确。

【11.3.3 释义】

本条文对空调系统非设计满负荷条件下的联动试运转及调试的基本质量要求作出了规定。

第1，2款，规定空调水系统联动试运转及调试应达到的一般项目验收标准。

（1）空调水系统管网灌满水后，由于管网中存在管道安装高低错落，一般在立管最高处、水平横管（特别是制冷机房内）或马套管高处容易积存气时，闭式水循环系统中空气的存在，会带来很多问题，如使氧腐蚀加剧，产生噪声，水泵形成涡空、气蚀等。如不及时地将这些气体从管路中予以排除，它们还会逐渐地积聚至管路的某些制高点，并进一步形成"气塞"，破坏系统的循环。

通常在这些容易积存气的位置设有自动排气阀（见图 3-115），但在管网首次入水或冲洗排放后重新入水时，管网内还是存在大量空气，此时开泵连续运行空调水系统，容易引起系统运行异常波动（表现为水泵运行电流时大时小），因此应及时排除管道系统中的空气（可通过临时拆除自动排气阀加快管网内存气的排放）。当基本排净管网内的存气时，水系统连续运行应是正常平稳，监测空调水泵的流量、压差和水泵电机的电流波动应该变化较少，合格标准是上述三个参数的变动范围应小于或等于10%。与原规范相比，增加了水泵的流量、压差和水泵电机的电流不应出现10%以上的波动的量化要求。

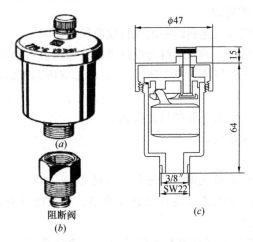

图 3-115 自动排气阀
(a) 阀体；(b) 阻断阀；(c) 阀体内部结构

（2）空调水系统连续正常运行后，即可进行水系统平衡水力调试。水系统水力平衡调试是通过调整各管路阻力，使末端设备通过的流量合理分配，并符合设计要求的过程。常用水力平衡调试方法有比例法和补偿法。

水系统水力平衡调试合格标准为定流量系统的各空气处理机组的水流量应符合设计要求，允许偏差应为15%；变流量系统的各空气处理机组的水流量应符合设计要求，允许偏差应为10%。

本条规定对变流量系统的各空气处理机组的水流量调试允许偏差要求比定流量系统的更加严格，是因为对于变流量系统水力平衡调整来说，除了必须达到静态水力平衡外，还必须同时较好地实现动态水力平衡，即系统运行过程中，各个末端设备的流量均能达到随瞬时负荷改变的瞬时要求流量，而且各个末端设备的流量只随设备负荷的变化而变化，而不受系统压力波动的影响。

第 3 款，规定制冷机和冷却塔联动试运转及调试应达到的一般项目验收标准。

（1）对于制冷机和冷却塔系统运行在非设计满负荷的条件下，系统对设备要求的供冷量和释热量多低于设计的最大需求量。因此，制冷机的供、回水的温度和冷却塔的出水温度应完全能满足设计要求，并应有富裕。

（2）对多台制冷机或冷却塔并联运行的空调系统，先按设计满负荷状态运行空调水系统，然后在与制冷机或冷却塔进出口连接管网上的水量平衡阀进行水力平衡调试，合格标准为通过各台制冷机及冷却塔的水流量与设计流量的偏差控制在±10%内。

（3）空调水流量及水温检测方法见《规范》附录 E.3 节的规定。

第 4、5、6、7 款，规定室内空气参数的测定应达到的一般项目验收标准。

空调室内空气参数的调试，包括空调房间的干、湿球温度的测定与调整，室内噪声的测定，房间之间静压差的测定或验证。

（1）空调房间的干、湿球温度的测定与调整

合格标准为：舒适性空调的室内温度测试结果应优于或等于设计要求，检测方法见《规范》第 E.4 节的规定。恒温恒湿和净化空调的室内温、湿度测试结果应符合设计要求，检测方法见《规范》附录 D.6 节的规定。

（2）室内噪声的测定

合格标准为室内（包括净化区域）噪声测试结果应优于或等于设计要求（测定结果单位按设计说明采用 Nc 或 dB（A）的表达方式），检测方法见《规范》第 E.5 节的规定。

对环境噪声有要求的场所或敏感区域，还要对制冷、空调设备机组的噪声进行测定（噪声测定方法按现行国家标准《采暖通风与空气调节设备噪声声功率级的测定 工程法》GB/T 9068 的有关规定），必要时进行分频率测试分析噪声源，以进一步能经济合理地采取针对性降噪措施。

（3）房间之间静压差的测定或验证

为保证空调效果，往往在不同空调区域间设计有压差要求，如办公室与公共走廊之间，公共走廊与卫生间之间。调试时需要调试人员根据设计图纸要求对空调风系统的送风量、回风量、排风量进行测定调整。对于舒适性空调系统，静压差一般比较低，需要较高精度的仪器才能测量，也可采用较为简单的验证方法，即在有压差要求相邻区域之间，通过开启小分隔门缝，用丝线检查气流流向，气流应沿压力递减方向流动为正确。

11.3.4 蓄能空调系统联合试运转及调试应符合下列规定：

1 单体设备及主要部件联动应符合设计要求，动作应协调正确，不应有异常；

2 系统运行的充冷时间、蓄冷量、冷水温度、放冷时间等，应满足相应工况的设计要求；

3 系统运行过程中管路不应产生凝结水等现象；

4 自控计量检测元件及执行机构工作应正常，系统各项参数的反馈及动作应正确、及时。

【11.3.4 释义】

本条参考行业标准《蓄冷空调工程技术规程》JGJ 158，规定蓄能空调系统在非设计满负荷条件下的联动试运转及调试应达到的一般项目验收标准。

蓄能空调系统设备包括冷热源主机、水泵、蓄冷（热）装置、换热器、冷却塔、末端空调设备、控制系统设备，调试前应完成上述设备单机试运行和调试。主要部件主要是设置在系统管网上电动阀门。

（1）蓄冷空调系统联动调试时，按不同工况（制冷机蓄冷模式、制冷机蓄冷同时供冷模式、制冷机单独供冷模式、蓄冷装置单独供冷模式、制冷机与蓄冷装置联合供冷模式）分别进行联动试运转及调试，要求系统各单体设备及主要部件联动符合设计要求，动作协调正确，不应有异常。

（2）系统运行的蓄冷（热）量和释冷（热）量、蓄冷（热）速率和释冷（热）速率应达到相应工况的设计要求。

（3）系统运行过程中管路不应产生凝结水等现象。特别是蓄冷空调系统，载冷剂系统

管道应杜绝冷桥现象，管道支架、阀门、法兰等应做好保温措施。

（4）自控计量检测元件及执行机构工作应正常，系统各项参数的反馈及动作应正确、及时。蓄能空调系统监测参数一般有：1）蓄能装置的进、出口温度和流量，瞬时蓄冷（热）量和释冷（热）量；2）蓄能装置储存的剩余蓄冷（热）量；3）蓄能装置的其他状态参数及故障报警信息；4）制冷机或其他冷、热源设备的进、出口温度和流量，空调供、回水温度和流量；5）系统相关的电动阀门的阀位状态；6）系统当前所处的电力峰谷时段、负荷率、运行模式等状态信息；7）系统蓄冷（热）量、供冷（热）量的瞬时值和累计值，各设备分项能耗的瞬时值和累计值；8）其他应检测的设备状态参数。监测时间间隔宜小于 15min。

对于水蓄冷系统，一般在蓄冷水槽内垂直方向设置温度传感器，检测垂直方向的水温分布，并由此得到蓄冷量，传感器间距不宜小于 200mm。

对于冰盘管式蓄冰装置，一般设置水位传感器、冰量传感器或冰层厚度传感器，当蓄冰槽内配置有空气泵时，应考虑其对水位传感器的影响。对于外融冰系统，在释冷过程中由于蓄冰池有冰水流入、流出，且空气泵对蓄冰池水位存在影响，因此仅根据监测水位变化或部分蓄冰盘管冰层厚度得到的剩余蓄冰量是不准确的，宜在自控系统中增加剩余蓄冰量的逐时计算，通过多种途径得到较为客观的剩余蓄冰量。

对于封装式蓄冰设备一般根据蓄冰槽是开式还是闭式、封装冰容器是硬质还是软质、有无波纹等情况，分别采用监测静压水位、监测膨胀蓄液槽的水位，或监测蓄冰槽的流量与温度的方法，对蓄冰量进行监测。

11.3.5 通风与空调工程通过系统调试后，监控设备与系统中的检测元件和执行机构应正常沟通，应正确显示系统运行的状态，并应完成设备的联锁、自动调节和保护等功能。

【11.3.5 释义】

本条文对通风、空调工程的控制和监测设备，与系统的检测元件和执行机构的沟通，以及整个自控系统正常运行的基本质量要求作出了规定。通风与空调设备监控系统调试包括设备单机性能测试和联合调试，具体要求如下：

（1）通风与空调设备监控系统设备单机性能测试要求

1）系统各种传感器（温湿度传感器、温度传感器、风量传感器、水流量传感器、水流开关、压力传感器、压差传感器等）的测定参数范围及精度应满足设计要求。

2）系统各种执行器（风阀、水阀）动作灵活可靠，行程与控制指令一致。

3）监控设备（包括温控器）应能与系统相关的传感器、执行器正常通信，对设备的各单项控制功能应能满足系统的控制要求。

（2）通风与空调设备监控系统联合调试要求

通风与空调工程的控制和监测设备，应能与系统的检测元件和执行机构正常沟通，系统的状态参数应能正确显示，设备联锁、自动调节、自动保护应能正确动作。系统联调应达到：

1）控制中心服务器、工作站、打印机、网络控制器、通信接口（包括与其他子系统）、不间断电源等设备之间的连接、传输线型号规格应正确无误。

2）监控设备通信接口的通信协议、数据传输格式、速率等应符合设计要求，并能正常通信。

3）建筑设备监控系统服务器、工作站管理软件及数据库软件并配置正常，软件功能符合设计要求。

4）冷热源系统的群控调试、空气处理机组、送排风机、末端装置监控设备的系统调试还应符合现行国家标准《智能建筑工程施工规范》GB 50606 规定。

3.12 竣 工 验 收

12.0.1 通风与空调工程竣工验收前，应完成系统非设计满负荷条件下的联合试运转及调试，项目内容及质量要求应符合本规范第 11 章的规定。

【12.0.1 释义】

本条文规定了通风与空调工程竣工验收的必备条件，它主要通过测定、调整把原来单个性能系统有机地综合在一起，真正实现建筑空调功能的发挥。如空调区域送、排风量的平衡，室内空调温、湿度实现状况等。只有满足工程设计要求时，才具备以质量合格工程移交给业主。在工程竣工验收前，如不进行非设计满负荷条件下的联合试运转及调试，则可能忽视通风系统中的设备和各类部件在单机试运行后出现的各类质量问题，从而影响通风与空调工程投入运营后的使用性能。因此在竣工验收前，系统非设计满负荷条件下的联合试运转及调试是必须完成的分项工程。

12.0.2 通风与空调工程的竣工验收，应由建设单位组织，施工、设计、监理等单位参加，验收合格后应办理竣工验收手续。

【12.0.2 释义】

本条文规定了通风与空调工程竣工验收的人员组织。施工单位完成通风与空调工程无生产负荷的系统运转与调试，以及完成非设计满负荷条件下的联合试运转及调试合格后，在检查系统内设备及部件质量、性能、状态参数均符合设计要求后，应书面告知建设单位，由建设单位负责组织，施工、监理、设计单位参与验收，具体参加人员为：建设单位项目技术负责人，施工、监理单位项目负责人、设计单位专业负责人，以及施工单位的技术、质量部门人员、监理工程师，竣工验收合格后应办理验收手续。

12.0.3 通风与空调工程竣工验收时，各设备及系统应完成调试，并可正常运行。

【12.0.3 释义】

本条文规定了通风与空调竣工验收时必须达到的要求。在验收时，设备处于能开启运行状态，随时接受验收人员的检验，系统运行过程中，只有在性能稳定、测试参数可靠、无其他异常情况下才能通过验收。

12.0.4 当空调系统竣工验收时因季节原因无法进行带冷或热负荷的试运转与调试时，可仅进行不带冷（热）源的试运转，建设、监理、设计、施工等单位应按工程具备竣工验收的时间给予办理竣工验收手续。带冷（热）源的试运转应待条件成熟后，再施行。

【12.0.4 释义】

通风与空调工程带负荷的试运转与调试分为两类，即带冷源和带热源的试运转和调试。而当通风和空调工程竣工后进入验收时，由于季节原因无法同时进行这两类试运转和调试时，可根据现场条件先进行不带冷（热）源的试运转。如竣工的季节平均温度超过20℃，则可仅进行带冷源的试运转，反之则可仅进行带热源的试运转，建设、监理、设计、施工单位也可根据现场条件协议决定先执行的试运转类型。上述试运转结束后即可办理验收手续，但是，本条文又强调了施工企业必须待环境、组织、技术等条件成熟时，补充另一项带热（冷）源的试运转及调试。

12.0.5 通风与空调工程竣工验收资料应包括下列内容：

1 图纸会审记录、设计变更通知书和竣工图；

2 主要材料、设备、成品、半成品和仪表的出厂合格证明及进场检（试）验报告；

3 隐蔽工程验收记录；

4 工程设备、风管系统、管道系统安装及检验记录；

5 管道系统压力试验记录；

6 设备单机试运转记录；

7 系统非设计满负荷联合试运转与调试记录；

8 分部（子分部）工程质量验收记录；

9 观感质量综合检查记录；

10 安全和功能检验资料的核查记录；

11 净化空调的洁净度测试记录；

12 新技术应用论证资料。

【12.0.5 释义】

本条文的规定是将通风与空调工程分部或子分部工程作为一个独立单位工程进行验收，所列出的验收技术资料目录。通风与空调工程在建筑工程中，一般为分部工程，但是当工程量大或施工周期长、空调工程合同单独立项时，工程性质根据规定可上升为单位工程。在工程验收前，验收资料应该准确、及时、完整，以便于今后维护、维修、保养时做参考依据。本条文的技术资料内容是解决验收后质量问题的有效参考途径及法律依据，也是建设、监理、设计单位评价施工质量应满足规范、合同和设计要求的证据和必备条件。

12.0.6 通风与空调工程各系统的观感质量应符合下列规定：

1 风管表面应平整、无破损，接管应合理。风管的连接以及风管与设备或调节装置的连接处不应有接管不到位、强扭连接等缺陷；

2 各类阀门安装位置应正确牢固，调节应灵活，操作应方便；

3 风口表面应平整，颜色应一致，安装位置应正确，风口的可调节构件动作应正常；

4 制冷及水管道系统的管道、阀门及仪表安装位置应正确，系统不应有渗漏；

5 风管、部件及管道的支、吊架形式、位置及间距应符合设计及本规范要求；

6 除尘器、积尘室安装应牢固，接口应严密；

7 制冷机、水泵、通风机、风机盘管机组等设备的安装应正确牢固；组合式空气调节机组组装顺序应正确，接缝应严密；室外表面不应有渗漏；

8 风管、部件、管道及支架的油漆应均匀，不应有透底返锈现象，油漆颜色与标志应符合设计要求；

9 绝热层材质、厚度应符合设计要求，表面应平整，不应有破损和脱落现象；室外防潮层或保护壳应平整、无损坏，且应顺水流方向搭接，不应有渗漏；

10 消声器安装方向应正确，外表面应平整、无损坏；

11 风管、管道的软性接管位置应符合设计要求，接管应正确牢固，不应有强扭；

12 测试孔开孔位置应正确，不应有遗漏；

13 多联空调机组系统的室内、室外机组安装位置应正确，送、回风不应存在短路回流的现象。

【12.0.6 释义】

当通风与空调工程中各类机组、管道、部件间连接严密性、安装位置、安装方向及相关施工不符合设计和规范要求时，会出现系统噪声大、能耗上升、性能下降等弊端，甚至会影响通风与空调系统能否顺利运行。因此，本条文列出了通风与空调工程观感质量检查项目和合格标准的目录及要求，不同工程应参照本条文内容，进行针对性的舍取。观感质量验收也是《建筑工程施工质量验收统一标准》GB 50300 规定的验收项目之一，通风与空调工程观感质量验收是建筑验收的一个分部。

12.0.7 净化空调系统的观感质量检查，除应符合本规范第 12.0.6 条的规定外，尚应符合下列规定：

1 空调机组、风机、净化空调机组、风机过滤器单元和空气吹淋室等的安装位置应正确，固定应牢固，连接应严密，允许偏差应符合本规范有关条文的规定；

2 高效过滤器与风管、风管与设备的连接处应有可靠密封；

3 净化空调机组、静压箱、风管及送回风口清洁不应有积尘；

4 装配式洁净室的内墙面、吊顶和地面应光滑平整，色泽应均匀，不应起灰尘；

5 送回风口、各类末端装置以及各类管道等与洁净室内表面的连接处密封处理应可靠严密。

【12.0.7 释义】

净化空调系统的施工质量会对系统投入运行后的洁净度等级产生直接影响，是决定洁净工程成败的最关键因素之一。因此，净化空调系统对各设备、部件、管道间的严密性、材质要求、安装位置、施工环境等有极高的要求。本条文对净化空调系统的观感质量检查内容及标准进行了规定，以规范净化空调工程的验收。

由于净化空调系统较普通空调系统能耗更大，为节能、环保，利于洁净目标的实现，在观感质量检查中，净化空调系统与普通空调系统的差异在于：净化空调系统更关注空调设备及风管、配件、部件等在安装完成以后的严密性和清洁度，严格控制，以减少风管系统及围护结构的漏风量。

第4章 质量验收记录用表填写示例

4.1 通风与空调工程施工质量验收
记录用表说明

4.1.1 条文释义

A.1.1 通风与空调分部工程施工质量检验批验收记录，应在施工企业质量自检的基础上，由监理工程师（或建设单位项目专业技术负责人）组织会同项目施工员及质量员等对该批次工程质量的验收过程与结果进行填写。验收批验收的范围、内容划分，应由工程项目的专业质量员确定，并应按本规范表 A.2.1-1～A.2.8-2 的要求进行填写与申报，验收通过后，应有监理工程师的签证。工程施工质量检验批批次的划分应与工程的特性相结合，不应漏项。

【A.1.1 释义】

条文阐明了工程施工质量验收的基本条件，是在施工企业质量自检合格的基础上进行，验收的组织及工程质量认可的责任者为监理工程师。当然，个别工程也可以由建设单位项目专业技术负责人来替代。建筑工程的通风与空调分部工程与其他专业工程相比较，具有各方面专业技术涉及面广、验收数量繁多的特点。因此，希望实施通风与空调工程的施工单位与工程质量的监理单位能在工程项目开始时对其工程的子分部、分项工程和质量检验验收批次的划分，结合当前具体工程的特点作出统筹规划，便于对工程施工质量实施有效监控和顺利验收。

通风与空调工程施工质量验收的重点是对质量检验批质量的验收，《规范》对工程质量的验收方法作了局部调整，与原规范有所不同。主要区别是《规范》摒弃了原国家标准《通风与空调工程施工质量验收规范》GB 50243—2002[5] 及以往等质量验收规范，对工程施工质量分项检验批样本的抽样和评定，采用凭经验、惯例给定百分比抽检验收的方法。原规范采用固定百分比抽样验收有抽检 20%，不少于 5（2、1）件；抽检 10%，不少于 5（3、2、1）件；抽检 5%，不少于 2件；抽检 50%，不少于 1件等十多种规定。此类抽样方法缺乏相对明确的科学依据，不完全符合数理统计的原理和规则。在工程质量检验批验收实际操作应用中亦发现一些问题，检测量大且效果较差。《规范》采用的是《计数抽样检验程序》GB/T 2828 系列标准中的第 4 部分抽样检验方法，属于验证性验收抽样检验，是对施工方自检抽样程序及其声称产品质量的审核，比较科学，能满足《规范》实施的需要。通过对比分析，决定《规范》主要参照执行现行国家标准《计数抽样检验程序 第 11 部分：小总体声称质量水平的评定程序》GB/T 2828.11[8] 和《计数抽样检验程序 第 4 部分：声称质量水平的评定程序》GB/T 2828.4[7] 的抽样检验方法，这是将有关计数抽样检验程序的国家标准推广应用于《规范》的尝试和实践。

为了方便工程质量的应用，《规范》对抽样方案进行了应用针对性简化，借鉴原规范或强制性条文验收为全检，全数合格；主控项目抽检合格率大于或等于90%；一般项目抽检合格率大于或等于80%的质量验收合格规定，确定了《规范》合格验收的标准：即强制性条文验收为全检，采用项目结果合格率为100%；主控项目采用结果合格判断不小于95%，一般项目采用结果合格判断不小于85%的抽样检验验收评定原则。《规范》决定采纳GB/T 2828.11[8]，并结合通风与空调工程施工质量验收的特性，提供了两个相应符合《计数抽样检验程序 第11部分：小总体声称质量水平的评定程序》GB/T 2828.11[8]中（$L=1$）抽样检验配套方案，即产品合格率大于或等于95%适用于主控项目验收的第Ⅰ抽样方案（以下简称Ⅰ方案）和产品合格率大于或等于85%适用于一般项目验收的第Ⅱ抽样方案（以下简称Ⅱ方案）。两个抽样方案中的总样本数量N，抽样的数量n和检验批中不合格品数的上限值（DQL）应分别按《规范》附表B.1或附表B.2确定与评判。

执行《规范》计数抽样检验程序的前提条件是施工企业已进行了施工质量的自检且达到合同和《规范》的要求，这是使用声称质量水平评定程序不可缺失的充要条件，符合工程质量客观现实。工程施工质量是做出来的，不是检验得来的。由于抽样的随机性，以抽样为基础的任何评定，判定结果都会存有内在的不确定性，但不会影响对工程施工质量的正确评定。

声称质量水平（DQL）是指被核查总体中允许的不合格品数的上限值。《规范》将核查总体的实际质量水平等于或优于声称质量水平时，判定核查总体不合格的风险大约控制在5%；将总体的实际质量水平劣于声称质量水平，且劣于极限质量（LQ）时判定抽查合格的风险小于10%。在工程施工工艺技术成熟与稳定，实施批量作业和企业对产成品质量合格验收的基础上，提供声称质量水平质量验收方法，将原来的以合格品的样本检验数量改变为不合格样本的允许数量方法，既减少了质量检验验收的数量，又符合数理统计原理，具有科学性，有利于实施操作。例如，风管的制作基本实施机械化生产，风管配件实现半机械化作业，都符合产成品批量生产这个条件。另外，通风空调工程中的风管、设备的安装与系统调试等，执行的都是成熟施工工艺并批量化作业，同样符合这样的验收条件。工程施工质量主要的控制对象是施工企业和产品的生产供应厂商。在施工过程中，施工企业质量管理部门对工程使用的产成品质量已经对产品质量和安装质量进行认真验收，并有合格验收资料。同时，专业监理工程师在施工过程中不断参与质量管理和监督，可以保证质量水平。通风与空调工程依次按施工工艺顺序进行施工分项工程施工质量检验验收批的验收，可以反映工程施工的实际质量。

工程施工质量的验收是在企业质量验收合格的基础上进行的，因此，由施工企业的质量人员进行汇总，填写表格上报监理，由监理组织会同有关人员共同进行质量检验验收批的验收。

A.1.2 通风与空调分部工程的分项工程质量验收记录，应由工程项目的专职质量员按本规范表A.3.1的要求进行填写与申报，并应由监理工程师（或建设单位项目专业技术负责人）组织施工员和专业质量员等进行验收。

【A.1.2释义】

本条文强调通风与空调分部工程分项工程施工质量检验的验收记录由工程项目的专业质量员进行填写与申报，监理工程师组织相关人员进行验收。分项工程验收批的表格详见《规范》附录 A.2 通风与空调工程施工质量检验批质量验收记录表。

本工程施工质量验收对分部工程的分项工程质量验收记录表的设置作出划分，即大的分项为 8 项，有风管与配件、风管部件、风管系统安装、风机与设备安装、制冷设备及制冷剂系统安装、空调用水系统安装、防腐与绝热以及系统调试。通常情况下可以覆盖整个建筑通风与空调工程施工分项质量控制的内容。同时，根据通风与空调工程施工对象所使用的材质不同、设备不同、系统功能特性不同等实际情况，使用的方便等情况可以对一些分项验收记录进行细化，主要按《规范》表 3.0.7 进行分项分类，达 27 分项或更多。另外需要说明的是，分项工程施工质量验收批验收记录表，在填写时宜将《规范》质量验收条文规定的内容在语言上进行正确简化以利于汇总统计。

通风与空调分部工程的施工设备与技术是一个不断发展的动态工程，《规范》不可能包括本设备工程施工的全部内容。因此，检验验收表留有相应的空间，以容纳现表格中没有列入的分项，供根据工程实际情况进行添加。

通风与空调分部工程的细化（子）分项见表 4-1，共计 20 项。对于工程的空调水系统、制冷系统等分项，还包含着需要进一步深化的细化（子）分项，具体实施宜按系统功能来定。如空调风系统有关风管的产成品质量的验收，《规范》规定按金属风管、非金属风管与复合材料风管三个大子分项进行验收；风管安装分项质量的验收应按不同的性能系统的要求进行验收；工程中使用的产成品风管，其质量验收资料可用于多个风管系统。如金属镀锌钢板风管，可用于送风系统、排风系统、舒适性空调风系统、净化空调和恒温恒湿空调系统。而空调用水系统的金属管道分项可根据工程具体情况分划分于冷热水系统、冷却水系统、水蓄冷系统、冰蓄冷系统、地源热泵系统等细化（子）分项。

通风与空调工程施工质量的验收可以一次验收或多次验收。但是，要求对该分项质量的验收进行汇总，它应包含整个工程的系统及部位。验收批表格中包含的分项，如果在实际工程中没有的也可以舍弃。分项工程质量验收表是一个对验收批验收的汇总表，为子分部工程验收提供的具体证明资料。

通风与空调分部工程细化（子）分项 表 4-1

序号	分项	细化（子）分项
1	风管与配件	金属风管
		非金属风管
		复合材料风管
2	风管部件及消声器	风管系统
3	风管系统安装	送风系统
		排风系统
		防排烟系统

序号	分项	细化（子）分项
3	风管系统安装	除尘系统
		舒适性空调系统
		恒温恒湿空调系统
		洁净室空调系统
		地下人防空调系统
		真空吸尘系统
4	风机与设备安装	通风工程系统
		舒适空调系统
		恒温恒湿空调工程系统
		洁净室空调工程系统
5	制冷设备及系统安装	制冷机组及辅助设备安装
		制冷剂管道系统安装
6	空调工程水系统安装（冷热水、冷凝水、冷却水、土壤源、地表水、蓄能冰水系统）	水泵及附属设备
		金属管道系统
		非金属管道系统
7	防腐与绝热	风管系统
		管道系统
8	系统调试	设备的单机试运转
		非设备满负荷条件下联合试运转及调试

A.1.3 通风与空调分部（子分部）工程的质量验收由总监理工程师（或建设单位项目专业技术负责人）组织项目专业质量员、项目工程师与项目经理等共同进行，子分部工程应按本规范表 A.4.1.1～A.4.1.20 进行填写，分部工程应按本规范表 A.4.2 进行填写。

【A.1.3 释义】

通风与空调分部（子分部）工程的质量验收已经列出两组表，大部分的建筑通风与空调工程都有子分部工程，分部工程是多个子分部工程的汇总。个别场合子分部工程就是一个分部工程或子单位工程。例如，独立的除尘系统工程、单一的排风系统工程，独立的多联机（热泵）空调系统工程、空调冷热水蓄能系统工程等。为了便于通风空调分部工程施工质量的验收，《规范》依据系统工程的功能特性，可构成独立系统运行和施工质量验收等条件划分了 20 个子分部工程。通常的通风与空调分部工程包含多个子分部工程，只有在特定的场合一个子分部工程也可以成为单位工程进行施工及验收和运行。

4.1.2 填表注意事项

通风与空调分部工程由多个子分部工程组成，且每个子分部所包含的分项工程的内容及数量也有所不同，因此，对工程质量的验收作出的明确规定，要求按分项工程具体的条文执行。以风管为例，对于各种材料、各个子分部工程中风管质量验收相类同分项的规定，如风管的耐压能力、加工及连接质量规定、严密性能、清洁要求等，只能列在具体的条文之中，要求执行时斟酌，不可搞错。

分项工程质量验收时，还应根据工程量的大小、施工工期的长短，以及作业区域、验收批所涉及子分部工程的不同，可采取一次验收或多次验收的方法。同时，还强调检验验收批应包含整个分项工程，不应漏项。例如，通风与空调工程的风管系统安装是一个分项工程，但是，它可以分属于多个子分部工程，如送风、排风、空调及防排烟系统工程等。同时，风管与配件还存在采用不同材料如金属、非金属或复合材料的可能，因此，在分项工程质量验收时应按照《规范》对应分项表的分项内容，一一对照执行。

关于编号，《规范》附录 A.2 的通风与空调工程施工质量检验批质量验收记录表没有专门设置编号栏，在工程使用时可在表右上角按各个分项检验验收批、分项的先后顺序采用阿拉伯数字，依次单独编号。

4.1.3　检验批单位产品的确定

对于通风与空调工程施工质量分项工程检验验收批次数量，《规范》没有作出规定，例如，按系统分还是按楼层分，还是按区域分，分几次等。为的是让验收组织单位可以根据工程的情况，作出适合该工程检验批次和样本抽取、科学合理的评定方案。通风与空调工程验收分项多，且特性不一。矛盾比较突出的主要是风管制作及产成品与各类管道该如何检验的问题。另外需要说明的是，在引入现行国家标准《计数抽样检验程序　第 11 部分：小总体声称质量水平的评定程序》GB/T 2828.11[8] 时把最大检验批限定在 250 的上限，因此规定检验批检验样本量最大容量为 250；如果突破 250，需要采用《计数抽样检验程序　第 4 部分：声称质量水平的评定程序》GB/T 2828.4[7] 的抽样检验方法。一般情况下足够，在特殊情况下可由施工方与监理方协商确定。对于数量较多的产成品宜采用单列检验方法，同类产品单独立项，检验批使用的单位产品具体怎么确定，可由施工方和监理方根据情况协商确定。

根据国内中、大型工程公共建筑中通风与空调工程施工工程量的统计资料，建议施工质量验收检验批中不同的产成品数量与参与评定的样本总数量关系作出规定，单位产品可按表 4-2 确定。此外，对于工程施工用主要材料，每次到货都需要抽样检验。宜由施工方与监理方根据工程的情况协商确定。

通风与空调工程施工质量验收检验批单位产品划分参考　　　　　　　　　　表 4-2

类别	单位样本量
材料，部件	按批次，数量
风管、配件及产成品	以 3 件或 15m² 为一个单位样本量
风管系统安装	按系统数量/或风管每 15m² 为一个单位样本量
风管与设备涂漆、绝热	按件或 15m² 为一个单位样本量
各类管道安装	按系统数量或每 10m 管道长为一个单位样本量

类别	单位样本量
管道涂漆、绝热	按每 10m 管道长或 15m² 为一个单位样本量
工程用的设备、部件安装	1 台或 1 件为一个单位样本量
工程调试	1 个系统为一个单位样本量

4.1.4　评定程序对单项的施工质量验收的适用性

《计数抽样检验程序　第 11 部分：小总体声称质量水平的评定程序》GB/T 2828.11[8]也适用于单项的施工质量的验收。风管的严密性与强度检验以提供工艺性的漏风量检测与强度检测报告为主。风管系统的漏风量应在风管安装阶段测定为准。但是，按照原规范的规定，如工程有 12500m² 的中压风管需要进行漏风量的检验，抽检量为 20％，且不得少于一个系统，则需要测试 2500m²。另外，按测量设备最大一次可检测 100m² 为例，则需要测试 25 次。采用《规范》规定的验收监测（Ⅰ）方案，进行验证。其工程施工单位申报风管漏风的质量水平为合格率 95％以上，可以达到主控项目的质量要求。使用漏风仪抽查风管的漏风量是否满足《规范》要求时，漏风仪的风机风量仍适用于每次检查中压风管 100m²，则可确定抽样方案如下：

（1）以 100m² 风管为单位产品，需核查的产品批量 $N = 12500/100 = 125$，对应的不合格品数 DQL $= 125 \times (1-0.95) = 6$（舍尾取整）。

（2）《规范》规定风管漏风量为主控项目，使用《规范》附表 B1 确定抽样方案，因 N 值介于 120 与 130 之间，取 $N = 130$，查表得到抽样量 $n = 8$。采用分层随机抽样法从中抽取 8 段 100m² 的风管进行检查，若被测风管没有或只有 1 段的漏风量大于《规范》允许值，则判核查通过，该检验批"合格"；有 2 段及以上大于《规范》允许值，则判该检验批"不合格"。

对于工程中大量管道阀门性能的测定检验验收也宜采用此方法，有效且可节约时间。

4.2　通风与空调工程施工质量验收记录用表填写示例

4.2.1　通风与空调工程施工质量检验批质量验收记录表

通风与空调工程施工质量检验批质量验收记录表格的基本格式来源于《建筑工程施工质量统一标准》GB 50300[6]，只是将对应条文内容简化后填写在内，以方便使用。

《规范》附录 A.2.1 条规定，"风管与配件产成品检验批质量验收记录可按表 A.2.1-1～A.2.1-3 的格式进行填写。"凡属于通风与空调工程的风管与配件产成品的质量验收，按材质划分分项质量检验验收批进行验收。本条文按风管材质划分为 3 个分项工程质量验收批，即金属风管、非金属风管和复合材料风管。风管制作后的风管强度与严密性项目的验收，以生产厂（作业）方提供的工艺性检测或有效合格试验报告为准。工艺性检测合格的风管制作质量要求将作为本工程风管与配件全部风管产成品的统一标准模板。

金属风管与配件产成品检验批质量验收记录用表为《规范》表 A.2.1-1，具体填写示例见表 4-3；非金属风管与配件产成品检验批质量验收记录用表为《规范》表 A.2.1-2，具体填写可参照表 4-3，复合材料风管与配件产成品检验批质量验收记录用表为《规范》表 A.2.1-3，具体填写可参照表 4-3。并具体说明如下：

编号： 分项工程（验收批）质量验收记录的编号，应按验收批验收的先后顺序排列编号，采用阿拉伯数字依次编序，由 001 开始编起。该表头的编号是分项质量验收表 A.3.1 的依据。

单位（子单位）工程名称： 所填写的工程名称一定要与工程合同及设计图纸相一致，不得任意编造或略写。按《建筑工程施工质量统一标准》GB 50300[6] 的规定，通常情况下通风与空调工程仅作为整个建筑工程中的一个分部工程，单位（子单位）工程以整个建筑工程合同商定的名称为准。

分部（子分部）工程名称： 所填写的分部或子分部工程名称应符合《规范》第 3.0.7 条的规定，如送风、排风、舒适性空调等。根据分项工程涉及系统情况，可包含多个子分部。

分项工程名称： 分项工程应按《规范》第 3.0.7 条的规定进行填写，也可为细分项工程，如金属风管中的镀锌钢板风管、不锈钢板，铝板风管等。

施工单位： 所填写的应与通风与空调工程承包合同中的单位名称相一致，不得用简称。

项目负责人： 所填写的应是通风与空调工程承包合同单位派遣的项目负责人。

分包单位： 填写时要与分包合同中的分包单位名称相同，且不得用简称。

分包单位项目负责人： 所填写的应是通风与空调工程分包合同单位派遣的项目负责人。

工长： 工程施工作业负责人。

检验批容量： 所填写的是本编号检验批质量记录包含代表性结构空间、实物样本的总量。

检验批部位： 所填写的是本编号检验批质量记录建筑部位、所属系统等提示信息。

施工依据： 工程承包合同及设计图、国家现行有关标准规范。

验收依据： 工程承包合同及设计图和国家现行有关标准规范的质量规定。

施工单位质量评定记录： 检验批质量验收是在施工企业已经自检合格的基础上进行的验收评定，因此必须有，且为合格的质量评定记录表或其他证明材料。如本栏应按验收条文填写本批次产成品或施工工程量总数量，本批次对应验收条文风管总面积（m²）。

单项检验批产品数量（N）： 填写的是根据施工单位质量评定记录中对应验收条文总数量，结合表 4-2 的规定，所得到本批次本验收项的单位样本总量，即（N）。

单项抽样样本数（n）： 填写的是根据《计数抽样检验程序 第 11 部分：小总体声称质量水平的评定程序》GB/T 2828.11[8] 规定的单位样本总量（N）与声称质量水平（DQL）求取的本批次本验收项抽查样本数量，即 n。

检验批汇总数量 ΣN： 按主控与一般项目分别填写 ΣN 数量与其他需要说明的汇总量。

抽样样本汇总数量Σn：按主控与一般分别填写Σn数量与其他需要说明的汇总量。

单项或汇总Σ抽样检验不合格数量：按主控与一般项目对应验收条文的单项或汇总项，通过检验发现填写检验规定n个抽样样本中存在的不合格样本的数量。

评判结果：按抽样检验样本中的不合格数量，裁定单项结果。强制性条文不得有不合格样本量，其他样本抽样以在n项中有小于或等于1项时裁定为该单项合格通过。所有的不合格项都必须修复。

监理（建设）单位验收记录：应将本次验收合格的状况如实填写，保存。如验收不合格，则需要进行整改，再验收。

施工单位检查结果：应按实际验收结果如实填写，并对提供的企业质量记录进行简单说明，如果验收合格应填写"该验收批符合《通风与空调工程施工质量验收规范》GB 50243—2016和设计图要求，评定为合格"。

监理单位验收结论：应按实际验收结果填写，如果验收合格应填写"该验收批符合《通风与空调工程施工质量验收规范》GB 50243—2016和设计图要求，评定为合格"。

备注：尽量将验收中反映的重要内容说明与数据记录于处。

风管部件与消声器产成品检验批质量验收记录用表为《规范》表A.2.2，具体填写示例见表4-4。

风管系统安装检验批质量验收记录可按《规范》表A.2.3-1～表A.2.3-9的格式进行填写，其中，防、排烟系统安装检验批验收质量验收记录具体填写示例见表4-5，舒适性空调风系统安装检验批验收质量验收记录具体填写示例见表4-6。

风机与空气处理设备安装检验批质量验收记录可按《规范》表A.2.4-1～表A.2.4-4的格式进行填写，其中，舒适性空调系统风机与空气处理设备安装检验批验收质量验收记录具体填写示例见表4-7。

空调制冷设备及系统安装检验批质量验收记录可按《规范》表A.2.5-1～表A.2.5-2的格式进行填写，其中，空调制冷机组及辅助设备安装检验批验收质量验收记录具体填写示例见表4-8，空调制冷机组制冷剂管道系统安装检验批验收质量验收记录具体填写示例见表4-9。

空调水系统安装检验批质量验收记录可按《规范》表A.2.6-1～表A.2.6-3的格式进行填写，其中，空调水系统水泵及附属设备安装检验批验收质量验收记录具体填写示例见表4-10，空调冷热（冷却）水系统金属管道安装检验批验收质量验收记录具体填写示例见表4-11。

防腐与绝热施工检验批质量验收记录可按《规范》表A.2.7-1～表A.2.7-2的格式进行填写，其中，风管系统与设备防腐与绝热施工检验批验收质量验收记录具体填写示例见表4-12。

工程系统调试检验批质量验收记录可按《规范》表A.2.8-1～表A.2.8-2的格式进行填写，其中，工程系统单机试运行及调试检验批验收质量验收记录具体填写示例见表4-13，非设计满负荷条件下工程系统联合试运转及调试检验批验收质量验收记录具体填写示例见表4-14。

风管与配件产成品检验批质量验收记录填写示例

表 4-3

（金属风管）

编号： 001

单位（子单位）工程名称	世界贸易中心	分部（子分部）工程名称	主楼通风与空调，送风	分项工程名称	镀锌钢板、不锈钢板风管与配件
施工单位		项目负责人		检验批容量	3000m²
分包单位		分包单位项目负责人		检验批部位	主楼7、8、9层
施工依据	设计图及企业工艺	验收依据		GB 50243—2016 及设计规定	

	设计要求及质量验收规范的规定	施工单位质量评定记录	监理（建设）单位验收记录						
			单项检验产品数量（N）	单项抽样样本数（n）	检验批汇总数量 ΣN	抽样样本数总数量 Σn	单项或汇总Σn抽样检验不合格数量	评判结果	备注
主控项目	1 风管强度与严密性工艺检测（第4.2.1条）	2 种材料，低、中压系统	4	2	强制性条文2，本检验批次检查点 ΣN 为 387	本检验批Σn 为 31	0	合格	强制性条文全数主控项目按Ⅰ方案执行，抽样项目全数合格
	2 钢板风管性能及厚度（第4.2.3条第1款）	1900m²	127	7			0	合格	
	3 铝板与不锈钢板性能及厚度（第4.2.3条第1款）	不锈钢 500m²	34	8			0	合格	
	4 风管的连接（第4.1.5条，第4.2.3条第2款）	3000m²	200	7			0	合格	
	5 风管的加固（第4.2.3条第3款）	60节	20	5			0	合格	
	6 防火风管（第4.2.2条）	2系统	2	2			0	合格	
	7 净化空调系统风管（第4.1.7条，第4.2.7条）	无							
	8 镀锌钢板不得焊接（第4.1.5条）	无							
	……								
一般项目	1 法兰风管（第4.3.1条第1款）	2400m²	150	3	本检验批ΣN 为 283	本检验批Σn 为 21	1	合格	一般项目按Ⅱ方案执行抽样项目全数合格，但是，不合格的样本应全数整改合格
	2 无法兰风管（第4.3.1条第2款）	600m²	40	3			1	合格	
	3 风管的加固（第4.3.1条第3款）	60节	20	3			1	合格	
	4 焊接风管（第4.3.1条第1款第3、4、6项）	无							
	5 铝板或不锈钢板风管（第4.3.1条第1款第8项）	不锈钢 600m²	40	3			0	合格	
	6 圆形弯管（第4.3.5条）	300m²	20	3			0	合格	
	7 矩形风管导流片（第4.3.6条）	12个	4	3			0	合格	
	8 风管变径管（第4.3.7条）	25个	9	3			1	合格	
	9 净化空调系统风管（第4.3.4条）								
	……								
施工单位检查结果评定	该验收批符合《通风与空调工程施工质量验收规范》GB 50243—2016 和设计图要求，评定为合格。 专业工长： 项目专业质量检查员： 年 月 日								
监理单位验收结论	该验收批符合《通风与空调工程施工质量验收规范》GB 50243—2016 和设计图要求，评定为合格。 专业监理工程师： 年 月 日								

风管部件与消声器产成品检验批验收质量验收记录填写示例　　　　表4-4

编号：　001

单位（子单位）工程名称	世界贸易中心		分部（子分部）工程名称	主楼通风与空调工程		分项工程名称		空调风管系统	
施工单位			项目负责人			检验批容量		3200	
分包单位			分包单位项目负责人			检验批部位		主楼7、8、9楼层	
施工依据	设计图及企业工艺			验收依据		GB 50243—2016及设计规定			

	设计要求及质量验收规范的规定	施工单位质量评定记录	监理（建设）单位验收记录					评判结果	备注
			单项检验批产品数量（N）	单项抽样样本数（n）	检验批汇总数量ΣN	抽样样本汇总数量Σn	单项或汇总Σ抽样检验不合格数量		
主控项目	1 外购部件验收（第5.2.1条，5.2.2条）	100	100	8	本检验批ΣN为250	本检验批Σn为32	1	合格	强制性条文执行全数5，主控项目按Ⅰ方案执行抽样数量8，两项样本全数合格
	2 各类风阀验收（第5.2.3条）	50	50	7			1	合格	
	3 防火阀、排烟阀（口）（第5.2.4条）	80	80	8			0	合格	
	4 防爆风阀（第5.2.5条）	无							
	5 消声器、消声弯管（第5.2.6条）	15	15	4			0	合格	
	6 防排烟系统柔性短管（第5.2.7条）	5	5	5			0	合格	
	...								
一般项目	1 风管部件及法兰规定（第5.3.1条）	100	34	5	本检验批ΣN为180	本检验批Σn为31	1	合格	一般项目抽样量3，整体通过验收
	2 各类风阀验收（第5.3.2条）	50	50	3			1	合格	
	3 各类风罩（第5.3.3条）	无							
	4 各类风帽（第5.3.4条）	无							
	5 各类风口（第5.3.5条）	180	60	3			1	合格	
	6 消声器与消声静压箱（第5.3.6条）	16	16	5			0	合格	
	7 柔性短管（第5.3.7条）	5	5	3			0	合格	
	8 空气过滤器及框架（第5.3.8条）	3	3	3			0	合格	
	9 电加热器（第5.3.9条）	6	6	6			0	合格	
	10 检查门（第5.3.10条）	6	6	3			1	合格	
	...								
施工单位检查结果评定	施工质量记录齐全，符合《通风与空调工程施工质量验收规范》GB 50243—2016和设计图纸的规定，可以通过风管部件第一阶段的验收。 专业工长： 项目专业质量检查员： 　　　　　　　年　　月　　日								
监理单位验收结论	施工记录齐全，本次施工质量验收批的验收，没有发现问题。质量符合《通风与空调工程施工质量验收规范》GB 50243—2016的规定，本批次核查结论为通过合格验收。 专业监理工程师： 　　　　　　　年　　月　　日								

191

风管系统安装检验批验收质量验收记录填写示例

（防、排烟系统）

表 4-5

编号：　002

单位（子单位）工程名称	世界贸易中心		分部（子分部）工程名称	主楼防、排烟系统	分项工程名称	防排烟系统安装
施工单位			项目负责人		检验批容量	1600m²
分包单位			分包单位项目负责人		检验批部位	低区 4 个系统
施工依据	设计图及施工工艺		验收依据		GB 50243—2016 及设计规定	

	设计要求及质量验收规范的规定	施工单位质量评定记录	监理（建设）单位验收记录						
			单项检验批产品数量（N）	单项抽样样本数（n）	检验批汇总数量ΣN	抽样样本数汇总Σn	单项或汇总Σ抽样检验不合格数量	评判结果	备注
主控项目	1 风管支、吊架安装（第6.2.1条）	4个井弄内的60副支架	20	5	本检验批ΣN为57	本检验批Σn为24	0	合格	强制性条文执行数4，主控项方执行，按Ⅰ抽样数量8，两样本项全数合格
	2 风管穿越防火、防爆墙体或楼板（第6.2.2条）	4处	4	4			0	合格	
	3 风管安装规定（第6.2.3条）	遵守规定					0	合格	
	4 高于60℃风管系统（第6.2.4条）	无							
	5 风管部件排烟阀安装（第6.2.7第1、5款）	48个排烟阀	16	5			0	合格	
	6 正压风口的安装（第6.2.8条）	正压系统风口8个	8	3			0	合格	
	7 风管严密性检验（第6.2.9条）	4个排烟，一个正压系统	5	3			0	合格	
	8 柔性短管必须为不燃材料（第5.2.7条）	4	4	4			0	合格	
	…								
一般项目	1 风管的支、吊架（第6.3.1条）	60	20	5	本检验批ΣN为96	本检验批Σn为21	1	合格	一般项目抽样量23，整体通过验收
	2 风管系统的安装（第6.3.2条）	5个系统或600m²计量	40	4			1	合格	
	3 柔性短管安装（第6.3.5条）	2个	2	2			0	合格	
	4 防、排烟风阀的安装（第6.3.8第2、3款）	48	16	5			1	合格	
	5 风口安装（第6.3.13条）	48加8个	18	5			1	合格	
	…								

施工单位检查结果评定	符合《通风与空调工程施工质量验收规范》GB 50243—2016 和施工图的规定，施工质量记录齐全，可以通过风管部件第一阶段的验收。 专业工长： 项目专业质量检查员： 　　　　　年　月　日
监理单位验收结论	施工记录齐全，本次施工质量验收批的验收，没有发现问题，符合规范与设计文件的规定。本批次核查结论为通过合格验收。 专业监理工程师： 　　　　　年　月　日

风管系统安装检验批验收质量验收记录填写示例

（舒适性空调风系统）

表 4-6

编号： 005

单位（子单位）工程名称	世界贸易中心		分部（子分部）工程名称	主楼高区空调系统			分项工程名称	KT-5，6系统		
施工单位			项目负责人				检验批容量	主楼高区楼层风管3200m²		
分包单位			分包单位项目负责人				检验批部位	35层、36层		
施工依据	设计施工图、合同及工艺			验收依据		设计图及GB 50243—2016				

	设计要求及质量验收规范的规定	施工单位质量评定记录	监理（建设）单位验收记录					评判结果	备注
			单项检验批产品数量（N）	单项抽样样本数（n）	检验批汇总数量ΣN	抽样样本汇总数量Σn	单项或汇总抽样检验不合格数量		
主控项目	1 风管支、吊架安装（第6.2.1条）	150	50	7	本检验批ΣN为307	本检验批Σn为26	0	合格	强制性条文全数检查，主控项目抽样及合格评定的要求按规范相关条文执行
	2 风管穿越防火、防爆墙体或楼板（第6.2.2条）	12	12	12			1	合格	
	3 风管内严禁其他管线穿越（第6.2.3条）	执行，无违背					0	合格	
	4 风管部件安装（第6.2.7条第1、3、5款）	36件	12				0	合格	
	5 风口的安装（第6.2.8条）	60个	20				1	合格	
	6 风管严密性检验（第6.2.9条）	按类别，6个系统或风管面积3200m²	213	7			0	合格	
	7 病毒实验室风管安装（第6.2.12条）	无						合格	
	...								
一般项目	1 风管的支、吊架（第6.3.1条）	150付	50	7	本检验批ΣN为349	本检验批Σn为27	1	合格	一般项目抽样数量及合格评定的要求按规范相关条文执行
	2 风管系统的安装（第6.3.2条）	3200	213	4			1	合格	
	3 柔性短管安装（第6.3.5条）	20	7	3			0	合格	
	4 非金属风管安装（第6.3.6条第1、2、4款）	无						合格	
	5 复合材料风管安装（第6.3.7条）	无						合格	
	6 风阀的安装（第6.3.8条第1款）	80	27	4			1	合格	
	7 消声器及消声弯管（第6.3.11条）	8	8	3			0	合格	
	8 风管过滤器安装（第6.3.12条）	4	4	3			0	合格	
	9 风口的安装（第6.3.13条）	120	40	3			1	合格	
	...								

施工单位检查结果评定	符合《通风与空调工程施工质量验收规范》GB 50243—2016和施工图的规定，施工质量记录齐全，可以通过风管部件第一阶段的验收。 专业工长： 项目专业质量检查员： 年 月 日
监理单位验收结论	施工记录齐全，本次施工质量验收批的验收，没有发现问题，符合规范与设计文件的规定。本批次核查结论为通过合格验收。 专业监理工程师： 年 月 日

风机与空气处理设备安装检验批验收质量验收记录填写示例

(舒适性空调系统)

表 4-7

编号：　005

单位（子单位）工程名称	世界贸易中心	分部（子分部）工程名称	主楼及综合楼	分项工程名称	舒适空调
施工单位		项目负责人		检验批容量	
分包单位		分包单位项目负责人		检验批部位	空调机房，空调区域
施工依据	设计及施工工艺标准	验收依据			

	设计要求及质量验收规范的规定	施工单位质量评定记录	单项检验批产品数量（N）	单项抽样样本数（n）	检验批汇总数量ΣN	抽样样本汇总数量Σn	单项或汇总Σn抽样检验不合格数量	评判结果	备注
主控项目	1 风机及风机箱的安装（第7.2.1条）	8		3			1	合格	抽样数量及合格评定的要求按规范相关条文执行
	2 通风机安全措施（第7.2.2条）	4	4	4			0	合格	
	3 单元式与组合式空调机组（第7.2.3条）	8	8	3			0	合格	
	4 空气热回收装置的安装（第7.2.4条）	4	4	3	本检验批ΣN为120	本检验批Σn为36	0	合格	
	5 空调末端设备安装（第7.2.5条）	80	80	8			1	合格	
	6 静电式空气净化装置安装（第7.2.10条）	8	8	8			0	合格	
	7 电加热器的安装（第7.2.11条）	4	4	4			0	合格	
	8 过滤吸收器的安装（第7.2.12条）	4	4	3			1	合格	
	...								
一般项目	1 风机及风机箱的安装（第7.3.1条）	8	8	3			1	合格	抽样数量及合格评定的要求按规范相关条文执行
	2 风幕机的安装（第7.3.2条）	8	8	3			0	合格	
	3 单元式空调机组的安装（第7.3.3条）	4	4	3			0	合格	
	4 组合式空调机组、新风机组安装（第7.3.4条）	8	8	3			1	合格	
	5 空气过滤器的安装（第7.3.5条）	8	8	3	本检验批ΣN为136	本检验批Σn为27	0	合格	
	6 蒸汽加湿器的安装（第7.3.6条）	8	8	3			0	合格	
	7 紫外线、离子空气净化装置的安装（第7.3.7条）	8	8	3			0	合格	
	8 空气热回收器的安装（第7.3.8条）	4	4	3			1	合格	
	9 风机盘管机组的安装（第7.3.9条）	无							
	10 变风量、定风量末端装置的安装（第7.3.10条）	80	80	3			1	合格	
	...								

施工单位检查结果评定	符合《通风与空调工程施工质量验收规范》GB 50243—2016 和施工图的规定，施工质量记录齐全，可以通过风管部件第一阶段的验收。 专业工长： 项目专业质量检查员： 　年　月　日
监理单位验收结论	施工记录齐全，本次施工质量验收批的验收，没有发现问题，符合规范与设计文件的规定。本批次核查结论为通过合格验收。 专业监理工程师： 　年　月　日

4.2 通风与空调工程施工质量验收记录用表填写示例

空调制冷机组及系统安装检验批验收质量验收记录填写示例

表 4-8

（制冷机组及辅助设备）

编号： 003

单位（子单位）工程名称	世界贸易中心		分部（子分部）工程名称	主楼及综合楼		分项工程名称	
施工单位			项目负责人			检验批容量	20机组
分包单位			分包单位项目负责人			检验批部位	
施工依据			验收依据				

	设计要求及质量验收规范的规定	施工单位质量评定记录	监理（建设）单位验收记录						
			单项检验批产品数量（N）	单项抽样样本数（n）	检验批汇总数量 ∑N	抽样样本汇总数量 ∑n	单项或汇总∑抽样检验不合格数量	评判结果	备注
主控项目	1 制冷设备与附属设备安装（第8.2.1条）	12	12	12	本检验批 ∑N 为32	本检验批 ∑n 为27	0	合格	抽样数量及合格评定的要求按规范相关条文执行
	2 直膨表冷器的安装（第8.2.3条）	3	3	3			0	合格	
	3 燃油系统的安装（第8.2.4条）								
	4 燃气系统的安装（第8.2.5条）	1	1	1			0	合格	
	5 制冷设备的严密性试验及试运行（第8.2.6条）	3	3	3			0	合格	
	6 氨制冷机安装（第8.2.8条）								
	7 多联机空调（热泵）系统安装（第8.2.9条）	20	20	5			0	合格	
	8 空气源热泵机组的安装（第8.2.10条）	3	3	3			0	合格	
	9 吸收式制冷机组安装（第8.2.11条）							合格	
	...								
一般项目	1 制冷及附属设备安装（第8.3.1条）	12	12	12	本检验批 ∑N 为38	本检验批 ∑n 为23	0	合格	抽样数量及合格评定的要求按规范相关条文执行
	2 模块式冷水机组安装（第8.3.2条）	3	3	3			0	合格	
	3 多联机及系统安装（第8.3.6条）	20	20	5			1	合格	
	4 空气源热泵的安装（第8.3.7条）	3	3	3			0	合格	
	5 燃油泵与载冷剂泵的安装（第8.3.8条）								
	6 吸收式制冷机组的安装（第8.3.9条）								
	...								
施工单位检查结果评定	符合《通风与空调工程施工质量验收规范》GB 50243—2016 和施工图的规定，施工质量记录齐全，可以通过风管部件第一阶段的验收。 专业工长： 项目专业质量检查员： 年　月　日								
监理单位验收结论	施工记录齐全，本次施工质量验收批的验收，没有发现问题，符合规范与设计文件的规定。本批次核查结论为通过合格验收。 专业监理工程师： 年　月　日								

195

空调制冷机组及系统安装检验批验收质量验收记录填写示例　　表4-9

（制冷剂管道系统）　　　　编号：___003___

单位（子单位）工程名称	世界贸易中心	分部（子分部）工程名称	主楼及综合楼	分项工程名称	
施工单位		项目负责人		检验批容量	
分包单位		分包单位项目负责人		检验批部位	
施工依据		验收依据			

	设计要求及质量验收规范的规定	施工单位质量评定记录	监理（建设）单位验收记录						
			单项检验批产品数量（N）	单项抽样本数（n）	检验批汇总数量 ΣN	抽样样本汇总数量 Σn	单项或汇总Σ抽样检验不合格数量	评判结果	备注
主控项目	1 制冷剂管道安装（第8.2.7条）	300m	30	7	本检验批 ΣN 为40	本检验批 Σn 为17	0		抽样数量及合格评定的要求按规范相关条文执行
	2 氨制冷机管路安装（第8.2.8条）						0		
	3 多联机系统安装（第8.2.9条）	5系统	5	5			0		
	4 制冷剂管路试压（第8.2.2条）	5	5	5			0		
	5 空气源热泵的安装（第8.2.10条第3款）	1	1						
	...								
一般项目	1 制冷系统管路及管件安装（第8.3.3条）	300m	30	3	本检验批 ΣN 为15	本检验批 Σn 为8			
	2 阀门安装（第8.3.4条）	30	10						
	3 制冷系统吹扫（第8.3.5条）								
	4 多联机及系统安装（第8.3.6条第4款）	5系统	5	5					
	5 燃油泵与载冷剂泵的安装（第8.3.8条）								
	...								

施工单位检查结果评定	符合《通风与空调工程施工质量验收规范》GB 50243—2016 和施工图的规定，施工质量记录齐全，可以通过风管部件第一阶段的验收。 专业工长： 项目专业质量检查员： 　　　　　年　　月　　日
监理单位验收结论	符合《通风与空调工程施工质量验收规范》GB 50243—2016 和施工图的规定，施工质量记录齐全，可以通过风管部件第一阶段的验收。 专业监理工程师： 　　　　　年　　月　　日

4.2 通风与空调工程施工质量验收记录用表填写示例

空调水系统安装检验批验收质量验收记录填写示例

（水泵及附属设备）

表 4-10

编号：____002____

单位（子单位）工程名称		世界贸易中心	分部（子分部）工程名称		主楼及综合楼	分项工程名称		空调水系统
施工单位			项目负责人			检验批容量		按批次、数量
分包单位			分包单位项目负责人			检验批部位		地下室机房
施工依据		设计图、合同与施工工艺标准	验收依据			设计图、合同与施工质量验收规范		

	设计要求及质量验收规范的规定	施工单位质量评定记录	监理（建设）单位验收记录						备注
			单项检验批产品数量（N）	单项抽样本数（n）	检验批汇总数量 ∑N	抽样样本汇总数量 ∑n	单项或汇总∑抽样检验不合格数量	评判结果	
主控项目	1 系统的管材与配件验收（第9.2.1条）	5	5	3	本检验批∑N为65	本检验批∑n为59	1	合格	抽样数量及合格评定的要求按规范相关条文执行
	2 阀门的检验，试压（第9.2.4条第1款）	36	38	38			0	合格	
	3 水泵、冷却塔安装（第9.2.6条）	15	15	13			0	合格	
	4 水箱，集水器，分水器安装（第9.2.7条）	5	5	3			0	合格	
	5 蓄能储槽安装（第9.2.8条）	无							
	6 地源热泵换热器安装（第9.2.9条）	2系统回路	2	2			0	合格	
	...								
一般项目	1 现场设备的焊接（第9.3.2条第3款）	2	2	2	本检验批∑N为71	本检验批∑n为22	0	合格	抽样数量及合格评定的要求按规范相关条文执行
	2 风机盘管，冷排管等设备管道连接（第9.3.7条）	30	30	4			1	合格	
	3 附属设备安装（第9.3.10条）	5	5	3			0	合格	
	4 冷却塔安装（第9.3.11条）	12	12	4			0	合格	
	5 水泵及附属设备安装（第9.3.12条）	12	12	4			1	合格	
	6 水箱、集水器、分水器、膨胀水箱等安装（第9.3.13条）	8	8	3			1	合格	
	7 地源热泵换热器安装（第9.3.15条）	2个回路系统	2	2			0	合格	
	8 地表水换热器安装（第9.3.16条）	无							
	9 蓄能系统设备安装（第9.3.17条）	无							
	...								
施工单位检查结果评定	符合《通风与空调工程施工质量验收规范》GB 50243—2016 和施工图的规定，施工质量记录齐全，可以通过风管部件第一阶段的验收。 专业工长： 项目专业质量检查员： 　　　　　　　　　年　月　日								
监理单位验收结论	符合《通风与空调工程施工质量验收规范》GB 50243—2016 和施工图的规定，施工质量记录齐全，可以通过风管部件第一阶段的验收。 专业监理工程师： 　　　　　　　　　年　月　日								

空调冷热（冷却）水系统安装检验批验收质量验收记录填写示例

表 4-11

（金属管道）

编号：　001

单位（子单位）工程名称	世界贸易中心	分部（子分部）工程名称	主楼及综合楼	分项工程名称	空调水系统
施工单位		项目负责人		检验批容量	1200m
分包单位		分包单位项目负责人		检验批部位	
施工依据	设计及施工工艺标准	验收依据	设计及质量验收规范		

	设计要求及质量验收规范的规定	施工单位质量评定记录	监理（建设）单位验收记录						
			单项检验批产品数量（N）	单项抽样样本数（n）	检验批汇总数量 $\sum N$	抽样样本汇总数量 $\sum n$	单项或汇总 $\sum$ 抽样检验不合格数量	评判结果	备注
主控项目	1 系统的管材与配件验收（第9.2.1条）	4批次	4	4	本检验批 $\sum N$ 为 221	本检验批 $\sum n$ 为 38	0	合格	抽样数量及合格评定的要求按规范相关条文执行
	2 管道的连接安装（第9.2.2条第2、3、5款）	1600m	160	7			0	合格	
	3 隐蔽管道的验收（第9.2.2条第1款）	5处	5	5			0	合格	
	4 系统的冲洗、排污（第9.2.2条第4款）	3系统	3	3			0	合格	
	5 系统的试压（第9.2.3条）	3系统	3	3			0	合格	
	6 阀门的安装（第9.2.4条）	60个	20	5			0	合格	
	7 阀门的检验，试压（第9.2.4条第1款）	60个、处	20	5			0	合格	
	8 管道补偿器安装及固定支架（第9.2.5条）	6	6	6			0	合格	
	…								
一般项目	1 管道的焊接（第9.3.2条）	1200m	160	3	本检验批 $\sum N$ 为 539	本检验批 $\sum n$ 为 27	1	合格	抽样数量及合格评定的要求按规范相关条文执行
	2 管道的螺纹连接（第9.3.3条）	400m	40	3			1	合格	
	3 管道的法兰连接（第9.3.4条）	108处	36	3				合格	
	4 钢制管道的安装（第9.3.5条）	1600m	160	3			1	合格	
	5 沟槽式连接管道的安装（第9.3.6条）	无							
	6 风机盘管，冷排管等设备管道连接（第9.3.7条）	150处	50	3				合格	
	7 金属管道的支、吊架（第9.3.8条）	200付	67	3			1	合格	
	8 阀门及其他部件的安装（第9.3.10条）	60	20	3			0	合格	
	9 补偿器安装（第9.3.14条）	6	6	6			0	合格	
	…								

施工单位检查结果评定	符合《通风与空调工程施工质量验收规范》GB 50243—2016 和施工图的规定，施工质量记录齐全，可以通过管道安装阶段的验收。 专业工长： 项目专业质量检查员： 　　　　　　　　　　　　　　　年　月　日
监理单位验收结论	符合《通风与空调工程施工质量验收规范》GB 50243—2016 和施工图的规定，施工质量记录齐全，可以通过管道安装阶段的验收。 专业监理工程师： 　　　　　　　　　　　　　　　年　月　日

防腐与绝热施工检验批验收质量验收记录填写示例

表 4-12

（风管系统与设备）

编号： 002

单位（子单位）工程名称	世界贸易中心		分部（子分部）工程名称	主楼及综合楼		分项工程名称	绝热工程		
施工单位			项目负责人			检验批容量			
分包单位			分包单位项目负责人			检验批部位			
施工依据			验收依据						

	设计要求及质量验收规范的规定	施工单位质量评定记录	监理（建设）单位验收记录						备注
			单项检验批产品数量（N）	单项抽样本数（n）	检验批汇总数量 ∑N	抽样样本汇总数量 ∑n	单项或汇总∑抽样检验不合格数量	评判结果	
主控项目	1 防腐涂料的验证（第10.2.1条）	1	1	1	本检验批∑N为7	本检验批∑n为6	0	合格	抽样数量及合格评定的要求按规范相关条文执行
	2 绝热材料规定（第10.2.2条）	材料性能3批次	3	3			0	合格	
	3 绝热材料复验规定（第10.2.3条）	2	2	2			0	合格	
	4 洁净室内风管绝热材料规定（第10.2.4条）	无							
	…								
一般项目	1 防腐涂层质量（第10.3.1条）	无			本检验批∑N为203	本检验批∑n为15			抽样数量及合格评定的要求按规范相关条文执行
	2 空调设备、部件油漆或绝热（第10.3.2条）	20件	7	3			0	合格	
	3 绝热层施工（第10.3.3条）	800m	54	3			1	合格	
	4 风管橡塑绝热材料施工（第10.3.4条）	无							
	5 风管绝热层保温钉固定（第10.3.5条）	800m	54	3			1	合格	
	6 防潮层的施工与绝热胶带固定（第10.3.7条）	800m	54	3			0	合格	
	7 绝热涂料（第10.3.8条）	无							
	8 金属保护壳的施工（第10.3.9条）	500m²	34	3			1	合格	
	…								

施工单位检查结果评定	符合《通风与空调工程施工质量验收规范》GB 50243—2016 和施工图的规定，施工质量记录齐全，可以通过风管绝热安装质量的验收。 专业工长： 项目专业质量检查员： 年 月 日
监理单位验收结论	符合《通风与空调工程施工质量验收规范》GB 50243—2016 和施工图的规定，施工质量记录齐全，可以通过风管绝热施工质量的验收。 专业监理工程师： 年 月 日

工程系统调试检验批验收质量验收记录填写示例　　表 4-13

（单机试运行及调试）

编号：　002

单位（子单位） 工程名称	世界贸易中心	分部（子分部） 工程名称	主楼及综合楼	分项工程 名称	设备调试
施工单位		项目负责人		检验批容量	
分包单位		分包单位项目负责人		检验批部位	
施工依据		验收依据			

	设计要求及 质量验收规范的规定	施工单位 质量评定 记录	监理（建设）单位验收记录						备注
			单项检验 批产品数 量（N）	单项抽样 本数 (n)	检验批汇 总数量 ∑N	抽样样本 汇总数量 ∑n	单项或汇 总∑抽样 检验不合 格数量	评判 结果	
主控项目	1　通风机、空调机组单机试运转及调试 （第 11.2.2 条第 1 款）	21	21	5	本检验批 ∑N 为 135	本检验批 ∑n 为 47	1	合格	抽样数量及合格评定的要求按规范相关条文执行
	2　水泵单机试运转及调试 （第 11.2.2 条第 2 款）	15	15	4			0	合格	
	3　冷却塔单机试运转及调试 （第 11.2.2 条第 3 款）	8	8	8			0	合格	
	4　制冷机组单机试运转及调试 （第 11.2.2 条第 4 款）	6	6	6			0	合格	
	5　多联式空调（热泵）机组系统 （第 11.2.2 条第 5 款）	20	20	5			1	合格	
	6　电控防、排烟阀的动作试验 （第 11.2.2 条第 6 款）	25	25	6			0	合格	
	7　变风量末端装置的试运转及调试 （第 11.2.2 条第 7 款）	40	40	9			1	合格	
	8　蓄能设备运行 （第 11.2.2 条第 8 款）	无							
	……								
一般项目	1　风机盘管机组风量 （第 11.3.1 条第 1 款）	40	40	4	本检验批 ∑N 为 101	本检验批 ∑n 为 41	0	合格	抽样数量及合格评定的要求按规范相关条文执行
	2　风机、空调机组噪声 （第 11.3.1 条第 2 款）	12	12	4			1	合格	
	3　水泵的安装 （第 11.3.1 条第 3 款）	15	15	15			15	合格	
	4　冷却塔的调试 （第 11.3.1 条第 4 款）	12	12	12			12	合格	
	5　设备监控设备的调试 （第 11.3.5 条）	62	22	6			1	合格	
	……								
施工单位检查 结果评定	符合《通风与空调工程施工质量验收规范》GB 50243—2016 和施工图的规定，系统调试记录齐全，可以通过风管绝热安装质量的验收。 　　　　　　　　　　　　　　　　　　　　专业工长： 　　　　　　　　　　　　　　　　　　　　项目专业质量检查员： 　　　　　　　　　　　　　　　　　　　　　　　年　月　日								
监理单位 验收结论	符合《通风与空调工程施工质量验收规范》GB 50243—2016 和施工图的规定，系统调试记录齐全，可以通过风管绝热施工质量的验收。 　　　　　　　　　　　　　　　　　　　　专业监理工程师： 　　　　　　　　　　　　　　　　　　　　　　　年　月　日								

工程系统调试检验批验收质量验收记录填写示例

（非设计满负荷条件下系统联合试运转及调试）

表 4-14

编号：　001

单位（子单位）工程名称		世界贸易中心		分部（子分部）工程名称		主楼及综合楼		分项工程名称		系统调试
施工单位				项目负责人				检验批容量		
分包单位				分包单位项目负责人				检验批部位		
施工依据				验收依据						

	设计要求及质量验收规范的规定	施工单位质量评定记录	监理（建设）单位验收记录						备注
			单项检验批产品数量（N）	单项抽样本数（n）	检验批汇总数量 $\sum N$	抽样样本汇总数量 $\sum n$	单项或汇总$\sum$抽样检验不合格数量	评判结果	
主控项目	1 系统总风量（第11.2.3条第1款）	20个系统	20	5			1	合格	
	2 变风量系统调试（第11.2.3条第2款）	16	16	4			0	合格	
	3 冷（热）水系统调试（第11.2.3条第3款）	2个系统	2	2			0	合格	
	4 制冷（热泵）机组调试（第11.2.3条第4款）	3	3	3			0	合格	
	5 地源（水源）热泵调试（第11.2.3条第5款）				本检验批$\sum N$为159	本检验批$\sum n$为132			抽样数量及合格评定的要求按规范相关条文执行
	6 空调区域的温度与湿度调试（第11.2.3条第6款）	90	90	90			0	合格	
	7 防、排烟系统调试（第11.2.4条）	4	4	4			0	合格	
	8 净化空调风量、压差调试（第11.2.5条）								
	9 蓄能空调系统的运行调试（第11.2.6条）								
	10 空调正常运行不少于8h（第11.2.7条）	24	24	24			0	合格	
	……								
一般项目	1 系统风口风量平衡（第11.3.2条第1款）	30	30	3			1	合格	
	2 系统设备动作协调（第11.3.2条第2款）	82	28	3			1	合格	
	3 湿式除尘与淋洗水系统调试（第11.3.2条第3款）				150	14			抽样数量及合格评定的要求按规范相关条文执行
	4 空调水系统调试（第11.3.3条第1～3款）	2	2	2			0	合格	
	5 空调风系统调试（第11.3.3条第4～7款）	30	30	3			1	合格	
	6 蓄能空调系统调试（第11.3.4条）								
	7 系统自控设备的调试（第11.3.5条）	60	60	3			1	合格	
	……								
施工单位检查结果评定	符合《通风与空调工程施工质量验收规范》GB 50243—2016 和施工图的规定，系统调试记录齐全，可以通过风管绝热安装质量的验收。 专业工长： 项目专业质量检查员： 　　　　　　　　　　年　月　日								
监理单位验收结论	符合《通风与空调工程施工质量验收规范》GB 50243—2016 和施工图的规定，系统调试记录齐全，可以通过风管绝热施工质量的验收。 专业监理工程师： 　　　　　　　　　　年　月　日								

4.2.2　通风与空调子分部分项工程质量验收记录表

通风与空调子分部分项工程质量验收记录可按《规范》表 A.3.1 的格式进行填写，具体的分项应按《规范》第 3.0.7 条的规定执行，通风与空调工程分项工程质量验收记录具体填写示例见表 4-15。

通风与空调工程分项工程质量验收记录填写示例　　　　表 4-15

（分项工程）　　　　　　　　编号：　001

单位（子单位）工程名称	世界贸易中心		分部（子分部）工程名称		主楼/综合楼，通风与空调工程的子分部工程	
分项工程数量	工程涉及的分项		检验批数量		批次总数量	
施工单位			项目负责人		项目技术负责人	
分包单位			分包单位项目负责人		分包内容	
序号	检验批名称	检验批数量	部位/区段		施工单位检查结果	监理单位验收结论
1	风管与配件	5（A.2.1-1～3）	主楼七～九层，综合楼 KT-1～4 系统；主楼十～十五层；主楼新风及防排烟系统		检验批资料齐全	查证检验批包含整改工程
2	风管部件及消声器	6（A.2.2）	主楼七～九层，综合楼 KT-1～4 系统；主楼十～十五层；主楼新风及防排烟系统		检验批资料齐全	查证检验批包含整改工程
3	风管系统安装	8（A.2.3-1～9）	主楼七～十五层，综合楼 KT-1～4 系统；主楼新风及防排烟系统		检验批资料齐全	查证检验批包含整改工程
4	风机与设备安装	2（A.2.4-1～4）	主楼七～十五层，综合楼 KT-1～4 系统；主楼新风及防排烟系统		检验批资料齐全	查证检验批包含整改工程
5	制冷设备及系统安装	1（A.2.5-1～2）	空调冷冻机房		检验批资料齐全	查证检验批包含整改工程
6	空调工程水系统安装（冷热水、冷凝水、冷却水）	1（A.2.6-1～3）	空调水系统		检验批资料齐全	查证检验批包含整改工程
7	防腐与绝热	2（A.2.7-1～2）	风管与管道系统的防腐与绝热		检验批资料齐全	查证检验批包含整改工程
8	系统调试	6（A.2.8-1～2）	主楼、综合楼新风，空调及防排烟系统，空调制冷及水系统		检验批资料齐全	查证检验批包含整改工程
9	土壤源、地表水、换热系统					
10	冰水蓄能系统					
11						
12						
…						
说明：						
施工单位检查结果	工程施工质量验收检验批的资料齐全，能覆盖整改工程。 　　　　　　　　　　　　　　　项目专业技术负责人： 　　　　　　　　　　　　　　　　　年　　月　　日					
监理单位验收结论	施工质量检验批分项能覆盖整改工程。 　　　　　　　　　　　　　　　专业监理工程师： 　　　　　　　　　　　　　　　　　年　　月　　日					

4.2.3 通风与空调分部（子分部）工程的质量验收记录表

通风与空调子分部工程质量验收记录可按《规范》表 A.4.1-1～表 A.4.1-20 的格式进行填写，具体的子分部应按《规范》第 3.0.7 条的规定执行。其中，通风与空调送风系统子分部工程质量验收记录具体填写示例见表 4-16，通风与空调防、排烟系统子分部工程质量验收记录具体填写示例见表 4-17，通风与空调（冷、热）水系统子分部工程质量验收记录具体填写示例见表 4-18。

通风与空调子分部工程质量验收记录填写示例 表 4-16

（送风系统） 编号：001

单位（子单位）工程名称	世界贸易中心	子分部工程系统数量	主楼，综合楼	分项工程数量	
施工单位		项目负责人		技术（质量）负责人	
分包单位		分包单位项目负责人		分包内容	

序号	分项工程名称	检验批数量	施工单位检查结果	监理单位验收结论	
1	风管与配件制作及产成品	2	合格	合格	
2	部件制作及产成品	2	合格	合格	
3	风管系统安装	4	合格	合格	
4	风管与设备防腐	1	合格	合格	
5	风机安装	2	合格	合格	
6	空气处理设备安装	1	合格	合格	
7	旋流等风口安装	无			
8	织物布风管安装	无			
9	系统调试	3	合格	合格	
...					

质量控制资料		有施工记录	通过审核
安全和功能检验结果		有测试报告	傍站
观感质量检验结果		合格通过	合格

验收结论	同意通过送风子分部工程施工质量的验收

验收单位	分包单位		项目负责人：年 月 日
	施工单位		项目负责人：年 月 日
	设计单位		项目专业负责人：年 月 日
	监理单位		专业监理工程师：年 月 日

通风与空调子分部工程质量验收记录填写示例

表 4-17

（防、排烟系统）

编号：___003___

单位（子单位）工程名称	世界贸易中心	子分部工程系统数量	4系统	分项工程数量	6
施工单位		项目负责人		技术（质量）负责人	
分包单位		分包单位项目负责人		分包内容	

序号	分项工程名称	检验批数量	施工单位检查结果	监理单位验收结论
1	风管与配件制作及产成品	4	合格通过	合格
2	部件制作及产成品	3	合格通过	合格
3	风管系统安装	2	合格通过	合格
4	风管与设备防腐	1	合格通过	合格
5	风机安装	1	合格通过	合格
6	空气处理设备安装	无		
7	排烟风阀（口）、常闭正压风口等风口安装	2	合格通过	合格
8	防火风管安装	2	合格通过	合格
9	系统调试	1	合格通过	合格
...				

质量控制资料	施工及验收资料	资料齐全
安全和功能检验结果	系统调试报告	调试榜站
观感质量检验结果	目测符合设计要求	合格

验收结论	系统资料齐全试运行正常符合验收要求，同意通过验收		
验收单位	分包单位		项目负责人： 　　　年　月　日
	施工单位		项目负责人： 　　　年　月　日
	设计单位		项目专业负责人： 　　　年　月　日
	监理单位		专业监理工程师： 　　　年　月　日

通风与空调子分部工程质量验收记录填写示例

（空调（冷、热）水系统）

表 4-18

编号：__002__

单位（子单位）工程名称	世界贸易中心		子分部工程系统数量	主楼及综合楼	分项工程数量	数据统计后填写
施工单位			项目负责人		技术（质量）负责人	
分包单位			分包单位项目负责人		分包内容	

序号	分项工程名称	检验批数量	施工单位检查结果	监理单位验收结论
1	管道系统及部件安装	12	符合设计要求	合格
2	水泵及附属设备安装	2	符合设计要求	合格
3	管道冲洗与管内防腐	2	酸洗，涂膜符合设计要求	合格
4	管道、设备防腐与绝热	2	符合设计要求	合格
5	板式热交换器安装		已运行热交换效果符合设计要求	合格
6	辐射板及辐射供热、供冷地埋管安装	6	符合设计要求	合格
7	热泵机组安装	2	符合设计要求	合格
8	系统压力试验及调试	2	符合设计要求	合格
...				

质量控制资料		施工记录齐全	
安全和功能检验结果		试运行情况良好	旁站，合格
观感质量检验结果		合格	合格

验收结论			
验收单位	分包单位		项目负责人： 年 月 日
	施工单位		项目负责人： 年 月 日
	设计单位		项目专业负责人： 年 月 日
	监理单位		专业监理工程师： 年 月 日

通风与空调分部工程的质量验收记录可按《规范》表 A.4.2 的格式进行填写，具体填写示例见表 4-19。

通风与空调分部工程质量验收记录填写示例　　　　　表 4-19

编号：　001

单位（子单位）工程名称	世界贸易中心		子分部工程数量		通风与空调		分项工程数量		需要统计数量
施工单位			项目负责人				技术（质量）负责人		
分包单位			分包单位负责人				分包内容		

序号	子分部工程名称		子分部包含的系统数量	检验批数量	施工单位检查结果		监理单位验收结论
1	送风系统						
2	排风系统						
3	防、排烟系统						
4	除尘系统						
5	舒适性空调风系统						
6	恒温恒湿空调风系统						
7	净化空调风系统						
8	地下人防通风系统						
9	真空吸尘系统						
10	空调冷（热）水系统						
11	冷却水系统						
12	冷凝水系统						
13	地源热泵换热器系统						
14	水源热泵换热器系统						
15	蓄能（水、冰）系统						
16	压缩式制冷设备系统						
17	吸收式制冷机系统						
18	多联机（热泵）空调系统						
19	太阳能供暖空调系统						
20	设备自控系统及节能						
	质量控制资料						
	安全和功能检验结果						
	观感质量检验结果						
综合验收结论							

	本分部工程不规定要求参与		
施工单位 项目负责人： 　　年　月　日	勘察单位 项目负责人： 　　年　月　日	设计单位 项目负责人： 　　年　月　日	监理单位 总监理工程师： 　　年　月　日

注：上述表格需按工程实际如实填写。

第5章 工程施工质量验收中
抽样检验方法的演变

《通风与空调工程施工质量验收规范》GB 50243—2002[5]的质量检验采用了全检和按检验批量的固定比例抽查两种方法，实际应用中发现存在不少问题，效果较差。

这次修订时，学习了《计数抽样检验程序》GB/T 2828[7,8]系列标准及其他相关标准，结合通风空调工程验收工作的特点，在《计数抽样检验程序 第11部分：小总体声称质量水平的评定程序》GB/T 2828.11[8]的基础上，提出了《规范》附录 B 中的计数抽样检验程序。应用该抽样程序检验可以减少检验的工作量，降低费用，并保证使用方得到较好质量的产品。生产方必须保证产品是优质的，否则会因批不接受而造成更大损失和带来更高的成本。

本章所用到的统计学术语，见第 5.6 节。

5.1 原抽样检验方法存在的问题

5.1.1 检验批量很大又需全检时存在的问题

一方面，当检验批量很大又要求全检时，若无自动检验设备，实施 100%检验是非常困难的。例如，用漏风量测试仪检验风管漏风量时，大约 100m² 风管面积需要测一次，一栋采用全空气空调系统的几万平方米的建筑物，实施 100%检验时整个建筑需测 100 多次，这在时间、人力、财力上都是很难办到的。在许多情况下，如果没有充分的财力、人力和时间，100%检验可能退化为名义上的 100%检验，实际上做不到 100%检验。

另一方面，100%检验不是完全有效的，尤其当批量很大且每个产品待检的质量特征值非常接近规范限值时，人工检验或自动检验都有可能无法完全正确地判定合格品与不合格品，因此 100%检验的效率更低。甚至由于检测人员长时间进行单调的重复性检验工作，会产生失误，或漏检、误检误判。因此，100%检验的效率也会达不到预期的效果。

当然，在有些情况下，100%检验是必要的。例如《规范》强制性条文内容涉及的检验，由于质量特性的重要性，甚至是"致命性"，检验又是非破坏性的，都要实行全数检查。

5.1.2 按检验批量固定百分比抽查存在的问题

抽样检验可以使检验的数量大大减少，便于检验人员更细心地检验，从而减少人为因素的影响，能够较准确地判定合格品与不合格品。

固定百分比检验是特定抽样检验的一种。由于特定抽样导致的风险未知，且风险可能太高，一般不建议采用。特定抽样没有以概率论的数学理论为基础，对批接收或批不接收的判别没有理论依据。

按检验批量的固定比例抽查，有时它会使得供方风险、接收方风险得不到保证，或造成过量检验。例如，同样抽查 20%，产品数 $N=40$ 的批，样本量 $n=8$，相当于抽样方案（8，1）；产品数 $N=230$ 的批，样本量 $n=46$，相当于抽样方案（46，1）。如果抽样方案（8，1）是合适的，那么，有同样质量水平的第二批也只要检验 8 个样品就足够了，没有必要检验 46 个。如果抽样方案（46，1）是合适的，那么，有同样质量水平的第一批只检验了 8 个样品，检验功效就接近于零了。

5.2　不同抽样方法的比较

国家标准《计数抽样检验程序》GB/T 2828 分为以下部分：第 1 部分按接收质量限（AQL）检索的逐批检验抽样计划；第 2 部分　按极限质量限（LQ）检索的孤立批检验抽样方案；第 3 部分　跳批抽样程序；第 4 部分声称质量水平的评定程序[7]；第 5 部分按接收质量限（AQL）检索的逐批序贯抽样检验系统；第 10 部分　GB/T 2828 计数抽样检验系列标准导则；第 11 部分　小总体声称质量水平的评定程序[8]。

《计数抽样检验程序》GB/T 2828 第 1 部分至第 3 部分，主要用于单一来源的连续系列批，但不适用于在评审、审核中验证某一核查总体的声称质量[7]。接收质量限（AQL）是当一个连续系列被提交验收抽样时，可允许的最差过程平均质量水平。接收质量限并不表示就是所希望的质量水平。

GB/T 2828 第 1 部分至第 3 部分的验收抽样程序，适用于两个相关方（例如生产方与使用方）之间的双边协议。验收抽样程序仅用作检验交验批的一个样本后交付产品的实际规则（也可以用于企业内部的定期质量检验。例如生产车间管理者对生产工段产品质量的抽查），这些程序不明确涉及任何形式上的声称质量水平[7]。

GB/T 2828.1 中的抽样计划主要用于对由生产线的大量产品组成的连续系列批的验收抽样检验。这个系列批的批数应至少为 10，并且各批的批量应接近，这样使用转移规则才有一定效果。主要的转移规则为：（1）一旦发现质量变异，通过转移到加严检验或暂停抽样检验，给使用方提供一种保护；（2）一旦达到一致好的质量，经负责部门决定，通过转移到放宽检验提供一种鼓励，以减少检验费用。GB/T 2828.1 中抽样方案用于孤立批的检验时，使用者应仔细分析操作特性曲线，找出最能满足质量保证要求的抽样方案。设计 GB/T 2828.1 中的转移规则和抽样计划，是为了鼓励生产方生产的产品具有比所选取的 AQL 好的过程平均质量水平。由于采用了合理的较小的样本量，使得为防止接收个别的劣质批所提供的保护可能比以判决个别批为目的的抽样方案所提供的保护要小。

GB/T 2828.1 最初是为了使用转移规则对连续系列批的检验而设计的。然而，存在 GB/T 2828.1 中的转移规则无法使用的情况（如孤立批），GB/T 2828.2 则是为这种情形而设计的程序。这些抽样方案在很多情况下等价于 GB/T 2828.1 中的抽样方案。

GB/T 2828.3 给出了在长时期提交或观测中，当过程平均质量水平明显优于 AQL 时，使用的跳批抽样程序。这些程序是将已用于 GB/T 2828.1 中对单位产品的随机抽取的原理推广至对批的随机抽取。当质量水平处于非常好的状态时，使用 GB/T 2828.3 中的跳批抽样程序比用 GB/T 2828.1 中放宽检验抽样程序更经济。

GB/T 2828.5 中抽样计划主要用于连续系列批，且连续系列批的长度足以使用转移规则。GB/T 2828.5 给出了建立序贯抽样方案的方法，主要优点是减少平均样本量，在相同操作条件下，序贯抽样方案的平均样本量比二次、多次抽样方案的平均样本量少，更少于一次抽样方案的平均样本量。序贯抽样方案的鉴别力基本上等价于 GB/T 2828.1 中相应的方案。

GB/T 2828.4 和 GB/T 2828.11 中规定的抽样检验程序，是为了在正规的评审中所需做的抽样检验而开发出来的。当实施这种形式的检验时，负责部门必须考虑做出不正确结论的风险[7,8]。检验部门不再被认为是改进质量的一方。

GB/T 2828.4 和 GB/T 2828.11 的抽样检验程序都是为了评价核查总体的质量水平是否不符合声称质量水平；适用于能从核查总体中抽取由一些单位产品组成的随机样本，以不合格品数为质量指标的计数一次抽样检验。GB/T 2828.4 用于核查总体超过 250 的情形，用二项分布计算抽检样本符合要求（$d \leqslant L$）的概率；而 GB/T 2828.11 适用于核查总体小于 250 的情形，用超几何分布计算抽检样本符合要求的概率。

GB/T 2828.4 和 GB/T 2828.11 设计的规则，使得当核查总体的实际质量水平优于声称质量水平（DQL）时，判抽检不合格的风险小于 5%，当实际质量水平劣于声称质量水平且劣于极限质量（LQ）时，判抽查合格的风险小于 10%。如果还希望当核查总体的实际质量水平不符合声称质量水平时，判抽检合格的风险同样很小，必须有更大的样本量。

GB/T 2828.11 可用于各种形式的质量核查，可用于（但不限于）检查下述各种产品：最终产品，零部件和原材料，操作，在制品，库存品，维修操作，数据或记录，管理程序。

顺便说明一下，《建筑工程施工质量验收统一标准》GB 50300 中的表 3.0.9 及表 D.0.1-1 分别采用了 GB/T 2828.1 表 1 中的一般检验水平-Ⅰ 及表 2-A 中的接收质量限（AQL）10% 的数据。

5.3 两种检验水平的取舍

GB/T 2828.11 中给出了 2 种检验水平，即"第 0 检验水平"和"第 Ⅰ 检验水平"，检验水平越高，所需的样本量越大，检验功效越高。检验水平一经选定，在实施过程中不得改动[8]。

例如，某核查总体中有 80 个单位产品，欲检验其中的不合格品数是否超过 5 个，即 DQL=5，试确定其抽样方案。

若选用检验水平 0 的抽样方案，由 $N=80$，DQL=5 在 GB/T 2828.11 表 B.1（见表 5-1）中可查得所需的抽样方案为 $(n, L) = (1, 0)$。从核查总体中随机抽取 1 个样本产品进行检验，若为合格品，则判该核查通过；若为不合格品，则判核查总体不合格。

第 0 检验水平的抽样方案表　　　　　　　　　　　　　　　　　　　表 5-1

n＼N DQL	10	15	20	25	30	35	40	45	50	60	70	80	90	100	110	120	130	140	150	170	190	210	230	250
1	⇒	⇒	1	1	1	2	2	2	2	3	3	4	4	5	5	6	6	7	7	9	9	10	11	12
2					⇑	1	1	2	2	3	3	3	3	4	4	5	5	5	4	5	5	6	6	6
3						⇑	⇑	1	1	1	1	2	⇑	2	2	3	2	⇓	3	3	3	4	4	4
4							⇑	1	1	1	1	1	1	1	⇓	2	2	⇑	2	2	2	2	3	3
5							⇑	⇑	1	1	1	1	1	1	1	⇓	⇓	2	2	2	3	2	3	3
6									⇑	⇑	1	1	1	1	1	1	⇓	⇑	2	2	2
7									⇑	⇑	1	1	1	1	1	⇑	2	2	2
8											⇑	⇑	1	1	⇑	⇓	⇑	⇓
9													⇑	1	1	1	⇓
10																1	1	1
11																⇑	1	1	1
12																	1	1	1
13																	⇑	1	1
14																	⇑	1
15																		1

　　若选用检验水平 I 的抽样方案，由 $N=80$，$DQL=5$，从《规范》附表 B. 0.2-2 中可查得所需的抽样方案为 $(n, L) = (6, 0)$。从核查总体中随机抽取 6 个样本产品进行检验，若其中含有不合格品的个数不超过 1，则判该核查通过；若其中含有不合格品的个数大于 1，则判核查总体不合格。

　　GB/T 2828.11 附录 D 给出了抽样方案基于超几何分布的抽检特性函数。当 $D=D_1$（＞DQL）时，由它们可以查出相应抽样方案的核查通过率 $P_a (D_1)$ 的值，其 $1-P_a (D_1)$ 即为当 $D=D_1$ 时该抽样方案的检验功效。检验功效通常是指当核查总体中的不合格品数 $D=(4\sim6) DQL$ 时，核查总体被判为不合格的概率。

　　以上两个抽样方案的功效是不同的，从 GB/T 2828.11 表 D. 12（见表 5-2）中查得，当核查总体中含有 30 个不合格品时，抽样方案 $(n, L) = (1, 0)$ 的功效为 $1-P_a (30) = 1-0.625 = 37.5\%$，即当实际的不合格品数增大到声称不合格品数的 6 倍时，采用 0 检验水平的抽样检验方案判该批产品不合格的概率只有 37.5%；抽样方案 $(n, L) = (6, 1)$ 的功效为 $1-P_a (30) = 1-0.2644 = 73.6\%$，即当实际的不合格品数增大到声称不合格品数的 6 倍时，采用 I 检验水平的抽样检验方案判该批产品不合格的概率高达 73.6%。

　　从这个例子中可以看出，采用检验水平 I 抽样方案的功效为采用检验水平 0 抽样方案功效的 2.0 倍。

　　综合考虑到所能承受的样本量和检验的功效，《规范》中采用了第 I 检验水平。

N＝80 时核查抽样方案 P_a（D）值表 表 5-2

n		1	2	4	2	3	4	5	6	8	11	18
L		0	0	0	1	1	1	1	1	1	1	1
D	1	0.9875	0.9750	0.9500	1	1	1	1	1	1	1	1
	2	0.9750	0.9503	0.9019	0.9997	0.9991	0.9981	0.9968	0.9953	0.9911	0.9826	0.9516
	3	0.9625	0.9259	0.8556	0.9991	0.9972	0.9944	0.9907	0.9862	0.9748	0.9518	0.8746
	4	0.950	0.9019	0.8112	0.9981	0.9944	0.9890	0.9820	0.9734	0.9522	0.9110	0.7831
	5	0.9375	0.8782	0.7685	0.9968	0.9907	0.9820	0.9707	0.9573	0.9244	0.8631	0.6869
	6	0.9250	0.8547	0.7275	0.9953	0.9862	0.9734	0.9573	0.9381	0.8924	0.8103	0.5922
	7	0.9125	0.8316	0.6882	0.9934	0.9809	0.9635	0.9417	0.9164	0.8572	0.7547	0.5031
	8	0.9000	0.8089	0.6505	0.9911	0.9748	0.9522	0.9244	0.8924	0.8195	0.6979	0.4220
	9	0.8875	0.7864	0.6143	0.9886	0.9679	0.9396	0.9053	0.8665	0.7799	0.6410	0.3499
	10	0.8750	0.7642	0.5797	0.9858	0.9602	0.9258	0.8849	0.8391	0.7392	0.5851	0.2871
	11	0.8625	0.7424	0.5466	0.9826	0.9518	0.9110	0.8631	0.8103	0.6979	0.5310	0.2332
	12	0.850	0.7209	0.5149	0.9791	0.9427	0.8952	0.8401	0.7805	0.6563	0.4793	0.1877
	13	0.8375	0.6997	0.4846	0.9753	0.9329	0.8784	0.8162	0.7499	0.6150	0.4303	0.1497
	14	0.8250	0.6788	0.4557	0.9712	0.0225	0.8608	0.7915	0.7187	0.5743	0.3844	0.1184
	15	0.8125	0.6582	0.4281	0.9668	0.9114	0.8423	0.7660	0.6872	0.5344	0.3417	0.0929
	16	0.8000	0.6380	0.4017	0.9620	0.8997	0.8232	0.7400	0.6555	0.4956	0.3023	0.0723
	17	0.7875	0.6180	0.3766	0.9570	0.8874	0.8035	0.7136	0.6237	0.4581	0.2661	0.0558
	18	0.7750	0.5984	0.3527	0.9516	0.8746	0.7831	0.6869	0.5922	0.4220	0.2332	0.0427
	19	0.7625	0.5791	0.3300	0.9459	0.8612	0.7623	0.6599	0.5609	0.3875	0.2034	0.0324
	20	0.7500	0.5601	0.3083	0.9399	0.8474	0.7411	0.6329	0.5301	0.3547	0.1766	0.0244
	22	0.7250	0.5231	0.2683	0.9269	0.8182	0.6975	0.5789	0.4702	0.2943	0.1313	0.0135
	24	0.7000	0.4873	0.2322	0.9127	0.7872	0.6529	0.5256	0.4131	0.2410	0.0958	0.0072
	26	0.6750	0.4528	0.2000	0.8972	0.7547	0.6077	0.4736	0.3596	0.1947	0.0685	0.0037
	28	0.6500	0.4196	0.1712	0.8804	0.7209	0.5624	0.4234	0.3099	0.1552	0.0480	0.0019
	30	0.6250	0.3877	0.1456	0.8623	0.6859	0.5174	0.3755	0.2644	0.1219	0.0330	0.0009
	32	0.6000	0.3570	0.1230	0.8430	0.6499	0.4730	0.3302	0.2232	0.0943	0.0221	0.0004
	34	0.5750	0.3275	0.1032	0.8225	0.6131	0.4295	0.2878	0.1863	0.0718	0.0145	0.0002
	36	0.5500	0.2994	0.0858	0.8006	0.5757	0.3873	0.2485	0.1536	0.0537	0.0093	0.0001
	38	0.5250	0.2725	0.0708	0.7775	0.5380	0.3466	0.2123	0.1250	0.0394	0.0057	0.0000
	40	0.5000	0.2468	0.0578	0.7532	0.5000	0.3077	0.1794	0.1004	0.0284	0.0035	0.0000
	42	0.4750	0.2225	0.0467	0.7275	0.4620	0.2707	0.1498	0.0793	0.0200	0.0020	0.0000
	45	0.4375	0.1883	0.0331	0.6867	0.4056	0.2193	0.1115	0.0540	0.0113	0.0008	0.0000
	50	0.3750	0.1377	0.0173	0.6123	0.3141	0.1457	0.0629	0.0257	0.0037	0.0001	0.0000
	55	0.3125	0.0949	0.0080	0.5301	0.2288	0.0880	0.0312	0.0103	0.0009	0.0000	0.0000
	60	0.2500	0.0601	0.0031	0.4399	0.1526	0.0463	0.0127	0.0032	0.0002	0.0000	0.0000
	65	0.1875	0.0332	0.0009	0.3418	0.0886	0.0196	0.0038	0.0007	0.0000	0.0000	NA
	70	0.1250	0.0142	0.0001	0.2358	0.0398	0.0054	0.0006	0.0001	0.0000	NA	NA
	75	0.0625	0.0032	0.0000	0.1218	0.0093	0.0005	0.0000	NA	NA	NA	NA

5.4　《规范》附录 B 及使用说明

5.4.1　《规范》附录 B　抽样检验

B.0.1　通风与空调工程施工质量检验批检验应在施工企业自检质量合格的条件下进行。

B.0.2　通风与空调工程施工质量检验批的抽样检验应根据表 B.0.2-1、表 B.0.2-2 的规定确定核查总体的样本量 n。

B.0.3　应按本规范相应条文的规定，确定需核查的工程施工质量技术特性。工程中出现的新产品与质量验收标准应归纳补充在内。

B.0.4　样本应在核查总体中随机抽取。当使用分层随机抽样时，从各层次抽取的样本数应与该层次所包含产品数占该检查批产品总量的比例相适应。当在核查总体中抽样时，可把可识别的批次作为层次使用。

B.0.5　通风与空调工程施工质量检验批检验样本的抽样和评定规定的各检验项目，应按国家现行标准和技术要求规定的检验方法，逐一检验样本中的每个样本单元，并应统计出被检样本中的不合格品数或分别统计样本中不同类别的不合格品数。

B.0.6　抽样检验中，应完整、准确记录有关随机抽取样本的情况和检查结果。

B.0.7　当样本中发现的不合格品数小于或等于 1 个时，应判定该检验批合格；当样本中发现的不合格数大于 1 个时，应判定该检验批不合格。

B.0.8　复验应对原样品进行再次测试，复验结果应作为该样品质量特性的最终结果。

B.0.9　复检应在原检验批总体中再次抽取样本进行检验，决定该检验批是否合格。复检样本不应包括初次检验样本中的产品。复检抽样方案应符合现行国家标准《声称质量水平复检与复验的评定程序》GB/T 16306 的规定。复检结论应为最终结论。

第Ⅰ抽样方案表　　　　　表 B.0.2-1

DQL＼N	10	15	20	25	30	35	40	45	50	60	70	80	90	100	110	120	130	140	150	170	190	210	230	250
2	3	4	5	6	7	8	9	10	11	14	16	18	19	21	25	25	30	30	—	—	—	—	—	—
3				4	4	5	6	6	7	9	10	11	13	14	15	16	18		21	23	25	—	—	—
4							5	6	6	7	7	10	11	12	13	14	15	17	19	20	25	—		
5							6	5	6	6	7	9	10	11	12	13	15	16	18	19				
6												5	6	7	7	8	8	9	10	11	12	13	15	16
7													5	6	6	7	7	8	9	10	11	12	13	14
8														5	6	6	7	7	8	9	10	10	11	12
9																	6	6	7	7	8	9	10	11
10																		7	7	7	8	9	10	11
11																			5	6	7	7	8	9
12																				6	6	7	7	8
13																				5	6	6	7	7
14																					5	6	6	7
15																						5	6	6

注：1　本表适用于产品合格率为 95%～98% 的抽样检验，不合格品限定数为 1。

2　N—检验批的产品数量；DQL—检验批总体中的不合格品数的上限值；n—样本量。

第Ⅱ抽样方案表　　　　　　　　　　　　　　表 B.0.2-2

DQL ＼ n (N)	10	15	20	25	30	35	40	45	50	60	70	80	90	100	110	120	130	140	150	170	190	210	230	250
2	3	4	5	6	7	8	9																	
3		3	4	4	4	5	6	6	7	9														
4			3	3	3	4	4	5	5	6	6	8												
5				3	3	3	4	4	5	6	6	6	7											
6							3	3	3	4	5	5	5	6	7	7								
7								3	3	4	5	5	5	6	6	7	7							
8									3	4	4	4	5	5	6	6	7	7						
9										3	4	4	4	5	5	6	6	7	6	7				
10											3	4	4	4	5	5	6	6	6	7	7			
11												3	3	3	4	4	5	5	5	6	7	7		
12													3	3	4	4	5	5	5	6	6	7	7	
13														3	3	4	4	4	5	5	6	6	7	7
14															3	3	4	4	4	5	5	6	6	7
15																3	3	4	4	5	5	6	6	6
16																	3	3	3	4	4	5	6	6
17																		3	3	4	4	5	5	6
18																			3	4	4	5	5	5
19																			3	3	4	4	5	5
20																			3	3	4	4	5	5
21																				3	3	4	4	5
22																				3	4	4	4	4
23																				3	3	4	4	4
24																					3	3	4	4
25																					3	3	4	4

注：1　本表适用于产品合格率大于或等于85%且小于95%的抽样检验，不合格品限定数为1。

2　N—检验批的产品数量；DQL—检验批总体中的不合格品数的上限值；n—样本量。

5.4.2　《规范》附录 B 使用说明

通风与空调工程施工质量检验批的检验应在施工企业自检质量合格的条件下进行，且其检验批的抽样检验应根据《规范》表 B.1、表 B.2 的规定确定核查总体的样本量 n。为便于准确地理解和执行《规范》附录 B，做出如下说明。

5.4.2.1　不合格品百分数上限的表达

《规范》附录 B 采用了 GB/T 2828.11 的声称质量水平（DQL）定义，即声称质量水平是指核查总体中允许的不合格品数的上限值。但在工程实践中，不合格品百分数更容易获得和被大多数使用者理解，《规范》附录 B 中也使用不合格品百分数的说法，但不称其为声称质量水平，也不使用不合格品百分数的英语缩略语。

5.4.2.2　声称质量水平的确定方法

结合通风与空调工程的实际，《规范》附录 B 对声称质量水平的确定方法，做了进一步明确。当供方接受核查时，供方声称的质量水平 DQL 值应不大于产品标准中所要求的产品总体质量水平。当有合同约定时，声称的质量水平 DQL 值应不大于合同中所规定的产品总体质量水平。负责部门（或接收方）提出核查时，所规定的声称质量水平 DQL 值应不小于产品标准中所要求的（或合同中所规定的）产品总体质量水平。

《规范》第 3.0.10 条规定，产品合格率大于或等于 95% 的抽样评定方案，应定为第Ⅰ抽样方案（以下简称Ⅰ方案），主要适用于主控项目；产品合格率大于或等于 85% 的抽样评定方案，应定为第Ⅱ抽样方案（以下简称Ⅱ方案），主要适用于一般项目。

5.4.2.3　抽样方案的确定

结合通风与空调工程的实际，本附录区分主控项目和一般项目确定抽样方案，使检索抽样方案的过程更方便。可以分别根据声称质量水平 DQL 值或不合格品百分数，从《规范》附录表 B.0.2-1 和表 B.0.2-2 中选取抽样方案。

5.4.2.4　小样本量抽样方案的检验结论

当抽样方案的样本量较小时，有较大的概率将不合格的核查总体判为核查通过（参见第 5.5 节示例 3），故其检验结论应为"不否定该核查总体的声称质量水平"，而不应为"核查总体合格"。负责部门对判核查通过的核查总体不负责确认总体合格的责任。

5.4.2.5　部分抽样方案的删除

根据通风与空调工程施工质量验收的实际情况，《规范》附录表 B.0.2-1 中删去了对应于产品不合格品百分数≤1.5％的抽样方案，删除了抽样检验功效小于 40％的抽样方案。

附录表 B.0.2-2 中同时删除了对应不合格品百分数＞15％的抽样方案。因为，在产品质量如此糟糕的情况下，就没有必要花费人力、物力、财力进行检验了，即使检验结论是"不否定该核查总体的声称质量水平"，"核查通过"，承认该检验批的质量与申报的质量一致、一样糟糕，使用方也不会接受质量如此差的产品。

5.4.2.6　判定结果用词的含义

由于抽样的随机性，以抽样为基础的任何评定，判定结果会有内在的不确定性。使用本程序，仅当有充分证据表明实际质量水平劣于声称质量水平时，才判定核查总体不合格，即当核查总体的实际质量水平等于或优于声称质量水平时，判定核查总体不合格的风险大约控制在 5％，当实际质量水平劣于声称质量水平而优于 LQ（极限质量）时，判定核查通过的风险依赖于实际质量水平的值。

判定结果的用词反映了做出不同错误结论风险的不平衡。当由抽样结果判核查总体不合格时，有很大的把握认为"核查总体的实际质量水平劣于该声称质量水平"。当由抽样结果判核查通过时，认为"对此有限的样本量，未发现核查总体的实际质量水平劣于该声称质量水平"[8]。

如果核查总体已被接受，有权不接收在检验中发现的任何不合格品，而不管该产品是否构成样品的一部分。

5.5　抽样程序使用示例

结合通风与空调工程的实际，下面给出了 3 个典型案例，说明抽样程序的使用方法。

1. 示例 1

某建筑工程中安装了 45 个通风系统，受检方声称风量不满足设计要求的系统数量不大于 3 个，试确定抽样方案。

解答：

《规范》规定系统风量为主控项目，使用表 B.1 确定抽样方案，由 $N=45$，$DQL=3$，

查表得到抽样方案 $(n, L) = (6, 1)$。即从 45 个通风系统中随机抽取 6 个系统进行风量检查，若没有或只有 1 个系统的风量小于设计风量，则判"核查通过"；否则判"核查总体不合格"。

2. 示例 2

某审查批中有 115 台风机盘管机组，根据经验估计该批的风量合格率在 95％以上，欲采用抽样方法确定该声称质量水平是否符合实际。

解答：

(1) 计算声称的不合格品数 $DQL = 115 \times (1-0.95) = 5$（取整）。

(2)《规范》规定风机盘管机组风量为主控项目，使用表 B.1 确定抽样方案。因 $N = 115$，介于 110 与 120 之间，查表时取 $N = 120$，$DQL = 5$，查表得到抽样方案 $(n, L) = (10, 1)$。

3. 示例 3

某建筑物的通风、空调、防排烟系统的中压风管面积总和为 12500m²，声称风管漏风量的质量水平为合格率 95％以上。使用漏风仪抽查风管的漏风量是否满足规范的要求，漏风仪的风机风量适用于每次检查中压风管 100m²，试确定抽样方案。

解答：

(1) 假定以 100m² 风管为单位产品，需核查的产品批量 $N = 12500/100 = 125$，对应的不合格品数 $DQL = 125 \times (1-0.95) = 6$（取整）。

(2)《规范》规定中压风管漏风量为主控项目，使用表 B.1 确定抽样方案，因 N 值介于 120 与 130 之间，查表时取 $N = 130$，得到抽样方案 $(n, L) = (8, 1)$。

若为低压风管系统，《规范》规定低压风管漏风量为一般项，使用表 B.2 确定抽样方案，$N = 125$，$DQL = 125 \times (1-0.85) = 19$（取整），得到抽样方案 $(n, L) = (3, 1)$。

5.6 抽样程序中使用的若干统计学术语的解释

1. 单位产品/个体

能被单独描述和考虑的一个事物。例如，一个阀门，一台风机，一段风管，一个系统，一定量的散料，或它们的组合。

2. 核查总体/总体

被实施核查的单位产品的总体。

3. 批/验收批/子批

根据抽样目的，在基本相同条件下组成的总体的一个确定部分。在通风与空调施工工程中，有时只有一个批，在此情形，批即为总体。

4. 样本

由一个或者多个抽样单元构成的总体的子集。

5. 抽样单元/单元

将总体进行划分后的每一部分。抽样单元通常是一个单位产品，也可包含多个单位产品（例如，一盒火柴）。但从一个抽样单元中只得到一个测试结果（特征值）。

6. 样本量

样本中所包含的抽样单元的数目。

7. 抽样方案

由所使用的样本量（n）及相应的批接受准则（L）组成的方案。

8. 质量水平

核查总体中的实际不合格品数。

9. 声称质量水平（DQL）

核查总体中允许的不合格品数的上限值。

10. 生产方风险/第一类错误概率（误判风险，PR，α）

当质量水平为可接受时，但不被验收抽样方案接受的概率（通常为5%）。拒绝事实上为真的原假设的错误的最大概率。

11. 使用方风险/第二类错误概率（漏判风险，CR，β）

当质量水平为不满意值时，但被验收抽样方案接受的概率（通常为10%）。没有拒绝事实上不为真的原假设的错误的概率。

12. 极限质量（LQ）

对一个孤立批进行抽样检验时，限制在某一低接收概率的质量水平。

13. 核查抽样检验功效

当核查总体的实际质量水平 D 大于声称质量水平 DQL 时，核查总体被判为不合格的概率。检验功效 $\eta = 1 - P_a(D)$，其中：$P_a(D)$ 为当核查总体的实际质量水平等于 D 时，通常取 $D = (4 \sim 6)$DQL，根据抽样方案将核查总体判为核查通过的概率。$P_a(D)$ 值可从 GB/T 2828.11[8]附录 D 中查到。

在大多数有实际意义的情形中，增加样本量会增加检验的功效。

14. 复验

对原样品进行的再次测试。

15. 复检

在原核查总体中再次抽取样本进行检验，决定核查总体是否合格。

第6章 通风与空调工程施工案例

近一二十年来，我国建设事业发展迅速，各类工业和公共建筑工程的建设，如超高层建筑、洁净工程、地铁工程等，取得了辉煌成就。同时，机电安装行业也随之得到了长足发展和可喜进步。通风与空调工程被广泛运用于各类工业与民用建筑工程中，以保障工业生产、改善工作及人居环境。本章选取超高层建筑、洁净工程、工业厂房、地铁项目四类典型施工案例，结合各自通风与空调工程施工特色，进行简要叙述。

6.1 超高层建筑

6.1.1 工程概况

广州珠江城项目总占地面积 $10636m^2$，由裙楼和塔楼两部分组成，塔楼高 309.4m，71 层；附楼高 27m，3 层；地下室 5 层。项目总建筑面积约 21 万 m^2，其中地下室 $45112m^2$，地上 $169243m^2$，是一座集办公、会议、餐饮娱乐为一体的超甲级综合性写字楼。

广州珠江城项目概况图见图 6-1。建筑的功能分布为：B5F～B2F 和 B1F 夹层为车库用房，B1F 为配电房、空调制冷机房等设备用房和车库用房；裙房共 3 层，为国际会议中心；塔楼的首层和首层夹层为大堂和银行用房，2F～6F 为餐饮和健身用房，9F～58F 为出租办公用房，59F～70F 为广东烟草公司总部办公用房，71F 为烟草公司贵宾商务会所。另外，塔楼 8F、23F～26F、49F～52F 和 69F 为设备层，塔楼避难区设于 7F、22F、38F 和 54F。

本项目机电工程主要由电气、通风空调、给排水、消防、智能化等系统组成。其中，电气系统包含配电、动力、照明、太阳能发电、风力发电等 10 个子系统，通风空调系统包含冷辐射、空调水、空调风等 8 个子系统，给排水系统包含生活给水、重力流污水、虹吸排水等 5 个子系统，消防系统包含消火栓、喷淋、火灾报警、水炮等 7 个子系统。

通风空调系统包括：冷暖两用空调系统、备用冷却水空调系统、多联式变频空调系统、通风系统、防

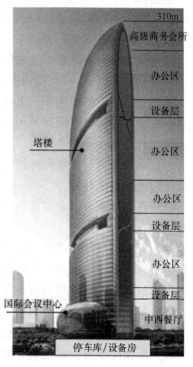

图 6-1 广州珠江城项目概况图

排烟系统和人防通风系统。

1. 空调制冷系统

(1) 空调总装机冷负荷为 4540RT。空调冷水采用大温差设计，空调冷水供/回水温度 6℃/16℃，冷却水进/出水温度 32℃/37℃。

(2) 制冷系统由三组制冷量为 640RT 的水冷离心式冷水机组、两组制冷量为 350RT 的大温差乙二醇溶液冷却螺杆式热泵冷水机组、六台流量为 550m³/h 的横流式冷却塔、两台流量为 300m³/h 的乙二醇溶液全封闭冷却塔、七台冷水水泵和十台冷却水泵组成。

(3) 大楼 59F～71F 新风处理冷源由设于 69F 的带全热热回收溶液除湿新风机组提供，总装机冷量为 532RT。

(4) 过渡季节，9F～70F 的空调冷源由乙二醇溶液全封闭冷却热泵机组共用的全封闭冷却塔提供。

(5) 9F～70F 办公楼设有全天候 24h 的冷却水供应系统作为备用冷源。

2. 空调制热系统

(1) 9F～58F 空调总装机热负荷 595RT，由两台 350RT 的水冷热泵冷热水机组提供，热水进/出水温度 35℃/40℃。

(2) 59F～71F 空调总装机热负荷 129RT，由风冷热泵式溶液除湿新风机组提供。

6.1.2 通风空调工程创新技术

6.1.2.1 冷辐射空调系统

塔楼大开间办公区空调采用冷辐射空调系统，该冷辐射空调系统采用高温冷水供水结合独立新风（VAV）及干式风机盘管系统的形式，冷辐射板总投影面积为 28800m²，使用冷辐射技术的区域建筑面积约为 60000m²。

1. 冷辐射系统原理

吊顶式冷辐射系统是指通过降低辐射板表面温度形成冷辐射面，依靠冷辐射面和室内空气进行热交换以达到调节空气目的的一种空调系统。吊顶式冷辐射系统有以下特点：

(1) 在冷辐射的作用下，人体的实感温度会比室内空气温度低约 2℃。因此，在相同的热感觉下，与传统空调系统相比，采用冷辐射吊顶系统的室内设计温度可以高一点，理论上可以节能 20%～25%。

(2) 由于冷辐射板所用冷媒温度较高，可以提高空调主机的制冷系数和装机容量，大大减少制冷机的能耗。

(3) 在过渡季节，尤其是我国的南方地区，主机可以不运行，只利用冷却塔进行自然冷却。

(4) 冷辐射吊顶系统依靠冷辐射板来承担室内的大部分显热负荷，而潜热和室内的通风量由全新风系统来承担。与传统空调系统相比，冷辐射系统所需的新风量相对较小，只需达到规范的最小送风量即可，从而降低空气处理机、风管及末端的投资费用。

(5) 吊顶冷辐射板系统弥补了传统空调中以对流为主的不利因素，降低了室内垂直温度差，增加了人体的辐射热量，有助于提高室内舒适度。

(6) 吊顶冷辐射板系统具有能耗低、噪声低、舒适性高的突出优势，但也有自身的局限性，具体表现为：表面温度低于空气露点温度时会产生结露，影响室内卫生条件；由于

图 6-2 弧形冷辐射板实物图

露点温度限制了辐射供冷的供冷能力，在潮湿地区，防结露对门窗密闭性要求较高；不同时使用新风系统时，室内空气流速过低，如果温度达不到要求，会增加闷热感。

吊顶式冷辐射板的实物结构如图 6-2 所示。

2. 冷辐射系统安装工艺

吊顶式冷辐射空调系统安装工艺流程如图 6-3 所示。

3. 冷辐射系统安装要点

（1）管道循环清洗

将楼层上水平主管临时连通形成闭环，安装临时过滤器和管道式循环水泵，水泵的扬程及流量根据保证循环水流速在 3m/s 左右确定，循环一定时间后拆洗临时过滤器滤网并清除其中异物，多次重复以上步骤至滤网无杂物出现，排出水目测清洁。

（2）管道吹洗

管网经过水冲洗和循环清洗后，在末端支管上不可避免地存在清洗死角，应对末端管道进行压缩空气吹洗。管道吹洗以结构楼层为工作单元，先将管道内的水尽可能排尽，在管网顶端部位（如自动放气阀接口）接入压缩空气，调定压缩空气气泵压力为 0.2MPa。当管网内气体压力达到 0.2MPa 时，开始逐段对末端进行吹洗，并对末端排放口临时包扎，以防止污物污染装饰面。

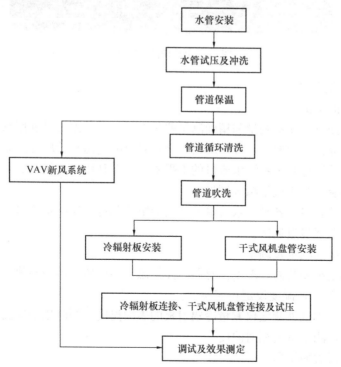

图 6-3 吊顶式冷辐射空调系统安装工艺流程图

（3）冷辐射板安装

项目采用的是制冷单元与顶棚一体化的弧形冷辐射板，其安装类似于活动顶棚的安装方法，冷辐射板设计成两端钩挂结构，钩挂在灯带板及包梁板上，起到顶棚的装饰效果即可。

1）龙骨敷设顺序：安装吊杆系→主龙骨→次龙骨的安装。

2）龙骨调整：根据顶棚标高，使用放线方法，在横向、纵向和对角交叉放线，在主龙骨精调完成后安装次龙骨，再进行整个龙骨系的精调。

3）辐射板与龙骨间的固定：采用钩挂方式安装在灯带板及包梁板龙骨上，接口处与灯带板及包梁板形成一条直线，然后把连接冷辐射板的钢丝绳另一端挂在主龙骨上。

4）辐射板及冷冻管道的连接：用专用连接不锈钢软管把辐射板连成组（四块串联为一组），再与空调冷水管连接成系统。

5）冷辐射板安装完成后，成为顶棚的一部分，如图 6-4 所示。

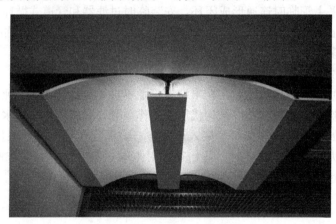

图 6-4　冷辐射板安装图

4. 冷辐射系统调试

（1）水流量的平衡

对水流量的测量分简单测量和精确测量两种方式。简单测量是利用系统相同时压力降与流量的二次方成正比的原理，在楼层最不利环路上的进出水管段分别安装压力表，通过压力表的压差读数迅速判定系统水流量的不平衡性。在利用压差粗调后，使用超声波流量计对相差大的楼层进行水流量精确测量。

由于系统的关联性，各平层水流量的变化会影响其他楼层的水流量，因此对各楼层水量的精确调整采取逐步迫近法。

（2）温、湿度的测定及调整

按照施工图正确安装温、湿度传感器，并把温、湿度传感器控制值设定在设计值，即夏季温度设定在 25℃，湿度设定在 55%。

系统运行后，用红外测温仪测量冷辐射板的表面温度，同时用干球温度计取点测量室内温度，用湿度计测量室内相对湿度。

（3）防辐射板表面结露

项目中，室内设计干球温度为 25℃，相对湿度为 55%，冷辐射顶板额定进水温度为

16℃，额定出水温度为19℃。根据工况范围的焓湿图可知，在额定工况下，冷辐射板表面温度在实际露点温度之上，不会产生结露现象；另外，室内的湿负荷由独立新风系统承担，室外新风经变风量新风机组除湿处理后送入室内，消除室内湿负荷；再者，建筑周边区布置有干式风机盘管，能够捕获有可能渗透进室内的热湿空气，不但承担周边区的冷负荷，同时还能增加室内空气扰动以增加冷辐射板对流换热的比例，增加传热效率及降低结露可能。

但如果实际运行工况超出了额定工况范围，则冷辐射板空调系统有出现结露的可能。因此，应采取有效措施防止结露现象的产生，如严格控制供、回水温度，严格控制室内温度及相对湿度的无序设定，防止水压试验、冷机单机调试等调试期间结露，以及智能化工程的配合。

（4）防冷负荷分配不均匀

系统水力不平衡不但会影响室内的舒适度，还有可能造成某些局部位置的辐射板表面温度过低而结露，因此必须对系统进行水力平衡调整。

本工程中冷辐射系统垂直管路采用双管异程式敷设、水平主管段均为双管同程式敷设，在水力分布上已经实现了基本的平衡，同时，各末端分支回水管上设有比例积分型控制阀门，可根据室内温度进行开度的调节从而调节水量，实现冷辐射板组与组之间的平衡。除此之外，还采取了主管道与分支管道的连接采用顺水三通以减小水阻力，辐射板引出管的方向定制，以减少系统局部阻力，减少连接软管的长度和自然弯曲等措施。

6.1.2.2 VAV系统的调试

VAV系统的调试大致分为三个阶段：第一阶段是VAV设备的单体测试和风量平衡调试；第二阶段是BAS系统的单体调试；第三阶段是机电与BAS系统的联动调试。

1. 调试步骤

（1）检查新风机控制柜的全部电气元器件有无损坏，确保内部与外部接线正确无误，严防强电电源串入DDC，如需24V的AC应确认接线正确，无短路故障。

（2）按监控点数表要求，检查新风机上的温度传感器、电动阀、风阀、压力传感器、压差开关等设备的位置和接线是否正确。

（3）确认新风机在非BAS受控状态下已运行正常、确认DDC控制器安装位置正确、确认DDC控制器接线正确、确认DDC送电并接通主电源开关，观察DDC控制器和各元件状态是否正常。

（4）用笔记本电脑或手提检测器记录所有模拟量输入点送风温度和风压的量值，并核对其数值是否正确。记录所有开关量输入点（风压开关和压差开关等）工作状态是否正常。强制所有开关量输出点开与关、输出信号，确认相关的电动阀（冷水调节阀）和变频器的工作是否正常及位置调节是否跟随变化。

（5）启动新风机，新风阀门应连锁打开，送风温度调节控制应投入运行。

（6）模拟送风温度小于送风温度设定值（一般为低3℃左右），冷水阀逐渐加大开度直至全部打开（夏天工况）。

（7）模拟送风压力大于送风压力设定值，变频器逐渐降低运转频率从而降低风机转速；反之，模拟送风压力小于送风压力设定值，变频器逐渐提高运转频率从而增大风机转速。

（8）当新风机停止运转时，应确认新风阀门、冷水调节、变频器等应回到全关闭位置。

（9）确认按设计图纸产品供应商的技术资料、软件功能和调试大纲规定的其他功能和连锁、联动的要求。

（10）大体调试完成时，按工艺和设计要求在系统中设定其送风温度、湿度和风压的初始状态。

2. 调试要点

变风量空调系统的负荷随建筑不同方位、不同区域的负荷而改变，因此设计负荷比运行负荷大。针对变风量系统的特点，综合"流量等比调整法"、"基准风口法"及"逐段分支法"的优点，在三种调试方法的基础上，通过提前介入变风量末端装置电控阀的动作，分析电控阀的开度以评估系统的平衡状况，称之为"动态检验法"。其调试要点有：

（1）全开待调试系统中所有阀门，对主管进行风量测量。

（2）通过智能化 metasys 上位软件读取每台变风量末端装置进口处的风量值，累加后与主管测量风量进行比较，风量偏差在允许漏风量以内即可进行下一步骤。

（3）因变风量系统的特点，AHU 风机的风量小于设计总风量。为防止调试前内外区风量严重失调，利用"流量等比分配法"的原理，分别累加各支管的累加值，平均分摊至各支管，最后通过调节阀门，使各支管间风量的比例等于设计累加值的比例。

（4）利用"逐段分支调整法"的优点，关闭其他支管的阀门，令单支管在阀门状态不变的状态下满足设计风量。以此类推，调整各支管，使之在阀门状态不变的情况下满足设计风量。

（5）系统在无生产负荷（即未供冷）状态下进行风平衡调试，通过上位软件屏蔽温控器的功能，使变风量末端装置按设定风量运行自动模式，自动满足设计风量要求。

（6）通过上位软件可视化的即时数据，精确、快捷地确定最不利环路。

（7）将风平衡调试过程中所涉及的阀门按调节顺序分为3级，阀门调整的原则是先末端后前端，从最不利环路的变风量末端装置开始，使用风量罩测量每台变风量末端装置连接的风口风量，通过调节第1级蝶阀进行单个风口的风量平衡。一般情况下，第1级调整完成后，已基本平衡，第2级只对个别变风量末端装置进行微调。

（8）各支管的第1、2级阀门均调节完毕后，将阀门恢复到粗调时记录的阀门开度。通过上位软件对整个系统变风量末端装置的电控阀状态进行分析，分析各支管的均衡状态，即时调节阀门并观察阀门开度变化，当所有阀门开度均在 $70\%\sim90\%$ 之间时，整个系统已初步平衡。

6.2　洁　净　工　程

6.2.1　引言

随着电子行业的飞速发展，特别是半导体芯片行业的发展，其生产工艺对厂房的环境

（洁净度、温度、湿度、压差、气流方向等参数）要求越来越高。厂房环境是否满足工艺需求直接影响产品质量，特别是洁净度是衡量一个洁净厂房标准的关键指标。一般而言，洁净厂房的核心区域都是洁净级别最高的区域，半导体芯片洁净厂房的核心区域洁净度达百级以上。

现以华东某电子芯片厂房项目的百级洁净区域为案对净化空调系统进行介绍。

6.2.2 核心区简介

该厂房主要产品为集成芯片，洁净区域面积约 $3000m^2$，主要由上夹层、工艺层和下夹层构成，空调形式为 MAU＋FFU＋DCC，洁净等级为十级、百级、千级及万级。其中，核心区域及房间环境要求见表6-1。

核心区域及房间环境要求　　　　　　　　　　　　　　表 6-1

房间名称	洁净等级（@0.3μm）	温度（℃）	湿度（%）	正压（Pa）
＊＊光刻区	10 级	22±0.5	45±3	25
＊＊＊光刻区 键合区	100 级	22±1	45±3	20
清洗白区	100 级	22±1	45±5	20
湿刻白区 溅射白区 离子注入白区	100 级	22±2	45±5	20
ICP 白区	100 级	22±2	45±5	20

洁净区平面布置见图6-5，其中核心区为图6-5中阴影部分。工艺层实景见图6-6，下夹层实景见图6-7。

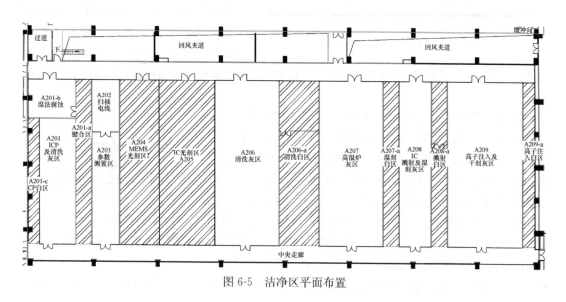

图 6-5　洁净区平面布置

图 6-6　工艺层实景　　　　　　　　　　　　　　图 6-7　下夹层实景

6.2.2.1　核心区建筑结构

核心区主要结构为上夹层静压箱、工艺层及下技术夹层，见图 6-8。

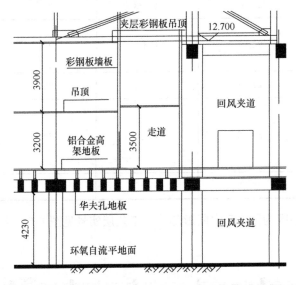

图 6-8　核心区建筑结构剖面图

上夹层静压箱上方采用 50mm 双层玻镁岩棉夹芯彩钢板，具有良好的保温、隔热效果，同时具有一定的强度，可上人进行一般的维护、保养。上夹层内主要有新风系统、排烟系统、消防喷淋系统、检修马道、FFU 吊挂系统等。

工艺层上方为 FFU 吊顶，为 1200mm×600mm 模块化设计，主要由 70 型铝合金 T-Bar、FFU、盲板、嵌入式灯具、排烟口等组合安装而成。工艺层四周围护结构为 50mm 厚双面抗静电岩棉夹心彩钢板壁板，为方便工艺设备的搬入、移位，壁板采用了可拆卸式连接，见图 6-9。对于工艺层地面，在华夫孔地板上表面先施做 0.8mm 防静电环氧树脂地面，再采用铝合金高架地板。

下夹层华夫孔地板下方、柱面及回风夹道内墙柱面，采用 0.8mm 环氧树脂，起到防尘作用。下夹层地面采用 3mm 防静电环氧自流坪地面，部分位置则需另外采用防腐蚀环氧自流坪。下夹层为技术夹层，各类管线的主管道如大宗气体、特气、废水、纯水、PCW、桥架、母线、一般排气、酸碱排气、有机排气等都位于该层。由于管线错综复杂，一般情况下，下夹层均设置共用管架，综合排布所有系统管路，以提高空间的利用率，为检修维护、二次配预留充裕的空间。

人员进入洁净厂房，必须通过风淋室进入，见图 6-10。风淋室由箱体、门、高效过

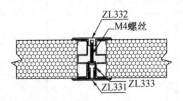

图 6-9　可拆卸式壁板节点图

滤器、送风机、配电箱、喷嘴等几大部件组成。底板由不锈钢制成，箱体用不锈钢板折弯焊接，表面为乳白色烤漆。风淋室采用全自动控制运行，双门电子互锁，感应自动吹淋，吹淋时双门锁闭，兼具气闸室的作用。当生产人员通过时，喷嘴喷出强劲的空气（气流速度达 25m/s），通过高速风的吹淋去除人员身上的灰尘、皮屑等颗粒，从源头上控制产尘。

6.2.2.2 核心区空调系统

核心区净化空调采用 MAU＋FFU＋DCC 的组合形式，气流组织为上送下回垂直单向流型，这种净化空调系统形式已广泛运用在洁净厂房的百级区、十级区。

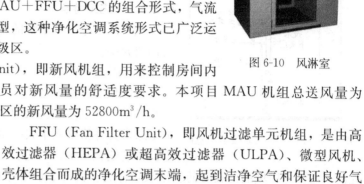

图 6-10 风淋室

MAU（Make-up Air Unit），即新风机组，用来控制房间内的湿度和压差，同时满足人员对新风量的舒适度要求。本项目 MAU 机组总送风量为 135750m³/h，其中送往核心区的新风量为 52800m³/h。

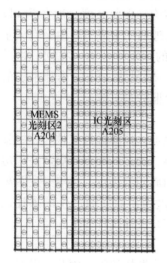

图 6-11 核心区 FFU 布置

FFU（Fan Filter Unit），即风机过滤单元机组，是由高效过滤器（HEPA）或超高效过滤器（ULPA）、微型风机、壳体组合而成的净化空调末端，起到洁净空气和保证良好气流组织的作用。FFU 通常与吊顶铝合金 FFU 骨架配合使用，本项目核心区采用 1200mm×600mm 规格的 FFU，其中，洁净等级为 10 级@0.3μm 的 IC 光刻间，室内布置率高达 100%，其余房间布置率为 50%，见图 6-11。

末端高效过滤器效率为 99.99995%@0.12μm，U16，压损为 135Pa@0.45m/s。从结构上来讲，本项目所采用的 FFU 为分体式（壳体净高度为 275mm，下部的滤芯厚 71mm），见图 6-12。与整体式结构相比，分体式结构具有安装快捷、更换滤芯方便的优点。

DCC（Dry Cooling Coil），即干冷盘管，由铜盘管和铝翅片构成，主要用于消除净化车间内人员及各种生产及动力

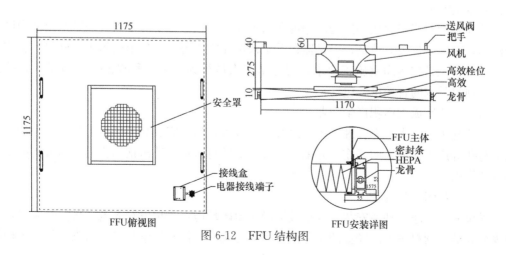

图 6-12 FFU 结构图

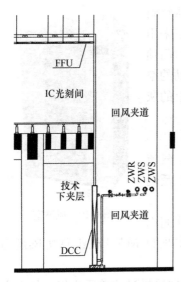

图 6-13　FFU 及 DCC 安装示意图

设备产生的显热负荷。其正常运行时盘管表面温度一般高于厂房回风空气露点温度，盘管表面无冷凝水析出。本项目采用规格为 2100mm×3000mm 和 2100mm×4000mm 的 90°垂直安装型干冷盘管，安装于下夹层回风夹道侧，见图 6-13。

6.2.3　核心区施工

6.2.3.1　施工特点

核心区洁净空调系统的施工有其自身的特点，以下进行简要介绍。

1. 高空作业

百级核心区作为电子厂房的一部分，首先要面对的一大难点就是高空作业。大型电子厂房动辄几万平方米，平面上通常为井格梁或华夫孔结构，立面高度一般在 7m 以上。在前期施工中，工艺层的地面尚未成型，地面有大量孔洞，需要分区域铺设临时防护地板，作为升降车、脚手架的施工作业面。在同一区域内，按照由上向下的顺序，依次进行静压箱吊顶、消防管线、新风管、FFU 吊顶系统的施工，按区域进行流水作业，有序推进，因此，加强现场安全监管是关键。

2. 精度控制

土建主体施工结束后，需要内装专业安排专人对水平基准点、标高进行复核，做好施工过程中的精度控制。在高架地板施工中，精度控制尤为重要。确定基准点以后，在厂房几何中心的柱位基线处，设置基准排高架地板，然后向厂房四周同步进行，每隔一定距离（本项目以结构轴线为单元），复核立柱中心线距，以最大限度地消除安装产生的累计误差。铺设过程中，架设水平仪同步检验地板块表面高程是否符合设计高程要求。

3. 交叉作业

通常，洁净区上空有风管、水管、气体管路及消防管路、电缆桥架等。因此，做好不同专业施工班组交叉作业面的协调工作尤为重要。

4. 洁净管制

洁净管制对于确保核心区的洁净度尤为重要，其任务主要有三点，一是判定洁净区域的清洁程度，安排及时清洁；二是监控并记录洁净室内各施工班组的施工，确保不影响洁净室环境；三是按洁净室施工要求，规范施工人员行为，制止和改进一切违反规定的作业。本项目采取的管控措施包括：

（1）尽快完成大面积产尘作业

洁净施工面积大，需合理安排工序及人员投入，尽快完成如环氧施工打磨、公用管架安装打孔等产尘作业大的工作，并采用带吸尘器的打磨机、冲击钻等机具，尽可能减少对环境的污染。

（2）早封闭，早管控

尽快完成洁净室外墙安装，以形成洁净区封闭环境，尽早设置人流、物流管制口，严格规范人员、物料进入洁净室的作业流程，从源头有效控制污染和二次污染，保证工程的过程洁净。

（3）五级管制，严格把控

对进入洁净室区域内的所有人员、设备和材料，进行五级管制，逐步升级；达到施工人员 100％洁净培训，影响洁净区环境事件控制为"0"，做到预先评估、严格管控。

6.2.3.2 系统测试

洁净区完成施工后，需对洁净区及空调系统的性能进行测试，验证其是否达到设计要求。

1. 洁净室

风量和风速；吊顶过滤器泄漏扫描；房间压力；悬浮粒子浓度；噪声；照度；温湿度；静电（前八项简称八大测试）；气流平行度。

2. 动能系统

新风系统、空调系统、排烟系统的漏风量测试；DCC 水系统测试。

6.3 工 业 厂 房

6.3.1 工程概况

该工程位于上海市浦东新区康桥工业区 F03-01 地块工地勘察界内：南靠龙游港，北邻秀沿路，东侧毗邻申江路。建设用地面积为 308536.60m² （折合 462.0 亩），建设以联合实验生产工房为主（车间部分地上 1 层，局部 2 层，辅楼部分地上 4 层，地下 1 层，占地面积 152790.8m²），以动力中心、架空连廊、污水处理站及垃圾站、危险品仓库、110kVA 变电站、安保控制中心、西非机动车停车棚、北非机动车停车棚、原料物流大门及门卫室、成品辅料物流大门及门卫室、职工车辆大门及门卫室等为辅的 12 个单体组成，见图 6-14，建筑总面积 302183.99m²。

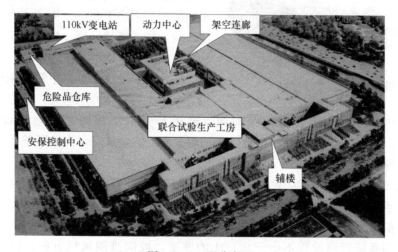

图 6-14 工程分布图

6.3.1.1 联合实验生产工房空调风系统

联合实验生产工房按功能分为 5 个主要区域，共 68 个空调系统，23 个新风系统。另外，实验室、质检室等配备恒温恒湿空调系统，其余辅房等采用多联式（热泵）空调机组独立控制。按各区域不同功能送风方式有岗位送风、下送上回、上送上回、上下送中间回等形式，从而保证工作人员的舒适性及满足工艺要求。

空调系统均采用温湿度独立控制，由独立的新风处理系统承担排除室内余湿并改善室内空气品质的任务，由另一套独立的空气处理系统承担排除室内余热的任务。温湿分控型空调机组只需控制两个参数：新风处理后的新风绝对含湿量和新回风混合后的送风温度，控制系统简单可靠、控制精度高。

6.3.1.2　除尘、工艺排潮系统

由于工艺需求，联合实验生产工房各不同功能区域分别配置了 82 套除尘系统、65 套排潮系统、2 套负压吸尘清扫系统以及 8 套气体除异味系统。

除尘系统风管三通夹角不大于 30°，即使大管径也不大于 45°，且所有弯头、三通均需设置检查孔。

排潮系统采用不锈钢风管，需设置坡度及排水口，同时需设热膨胀补偿段，确保风管不应热膨胀而发生风管泄露。

6.3.2　除尘、烟草工艺排潮系统施工

6.3.2.1　安装要点

（1）除尘、排潮风管主管均采用焊接，根据管道壁厚选择搭接、角接或对接三种形式，搭接时长度不小于 5 倍钢板厚度。

（2）管道焊接前做好除锈、除油工作，焊缝要求熔合良好、平整，表面无裂纹、焊瘤、夹渣和漏焊等缺陷。

图 6-15　整体冲压弯头

（3）管道与除尘器、风机、热交换器等设备的连接采用法兰连接。管道与法兰的连接采用内侧满焊，外侧间断焊，管道端面与法兰口平面的距离不小于 5mm。法兰的材质与管道材质一致，法兰垫片采用金属垫片，不锈钢管道法兰连接采用不锈钢螺栓螺母。

（4）除尘系统吊顶以下管道采用亚光不锈钢管，弯头为整体冲压弯头，见图 6-15。

（5）除尘、排潮系统管道壁厚参照《通风与空调工程施工质量验收规范》GB 50243—2002[5]确定，为增强管道磨琢性和使用寿命，除尘风管弯头加厚至 2.5mm，排潮风管弯头加厚至 2.0mm。

（6）保证风管弯管曲率半径 $R \geqslant 2D$，除尘风机后风管弯管曲率半径 $R \geqslant 1.5D$。

（7）三通从主管的侧面接入，角度不大于 30°，采用焊接连接，管道内部焊接处打磨平整，防止积灰。

（8）排潮系统管道设置不小于 0.001 的坡度，坡向排潮风机方向，排潮系统风管布置避免过长直管段，通过自然方式（L 形或 Z 形）补偿热膨胀，管道最低处设置排水口。

（9）联合试验生产工房内大部分区域的除尘、排潮系统管道安装于钢格栅上方，如图

6-16 所示，安装过程中需着重做好风管在钢格栅上水平运输时对风管及钢格栅的产品保护和防止高空坠物的防范措施，以及风管吊装时钢网架节点的受力校核等方面的工作。

（10）除尘系统风管所有弯头及三通处设置检查孔，便于清扫灰尘。

图 6-16　钢格栅上方除尘、排潮系统风管安装

6.3.2.2　不锈钢管道焊接要点

（1）在制作较复杂形状的配件时先下好样板，再在不锈钢板上划线下料，以免下错料引起返工、产生不必要的变形。

（2）尽量使用机械加工，如剪切、折边、咬口等做到一次成型，减少手工操作，因板材经锤击敲打会引起内应力造成不均匀的变形，敲打次数越多应力就越大、板材变硬、造成加工困难、容易产生变形。

（3）不锈钢板经冷加工会迅速增加强度，降低韧性，材料发生硬化，因此在拍制咬口时，注意不能拍反，以免改拍口时板材硬化，造成加工困难、产生变形。

（4）采用正确的焊接顺序和组对方法：焊接时宜从中间往两头逆向分段施焊，使风管焊缝均匀地受热和冷却，以减少变形；组对时先将风管点焊后，用夹具将其固定后再进行焊接，焊接时形成的高温，在冷却过程中所产生的收缩变形由夹具克服，达到防止变形的目的。

（5）变形后的矫正：焊后用木槌或铜锤另一侧衬垫板（与风管同弧度）进行锤击矫正，锤击时用力均匀，不得猛烈敲击。

（6）过墙过楼地面处应按要求设置牢固的套管，以防止风管被挤压造成变形。

6.3.2.3　检修门制作安装

（1）除尘风管管径与矩形检修门（沿除尘风管径向）宽度之比≥15∶1的，其管径与矩形检修门的尺寸相比，圆形风管弧度显得较小，施工时可近似认为风管无弧度，矩形检修孔的法兰采用角钢（L30×3）加工制作，见图 6-17。

（2）除尘风管管径与矩形检修门（沿除尘风管径向）宽度之比＜15∶1的，其管径与矩形检修门的尺寸相比，圆形风管弧度显得较大，矩形检修孔的法兰采用 3mm 厚钢板加工制作，见图 6-18。

（3）检修门采用 3mm 厚钢板加工制作，其尺寸应大于其检修孔的法兰尺寸 5mm，即

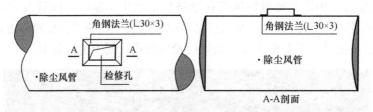

图 6-17　小弧度圆形风管矩形检修孔法兰采用角钢（L30×3）加工制作

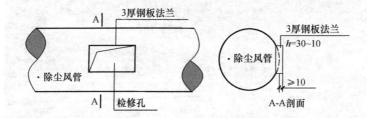

图 6-18　大弧度圆形风管矩形检修孔法兰采用 3mm 厚钢板加工制作

矩形检修门尺寸为 280mm×160mm，检修门的周边加工制作成"卡槽"形式，以便于卡住法兰。检修门的密封控制是施工重点，为保证其良好的密封效果，在卡槽底部铺贴一层橡塑海绵作为密封材料，橡塑海绵采用强力胶水粘贴牢固，以避免检修门启闭时造成脱落，见图 6-19。

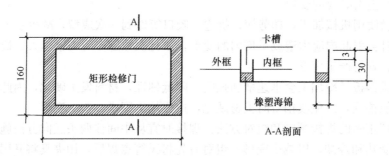

图 6-19　检修门密封处理

（4）鼻眼布置及制作示意见图 6-20。

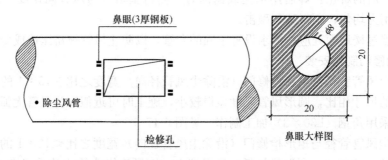

图 6-20　鼻眼布置及制作示意

（5）在每组 2 个鼻眼里穿一根 φ8mm 的销子，即销子直径与鼻眼孔内径相同，以保证销子联结紧固；且销子与 M14 螺栓连接，在 M14 螺栓根部应加工一个销孔，销子穿过销孔，销孔直径大于销子直径 2mm，以保证螺栓以销子为轴转动灵活，即销子同时穿过鼻眼和螺母；舌头与鼻眼通过螺栓、销子和螺母连接在一起，构成了"活页"，见图 6-21。

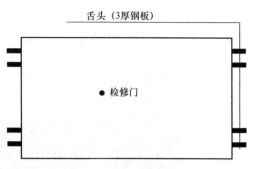

图 6-21 检修门活页制作

（6）检修门安装时，将检修门扣在检修孔上，注意法兰要卡在卡槽内，再通过螺栓和螺母将检修门上的舌头和管道上的鼻眼进行连接，螺母要松紧适当，见图 6-22。

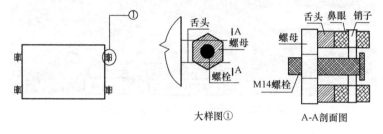

图 6-22 检修门连接固定

（7）对于操作空间较大、可完全开启的检修门，采用 2mm 厚钢板制作成"卷舌"，见图 6-23。卷舌一端焊接在检修门的外框上，另一端卷起，每付检修门共设置 4 个卷舌，对称分布在检修门两侧。检修门安装时，每一个卷舌与鼻眼通过 1 根 $\phi8$mm 销子连接成整体，其中检修门一侧的 2 个销子采用固定形式，作为门轴；另一侧的 2 个销子采用活动形式，当作插销来使用，以便于检修门进行检修和开启。

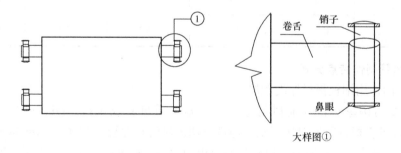

图 6-23 检修门卷舌制作与使用

6.4 地 铁 项 目

6.4.1 工程简介

珠江三角洲城际快速轨道交通广州至佛山段二期工程（以下简称广佛线二期工程）起

点位于佛山市佛山新城，终点止于广佛线一期工程魁奇路站，建成后与已开通的一期工程贯通运营。广佛线二期工程线路呈 L 形走向，如图 6-24 所示，正线里程 YCK-6-558.90～YCK0＋024.017，线路长度约 6.678km，均为地下线路，共设置 4 座车站，由南向北分别为新城东站、东平站、世纪莲站、澜石站，其中东平站为换乘站，与规划中的佛山 3 号线、广佛环线、广佛江珠城际线换乘。

图 6-24　广佛线二期工程区位示意图

6.4.2　风管制作

广佛线二期工程通风空调风管制作安装总量 35582.5m²，其中镀锌钢板矩形风管 16791.04m²，冷轧钢板矩形风管 18791.46m²，各站风管制安具体工作量表 6-2。

广佛线二期工程通风空调风管制安工作量一览表（m²）　　表 6-2

类别	新城东站	东平站	世纪莲站	澜石站	合计
镀锌钢板 $\delta=0.8$、1.0、1.2mm	3666.26	4745.76	6379.02	2000	16791.04
冷轧钢板 $\delta=1.5$、2.0、2.5mm	4571.16	5159.3	3261	5800	18791.46

6.4.2.1　风管制作特点分析

1. 风管制作用钢板板材厚度偏厚

将表 6-2 与国家标准《通风与空调工程施工质量验收规范》GB 50243—2002[5] 表 4.2.2-1 钢板风管板材厚度对比可知，地铁空调送风管板厚要求比国家标准高压系统矩形风管略高；而地铁通风空调回排风管板厚要求则比国家标准高压系统矩形风管明显高出很多，但稍低于国家标准除尘风管板厚要求。

2. 镀锌钢板的镀锌层重量偏大

地铁镀锌钢板的镀锌层重量（双层）要求不小于 180g/m²，行业标准《通风管道技术规程》JGJ 141—2004[11] 规定的镀锌钢板的镀锌层重量（双层）为不小于 100g/m²。

3. 排烟风管有明显特殊要求

具体包括：(1) 排烟风管均采用 2mm 钢板制作；(2) 用厚度不小于 40mm 的非燃烧材料保温；(3) 防火排烟风管吊架最大允许间距不得超过 1500mm，比《通风与空调工程施工质量验收规范》GB 50243—2002[5] 规定的不应大于 3m 严格 1 倍；(4) 防火排烟风管的支吊架必须单独设置。

4. 金属风管加固明确要求采用角钢框加固方式

目前,公共建筑的通风空调风管加固具体方式一般由施工单位自己决定,设计也不作限制,只要符合《通风与空调工程施工质量验收规范》GB 50243—2002[5]相关风管加固规定即可,在实际操作中采用内支撑通丝螺杆加固方式为多。

6.4.2.2 制作准备

1. 风管制作方案及工艺

风管制作方案已批准,确定风管制作主要工艺。对于镀锌钢板矩形风管:长边≤630mm,采用C形插条连接;630mm<长边≤1500mm,采用薄钢板法兰连接;板材咬口连接均采用联合角咬口成型方式。对于冷轧钢板矩形风管:采用角钢法兰连接;板厚≤2mm,采用联合角咬口成型方式;板厚>2mm,采用焊接成型方式。

2. 加工场地

加工场地环境满足作业条件要求,包括加工现场应具有良好的照明、通风,加工场地应平整、清洁等,风管制作均需在平台上进行以保证风管的制作精度。镀锌钢板风管采用加工厂预制L形,现场组装方式,其加工场地设在各车站站厅层;冷轧钢板矩形风管加工场地设在车站外已硬化平整地块上。

3. 材料进场检验

镀锌钢板、冷轧钢板、角钢型材等进场检验合格,其中镀锌钢板的镀锌层重量(双层)不小于180g/m²。

6.4.2.3 风管材料

车站内通风空调系统送风管、回排风管均为钢板制作,其中,板厚≤2mm采用热镀锌钢板,板厚≥1.5mm采用冷轧钢板。钢板厚度按表6-3选用。

通风空调系统送风管、回排风管钢板厚度选用表　　　　表6-3

矩形风管边长 (mm)	铝板厚度 (mm)		矩形风管边长 (mm)	铝板厚度 (mm)	
	送风管	回排风管		送风管	回排风管
≤200	0.5	1.0	1250~1500	1.2	2.0
200~500	0.8	1.0	1500~2000	1.5	2.0
560~1120	1.0	1.5	2100~3000	2.0	2.5

对于排烟风管,大系统穿过设备管理区域的排烟风管采用2mm钢板制作,小系统的排烟风管穿过其他设备用房、走道、封闭楼梯间采用2mm钢板制作,且用厚度不小于40mm的非燃烧材料保温。

角钢法兰连接矩形风管所用法兰材料按大边长度确定,见表6-4。螺栓直径和间距应符合规范规定,间距不应大于150mm。

矩形风管所用法兰材料选用表　　　　表6-4

矩形风管大边长 (mm)	角钢	矩形风管大边长 (mm)	角钢
≤630	L25×3	800~1250	L30×4
1600~2000	L40×4	2000~3000	L45×5
3000~4500	L50×5	4500~5500	L56×5

6.4.2.4　角钢法兰矩形钢板风管制作

风管角钢法兰的预制应在钢板平台上组对焊接，钻孔应使用同一样板以保证其互换性，为减少安装中的困难，应采用直体对焊，见图 6-25。

冷轧板风管板厚≤2mm 时，采用联合角咬口成型方式，先将板料在咬口机上轧制联合角咬口，然后再划线折方形，最后合缝成型，见图 6-26。冷轧板风管板厚＞2mm 时，采用焊接成型方式，即采用折方形成型、角焊合缝，见图 6-27。由于风管截面尺寸较大，为避免焊接变形，采用对角 2 条角焊缝，且焊接时由 2 名焊工同时进行并采用间断对称焊接的方法。同时，风管的翻边宽度应为 8～10mm，不允许超过连接螺栓孔。

图 6-25　风管法兰预制在钢板
平台上组对焊接

图 6-26　板厚≤2mm 冷轧板风管
采用联合角咬口成型

角钢法兰与冷轧钢板风管的连接采用翻边间断焊连接方式而非法兰与风管连续焊接，可消除由于板材较薄法兰角钢较小而引起的连续焊接热变形，见图 6-28。

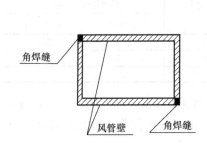

图 6-27　板厚＞2mm 冷轧板
风管采用焊接成型

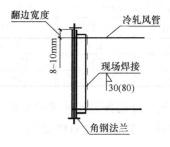 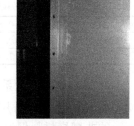

图 6-28　角钢法兰与冷轧钢板
风管的连接采用段焊

6.4.2.5　风管加固

为避免矩形风管变形并减少系统运转时因管壁振动而产生噪声，需进行风管加固。矩形风管长边≥630mm，保温风管长边≥800mm，风管长度在 1000～1200mm 上的风管均应采取加固措施。

采用角钢框加固时，边长 1000mm 以内的用 L25×4；边长＞1000mm 的用 L30×4，将角钢框铆在钢板外侧。加固框用 $d=4\sim5$mm 铆钉连接，间距 150~200mm。对于风管的加固间距，风管长边为 630~800mm 时，加固间距为 1000~1200mm；风管长边≥1000mm 时，加固间距为 700~1000mm。

6.4.2.6 隧道风机天圆地方风管制作

隧道风机与金属外壳片式消声器采用正心矩形变圆形变径管（正心天圆地方管）连接。由于隧道风机直径及金属外壳片式消声器断面较大（如澜石站隧道风机直径为 2000mm，金属外壳片式消声器断面为 3000mm×3500mm），设计要求采用 2mm 钢板制作，制作难度较大。鉴于该正心天圆地方管尺寸大，制作时采用分成四片并用三角形法展开下料，再将四片板材焊接连接成整体的方法。

下料划法如图 6-29 所示，根据已知圆管直径 D，矩形风管管边尺寸 A-B、B-C 和高度 h 画出主视图和俯视图，并将上部圆形管口等分编号，再用三角法画展开图。天圆地方风管现场制作过程见图 6-30。

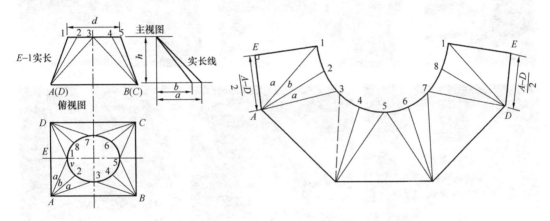

图 6-29 正心天圆地方风管下料划法

6.4.2.7 风管制作质量检验

对于风管制作的质量检验，风管外边长的允许偏差为负偏差，外边长≤630mm 时，允许偏差值为-1~0mm；外边长＞630mm 时，允许偏差值为-2~0mm。两对角线的差值不应大于 3mm。

6.4.3 风管安装

6.4.3.1 风管安装特点分析

1. 风管吊杆直径要求较粗

《通风管道技术规程》JGJ 141—2004[11] 和《通风与空调工程施工规范》GB 50738—2011[9] 关于金属矩形水平风管吊架的最小规格要求如下：当风管长边≤1250mm 时，采用 Φ8mm 吊杆；当风管长边＞1250mm 时，采用 Φ10mm 吊杆；当风管长边＞2500mm 时，按设计规定。

而地铁风管吊杆要求为：当风管长边＜1250mm 时，采用 Φ12mm 镀锌通丝螺杆；当风管长边≥1250mm 时，采用 Φ14mm 镀锌通丝螺杆；当风管长边≥3000mm 时，采用 Φ18mm 镀锌通丝螺杆。

图 6-30 隧道风机天圆地方风管现场制作过程

(a) 分成四片并用三角形法展开下料；(b) 现场焊接工作台准备；(c) 圆形法兰制作；(d) 每片整理成 90°角；
(e) 组合；(f) 点焊连接定位及连续焊接；(g) 与下一片组合；(h) 直至与最后一片点焊连接定位及连续焊接；
(i) 油漆及上法兰；(j) 检查门制作；(k) 制作安装完成效果

    显然，地铁风管吊杆直径要求比行业标准《通风管道技术规程》JGJ 141—2004[11] 和国家标准《通风与空调工程施工规范》GB 50738—2011[9] 的要求要大 2 个级别。

2. 风管穿墙处防火封堵做法特别

风管穿墙处的防火封堵为在风管与防护套管之间采用玻璃棉及防火泥封堵，外面设角钢 40×40×4 固定圈。

　　3. 大系统风管部分安装位置狭窄，影响风管保温施工

　　对于部分位置大系统风管的施工，必须对空调风管安装工艺进行调整，改为对空调风管先保温后吊装。

6.4.3.2　支吊架制作安装

　　1. 风管吊架结构确定

　　系统风管一般为矩形风管并安装于站厅、站台的屋面下方，风管吊架采用双吊杆结构，托架采用角钢制作，吊杆的上端焊接角钢并用膨胀螺栓固定在楼板下。

　　托架上穿吊杆的螺栓孔的中心距应比风管宽 60mm（每边宽 30mm），对于保温风管，吊杆螺栓孔的中心距应比风管宽 100mm（每边宽 50mm）。托架上的螺孔均采用机械加工。

　　当风管长边＜1250mm 时，采用 Φ12mm 镀锌通丝螺杆；当风管长边≥1250mm 时，采用 Φ14mm 镀锌通丝螺杆；当风管长边≥3000mm 时，采用 Φ18mm 镀锌通丝螺杆。安装后，吊杆应平直，螺纹应完整、光洁。

　　2. 风管吊架设置

　　根据风管的中心线确定吊杆的敷设位置，即按托架的螺栓孔间距或风管中心线对称安装，成批吊架应排列整齐。相同管径的吊架应等间距排列，但不能将吊架位置设置在风口、风阀、检视窗口及测定孔等部位，宜错开 200mm 设置，且不得直接吊在法兰上。水平悬吊的风管在不大于 30m 处的适当位置应设置防晃支架。

　　当风管水平安装时，防火排烟风管吊架最大允许间距不得超过 1500mm，其他风管吊架最大允许间距不得超过 3000mm。当风管垂直安装时，其支吊架间距为 3m，但每根立管的固定件不少于 2 个。

　　矩形保温风管的支吊架应设在保温层外部；托架的横担不得直接与风管钢板底部接触，不应破坏保温材料及贴面；吊杆不得与风管侧面接触，其间距与保温层厚度相同。

　　防火排烟风管的支吊架必须单独设置。

6.4.3.3　风管安装实施

　　1. 密封垫片选用

　　风管连接密封垫片要求不应含有石棉及其他有害成分，且应耐油、耐潮、耐酸碱腐蚀。通风空调风管法兰垫片采用 8501 阻燃密封胶带；而地下车站排烟风管法兰垫片要求工作温度不小于 250℃，采用 9501 阻燃密封胶带。

　　密封垫片应减少拼接，法兰密封条宜安装在靠近法兰内侧或中间的位置。法兰密封条在法兰端面重合时，重合 30～40mm，见图 6-31。

　　2. 风管吊装

　　风管吊装采用人工和机械相结合方式，每组风管不宜超过 5 节，采用倒链时一次吊装约在 8m 内；如完全采用人工吊装，每组风管不宜超过 3 节；整体风管吊装时，两端起吊速度应同步。

　　3. 风管连接

　　风管组合连接时，应先将风管管段临时固定在支、吊架上，然后调整高度，达到要求后再组合连接。安装中途停顿时，将风管端口用薄膜或彩条布重新封好。

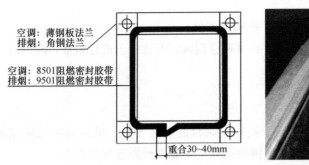

图 6-31　法兰密封条在法兰端面重合

角钢法兰连接时，法兰连接螺母应在同一侧，接口应无错位，法兰垫料无断裂、无扭曲并在中间位置；薄钢板法兰连接时，薄钢板法兰应与风管垂直、贴合紧密，四角采用螺栓固定，中间采用弹簧夹连接件，其间距不应大于 150mm，最外端连接件距风管边缘不应大于 100mm。

4. 风管穿墙处防火封堵

风管穿过需要密闭的防火、防爆的楼板或墙体时，应设壁厚不小于 1.6mm 的钢制预埋管或防护套管，风管与防护套管之间应采用玻璃棉及防火泥封堵，外面设角钢 40×40×4 固定圈，见图 6-32。风管安装时应注意风管和配件的可拆卸接口不得装在墙和楼板内。

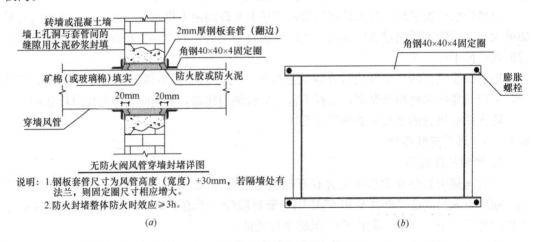

图 6-32　风管穿墙处防火封堵做法
(a) 穿墙封堵详图；(b) 固定圈示意图

6.4.3.4　风管防腐与保温

镀锌钢板风管制作中镀锌层破坏处应涂环氧富锌漆。

在涂刷底漆前，必须清除风管表面的灰尘、污垢、锈斑及焊渣等污物。

不保温的冷轧钢板风管内外表面各涂防锈漆两遍，外表面涂面漆两道。对于排烟风管，在涂防锈底漆后，内外表面涂耐热漆两遍。防锈漆采用耐油、耐水、耐锈、防腐底漆，面漆颜色为黑色。保温风管应在保温前内外表面各涂防锈底漆两遍。

风管支吊托架的防腐处理应与风管相一致。

空调送回风管采用$\rho = 48\mathrm{kg/m^3}$的特强防潮防腐蚀半光泽黑色贴面玻璃棉板进行保温。

6.4.4 设备安装

地铁空调设备安装方法基本与常规空调工程相同，为突出重点，本节主要介绍一些施工安装特殊之处。

6.4.4.1 大型设备吊装就位

以澜石站为例，需要有组织吊装的通风空调设备包括冷水机组、空调风柜、射流风机、隧道风机、排热风机、大系统回排风机。

1. 设备起重参数

待吊装设备的起重参数详见表6-5。

澜石站吊装设备一览表

表6-5

设备名称	外形尺寸 ($L \times W \times H$)（mm）	设备重量 （kg）	数量 （台）	备注
冷水机组	3340×1836×2050	3522	2	安装在站台层设备区冷水机房内
空调风柜	2660×2770×2193	1800	1	安装在站厅层环控机房内
空调风柜	1170×1810×2390	1084	1	
组合式风柜	6510×3130×3070	5135	2	厂家分成散件进场，最重段900kg，安装在站厅层环控机房内
空调风柜	2290×1490×1060	613	1	安装在站台层小系统机房内
空调风柜	2290×1170×900	483	1	
空调风柜	1490×1490×1060	457	1	
射流风机	长3170mm，直径630mm	437	16	安装在轨行区12~13轴和20~21轴位置
隧道风机	长1420mm，直径2000mm	3100	4	隧道风机（TVF-GF28-A01）安装在站台层A端机械风室内；（TVF-GF28-A02）安装在站厅层A端活塞风道内；（TVF-GF28-B01、B02）安装在站台层B端机械风室内
隧道排热风机	长1220mm，直径1500mm	920	2	安装在站厅层排热风机房内
大系统回排风机	长1000mm，直径1600mm	1060	1	安装在站厅层环控机房内

2. 吊装方法

根据澜石站的现场特点及设备供货时间，吊装设备分2批到货。

第一批设备为冷水机组和风柜，共9台，站台层设备利用澜石站的盾构井口（见图6-33，尺寸为7500mm×11500mm）、站厅层设备利用轨排井口（见图6-34，尺寸为6000mm×13000mm），采用汽车吊将设备吊入各部位。

第二批设备为隧道风机、隧道排热风机、射流风机、大系统回排风机，共23台，利用澜石站的盾构井口，采用汽车吊将设备吊入各部位。

图 6-33　澜石站盾构井口　　　　　　　图 6-34　澜石站轨排井口

3. 吊装工艺流程

吊装方案编制及审批→施工准备→设备基础验收→作业人员安全技术交底→设备进场→汽车吊垂直吊装→设备水平运输→设备就位

4. 吊装工艺步骤

以澜石站尺寸和重量最大的设备——冷水机组吊装为例，冷水机组（WCC-W01、W02）的整个吊装运输过程分为四步进行：

第一步：吊装准备。将 50t 汽车吊停放在盾构井口旁（具体位置见图 6-35），做好汽车吊吊装前各项准备工作，并利用汽车吊将 5t 叉车吊入盾构井内站台层轨道区（见图 6-36）。

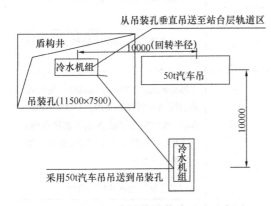

图 6-35　地面设备运输吊装孔平面示意图　　　图 6-36　叉车吊入盾构井内站台层轨道区

第二步：设备进场。冷水机组运输车开入澜石站并停放在汽车吊旁边。

第三步：设备吊装。采用 50t 汽车吊把冷水机组从地面通过盾构井吊装孔垂直吊运到站台层轨道区，见图 6-37。

第四步：水平运输及就位。利用 5t 叉车将冷水机组沿站台轨道区水平运输至冷水机房外侧，再提升 5t 叉车将设备送入冷水机房内，再用滚杆及葫芦将冷水机组移上基础进行就位安装，见图 6-38。

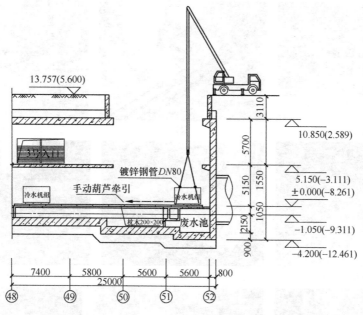

图 6-37 吊装孔设备垂直运输路线示意图

图 6-38 冷水机组就位

6.4.4.2 组合式空气处理机组现场组装

以澜石站为例，2 台组合式空气处理机组由生产厂家安排 2 名技术员现场安装，施工单位安排若干名铆工配合，现场组装过程见图 6-39。

6.4.4.3 隧道风机安装

在车站每端设两套隧道风机互为备用，在较长隧道中间机房也设两套隧道风机。通过对设于活塞通风风道及机械通风风道上的各组合风阀的开闭与隧道风机启停的各种组合，构成多种运行模式，以满足不同的运营工况要求。以澜石站为例，4 台隧道风机为正反转轴流风机，性能参数为 216000m³/h，900Pa，90kW，380V，重 3100kg，长 1420mm，直径 2000mm。

图 6-39　澜石站组合式空气处理机组现场组装过程

(a) 开箱；(b) 机组底板拼装；(c) 底板与型钢底座螺栓固定连接；(d) 机组底板上画线定位；(e) 冷凝接水盘安装；(f) 不同段底板与型钢底座连接；(g) 热交换器安装；(h) 风机安装；(i) 安装侧板及顶板；(j) 安装电子空气净化消毒机；(k) 安装过滤器；(l) 组装完成后成品保护

隧道风机采用坐地安装方式，安装施工图见图 6-40。

1. 隧道风机安装工艺流程

施工准备→设备进场［见图 6-41 (a)］→设备二次运输［见图 6-41 (b) 及 (c)］→设备开箱检查→测量放线→设备基础植根及捣制［见图 6-41 (d) 及 (e)］→设备基础验收→倒链安装→用倒链将设备在基础上就位［见图 6-41 (f)］→减振器安装→设备在减振器上就位［见图 6-41 (g)］→调整→成品保护［见图 6-41 (h)］

2. 隧道风机安装注意事项

(1) 风机的横向中心线以进、出口管道中心为准，纵向中心线以传动轴为准，其偏差

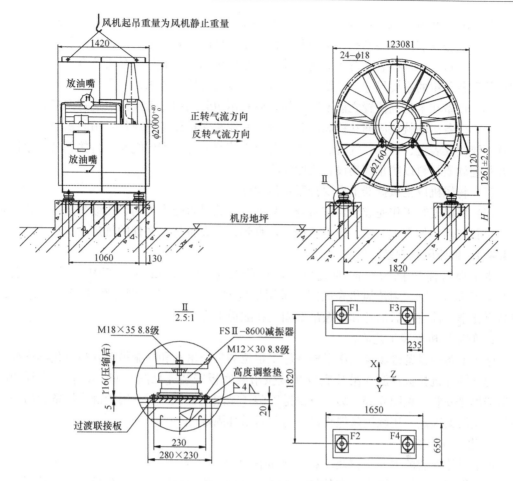

图 6-40 隧道风机坐地安装施工图

图 6-41 隧道风机安装流程

(a) 设备进场;(b) 水平运输;(c) 二次吊运;(d) 基础植根;(e) 基础捣制;(f) 设备基础就位;

(g) 设备减振器就位;(h) 成品保护

≤±5mm；风机标高以传动轴为基准点，其偏差≤±10mm；风机水平度为 0.2mm。

（2）设备安装前应会同有关部门和单位根据设计图纸和规范对基础进行复测验收，检查的主要项目有：基础表面有无蜂窝、孔洞；基础标高和平面位置是否符合设计要求；基础形状和各部位的主要尺寸、预留孔的位置和深度是否符合要求。

（3）设备在未运到位置之前不准开箱，应利用包装箱的底架或吊点进行搬运和吊装。

（4）设备运输就位应捆扎稳固以防倾侧，并注意保护设备附属件；吊装机组的钢丝绳注意不要使仪表盘、油管、气管、液管、各仪表管路受力，钢丝绳与设备接触处应垫以软木或其他软质材料以防止擦伤设备表面油漆。

（5）将风机放至减振器上后要拧紧定位螺栓。

（6）风机安装工作完成后，应检查各减振器承载是否受力均匀、压缩量是否一致、是否有歪斜变形，如有不一致，应重新调整，直到符合设备技术文件的规定。

6.4.4.4　射流风机安装

本工程射流风机为双向轴流风机，性能参数为 $10.4m^3/s$，15kW，380V，推力 403N，重量 494kg。射流风机在区间内采用吊装方式，安装施工图见图 6-42，需通过 22 根高强化学锚栓将前后吊耳和减振吊架固定在隧道上方。

1. 射流风机安装工艺流程

施工准备→设备进场及二次运输→施工定位测量→吊耳和减振吊架开料→化学锚栓安装→化学锚栓抗拉拔检测→吊耳底板和减振吊架底板安装［见图 6-43（a）］→吊耳和减振吊架焊接安装［见图 6-43（b）］→倒链安装［见图 6-43（c）］→用倒链将设备起吊→设备与减振吊架固定→用软钢丝绳将设备与前后吊耳固定

2. 化学锚栓安装

化学锚栓安装的主要步骤及注意事项如下：

（1）根据工程设计要求，在基材（如混凝土）中相应位置钻孔，孔径、孔深及螺栓直径应由专业技术人员或现场试验确定。

（2）用冲击钻钻孔。

（3）用专用气筒、毛刷或压缩空气机清理钻孔中的灰尘，重复进行不少于 3 次，孔内不应有灰尘与明水。

（4）保证螺栓表面洁净、干燥、无油污。

（5）确认玻璃管锚固包无外观破损、药剂凝固等异常现象，将其圆头朝内放入锚固孔并推至孔底。

（6）使用电钻及专用安装夹具将螺杆强力旋转插入直至孔底，不应采用冲击方式。

（7）当旋至孔底或螺栓上标志位置时，立刻停止旋转并取下安装夹具，凝胶后至完全固化前避免扰动。需注意的是，超时旋转将导致胶液流失而影响锚固力，旋转时间不应超过 30s，转速应不低于 300r/min 并不高于 750r/min，螺栓推进速度约为 2cm/s。

6.4.4.5　风量调节阀安装

风量调节阀应用于隧道通风系统及车站通风空调系统，采用立式和水平两种安装形式，分为手动风量调节阀和电动风量调节阀。其中电动风量调节阀包括单体风阀、风道组合风阀和风管组合风阀。

单体风阀：用于车站通风空调系统截面不大的风道或风管上，见图 6-44。

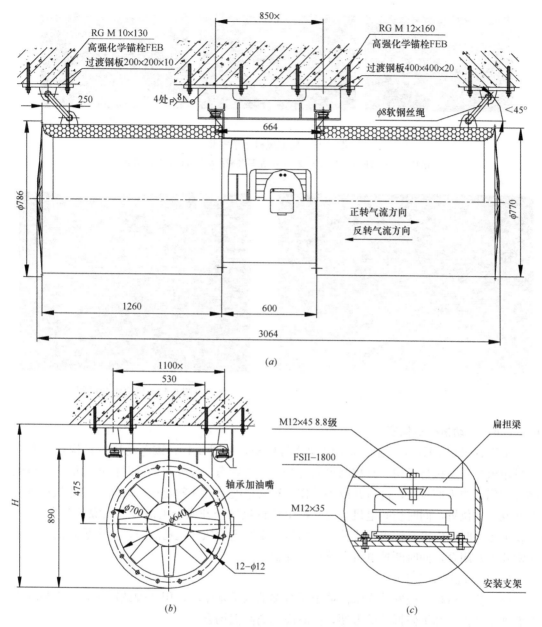

图 6-42 射流风机吊装施工图
(a) 主视图；(b) 左视图；(c) 减振器安装

风道组合风阀：用于区间隧道通风系统、车站隧道排风系统，主要由风阀底框、多个单体风阀、传动机构、执行器（一般配一台，安装在楼板或混凝土墙上）等四部分组成，适于靠墙或靠楼板安装，仅一侧需接风管或两侧均不接风管，见图 6-45。

风管组合风阀：用于车站通风空调大系统及车站隧道排风系统截面较大的风管或风道上，主要由多个单体风阀、一台或一台以上执行器（一般固定在风阀边框上）组成，适于两侧均需接风管或一侧需接风管的安装方式。

以澜石站风道组合风阀安装为例，组合风阀安装过程见图 6-46。

图 6-43　射流风机吊架安装

(*a*) 吊耳底板和减振吊架底板安装；(*b*) 吊耳和减振吊架安装；(*c*) 倒链安装

图 6-44　单体风阀

图 6-45　风道组合风阀

6.4.4.6　电动执行机构安装

本工程采用 DKJ-XG 型耐高温电动执行机构，见图 6-47。该电动执行机构是只有开关量输出的双位执行机构，其控制也只有开闭两种状态，另外附加延时保护功能。执行机构接收到开或关信号后，进行开或关动作，正常情况下，在额定运行时间内到达执行机构全开或全关位置，同时切断电机电源，给出执行机构全开或全关信号（无源常开点）。如在设定延时时间内没有输出开或关状态信号，则判定为执行机构故障，给出故障信号（无源常开点）闭合，同时断掉电机电路进行保护。

1．执行机构安装要求

（1）执行机构一般安装在水泥或金属骨架的水平基座上，用地脚螺钉紧固。安装时应考虑到手动操作和维修拆装的方便，同时应远离高温场合。

（2）执行机构的电气连接采用电缆连接，为满足密封需要，电缆外径不大于 18mm。接线调试前应先松开紧定螺钉，取掉手/自动旋钮，然后打开高温罩壳。接线调试完毕后应立即安装高温罩壳、手/自动旋钮并紧固紧定螺钉。所有控制器件均接入外壳罩盖内的端子座，打开罩盖将电线穿过防水电缆接头接至端子座，压紧螺钉并不可有虚接。必须严格按产品接线原理图接线并确认供电电源与铭牌上一致，然后手动将执行器转至半开位置，再检查一次接线，紧固并密封导管接头。

（3）执行机构输出轴与调节机构（阀门等）的连接，可通过连杆及专用连接头实现。安装时必须避免所有接合处的松动以保证有良好的调节效果。限位止挡应在输出轴的有效范围内紧固，输出轴实际承受的力矩与执行机构的额定力矩应相适应，以防止过载。

图 6-46 组合风阀安装过程

（a）运输进场；（b）现场卸车；（c）现场临时摆放；（d）搬运进站；（e）安装位置临时摆放；（f）单体风阀与底框固定；（g）立式组合风阀吊装就位；（h）水平度垂直度调整；（i）立式风阀墙体固定及间隙封堵；（j）卧式风阀地面固定及间隙封堵

（4）执行机构投入运行前应检查现场的电源和电压是否与规定相符，电气连接是否正确、牢固，阀门的开/关位置是否与信号指示相对应。

（5）执行机构的就地手轮操作只能在执行机构的手动工况或断电情况下进行，不允许在自动工况下进行。

（6）执行机构在就地手动操作时，先将高温罩壳尾端的电动/手动旋钮旋至手动模式，拉动手轮锁定装置并拉出手轮后，松开锁定装置，即可进行操作。操作完后，再拉动锁定

图 6-47　DKJ-XG 型耐高温电动执行机构

装置，手轮即复位。随后将电动/手动旋钮旋至电动模式。

（7）执行机构使用锂基润滑脂，无需加油。

（8）执行机构若安装于露天场所，应有必要的防护（雨、尘、晒、冻等）设施。

2. 行程凸轮调整

关于限位开关和辅助开关，LS4 为辅助开关，用于执行机构关阀到位位置反馈；LS3 为辅助开关，用于执行机构开阀到位位置反馈；LS2 为限位开关，用于执行机构开关控制电气限位；LS1 为限位开关，用于执行机构开阀控制电气限位。

打开执行机构上盖，即可见到用于调整限位开关和辅助开关的行程凸轮。辅助开关 LS4/LS3 用于信号反馈，限位开关 LS2/LS1 通过行程凸轮 TC2/TC1 切断电机供电，从而控制执行机构运行或行程凸轮跟随轴的转动而一起转动。

行程凸轮的调整主要分为三个步骤：将 2mm 内六角扳手插入要设定的凸轮的螺孔内，轻轻拧松螺丝；用内六角扳手扳动凸轮；调整完毕后锁定凸轮。

3. 执行机构限位调节

执行机构带上组合风阀后，首先松开止挡，进行电气限位的调节。

（1）开阀控制电气限位调节。确认在松开机械限位止挡后，转动手轮使执行机构输出杠杆旋转到所需位置，调整 TC1 凸轮，使 LS1 限位开关刚好脱开（可听到啪哒声），固定凸轮。

（2）关阀控制电气限位调节。确认在松开机械限位止挡后，转动手轮使执行机构输出杠杆旋转到所需位置，调整 TC2 凸轮，使 LS2 限位开关刚好脱开（可听到啪哒声），固定凸轮。

（3）开阀到位反馈信号调节。在接线端子的开阀控制（第 2 位）通电，此时执行机构应停在已设定的开阀到位位置，调节 TC3 凸轮，使 LS3 限位开关脱开，然后固定凸轮。

（4）关阀到位反馈信号调节。在接线端子的关阀控制（第 3 位）通电，此时执行机构应停在已设定的关阀到位位置，调节 TC4 凸轮，使 LS4 限位开关脱开，然后固定凸轮。

（5）机械限位调整。调节执行机构输出杠杆一端的端盖可调节执行机构的机械限位，机械限位的转角范围根据实际要求设置，电气限位要求先于机械限位触发。

注：按出厂默认接线，输入开阀控制信号，执行机构输出杠杆将逆时针旋转；输入关阀控制信号，执行机构输出杠杆将顺时针旋转。

6.4.4.7　消声器安装

大型片式消声器设置于各车站的建筑风道、风井内，采用组件式结构，有立式和水平式两种安装方式，见图 6-48。通风空调系统中一般设整体式消声器与风管连接，水平安装，见图 6-49。

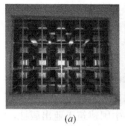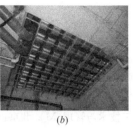

(a)	(b)	

图 6-48　大型片式消声器　　　　图 6-49　风管整体式消声器
(a) 立式；(b) 水平式

地铁通风空调系统大型片式消声器的现场组装主要包括以下几个步骤：（1）消声器可移吸声体两面为镀锌穿孔板，见图 6-50（a），受压性较差，搬运时应注意避免撞碰而造成损坏，拆开包装后尽量用人工搬运；（2）未安装的消声器吸声体放置在干燥地方，用木方垫高并用防火布包扎好以防雨防潮，见图 6-50（b）；（3）安装型钢框架，见图 6-50（c），同时利用薄铁板垫片找平；（4）安装固定下壁板于型钢框架底部，见图 6-50（d）；（5）拼装左、右侧壁板，见图 6-50（e）；（6）拼装上壁板；（7）置放并固定吸声体，可由一侧逐个向另一侧置放，见图 6-50（f）；（8）组装完毕，检查对角线尺寸差，一般应小于 3～5mm；（9）外表喷涂最后一遍面漆。

图 6-50　大型片式消声器现场组装
(a) 可移吸声体进场；(b) 待安装可移吸声体保护；(c) 安装型钢框架；(d) 安装固定下壁板；
(e) 拼装侧壁板；(f) 置放并固定吸声体

参 考 文 献

[1] 胡平放. 建筑通风空调新技术及其应用[M]. 北京: 中国电力出版社, 2010.

[2] 王海桥, 李锐. 空气洁净技术[M]. 第2版. 北京: 机械工业出版社, 2017.

[3] 中国安装协会. 超高层建筑机电工程施工技术与管理[M]. 北京: 中国建筑工业出版社, 2015.

[4] GB 50243—2016. 通风与空调工程施工质量验收规范[S]. 北京: 中国计划出版社, 2016.

[5] GB 50243—2002. 通风与空调工程施工质量验收规范[S]. 北京: 中国计划出版社, 2002.

[6] GB 50300—2013. 建筑工程施工质量验收统一标准[S]. 北京: 中国建筑工业出版社, 2014.

[7] GB/T 2828.4—2008. 计数抽样检验程序 第4部分: 声称质量水平的评定程序[S]. 北京: 中国标准出版社, 2009.

[8] GB/T 2828.11—2008. 计数抽样检验程序 第11部分: 小总体声称质量水平的评定程序[S]. 北京: 中国标准出版社, 2009.

[9] GB 50738—2011. 通风与空调工程施工规范[S]. 北京: 中国建筑工业出版社, 2012.

[10] GB 50591—2010. 洁净室施工及验收规范[S]. 北京: 中国建筑工业出版社, 2011.

[11] JGJ 141—2004. 通风管道技术规程[S]. 北京: 中国建筑工业出版社, 2005.

[12] 陆耀庆. 实用供热空调设计手册[M]. 第二版. 北京: 中国建筑工业出版社, 2008.

[13] GB 15930—2007. 建筑通风和排烟系统用防火阀门[S]. 北京: 中国标准出版社, 2008.

[14] GB 50411—2007. 建筑节能工程施工质量验收规范[S]. 北京: 中国建筑工业出版社, 2008.

[15] JGJ 343—2014. 变风量空调系统工程技术规程[S]. 北京: 中国建筑工业出版社, 2015.